普通高等教育“十四五”规划教材

统 计 学

李友俊　邵　强　孙　菲　编著

中国石化出版社

内 容 提 要

本书是为适应非统计专业统计学教学需要而编写的，共分11章，系统地阐述了统计学的基本理论与方法。主要内容包括：统计数据的收集、统计数据的整理与显示、数据分布特征的描述、时间数列分析、统计指数分析、相关分析与回归分析、抽样估计、统计预测与决策、统计综合评价及大数据时代的统计学等。依据统计工作实践要求，各章后面加入Excel在统计中的应用内容，每章附有引例、本章要点、知识点梳理、练习题、实训及案例讨论题，并附有自测题与统计分析报告等，从多角度帮助学生掌握统计思想与各种方法，以提高数据分析能力及解决实际问题能力。

本书适合高等院校经管类非统计专业本科生使用，也可以作为管理人员和工程技术人员学习统计学的参考书。

图书在版编目(CIP)数据

统计学 / 李友俊，邵强，孙菲编著 .—北京：中国石化出版社，2021.6
ISBN 978-7-5114-6347-0

Ⅰ. ①统… Ⅱ. ①李… ②邵… ③孙… Ⅲ. ①统计学 Ⅳ. ①C8

中国版本图书馆CIP数据核字(2021)第114619号

中国石化出版社出版发行

地址：北京市东城区安定门外大街58号
邮编：100011　电话：(010)57512500
发行部电话：(010)57512575
http://www.sinopec-press.com
E-mail：press@sinopec.com
北京富泰印刷有限责任公司印刷
全国各地新华书店经销

*

787×1092毫米 16开本 18.75印张 475千字
2021年7月第1版　2021年7月第1次印刷
定价：58.00元

前言

PREFACE

统计学是研究数据的方法论科学，无论从宏观国家角度、从微观企业角度，还是人们日常生活中，有数据的地方就有统计，应用范围覆盖了社会科学和自然科学的各个领域。因此，教育部把统计学列为经济管理类大学生的专业核心课之一。

由于非统计专业的统计学课程与统计专业有很大的不同，针对市场上适合非统计专业教学需要的教材数量较少的实际情况，在长期教学实践的基础上，作者编写了《统计学》教材，教学中取得较好的应用效果。随着高等教育改革的不断深化，人才培养方案在不断调整，要求统计学教学做出相应的改进，为此重新编写适合非统计学专业本科生使用的教材，强化实践环节，突出能力培养，力求在形式与内容方面有所突破。

(1) 强化以数据为中心的主线。本书从统计数据的收集、整理与显示、分析、推断等为主线，按先描述统计后推断统计的思路，分 11 章内容阐明了统计学的一般理论与方法及其在经济管理中的应用。

(2) 突出实用性。通过引例中的案例与案例讨论，以配合理论讲授内容，增强学生对现实问题的理解，提高数据分析的能力。

(3) 将统计知识与计算机操作有机结合。统计中要处理大量的数据，选用 Excel 为工具进行统计计算与分析，通过章后的实训题进一步强化训练，以有效提升学生的数据处理能力。

(4) 考虑了非统计专业学生特点。以满足其未来工作需要为目标，避免繁琐的统计公式的数学推导，注重统计方法阐述与统计分析方法的运用。

(5) 注重大数据时代对统计学发展的影响。大数据时代的到来，为统计学发展既带来机遇，也面临挑战。因此，及时把统计理论、统计改革的最新成果补充到本教材中。

（6）便于学生学习。每章有学习目的、引例、本章要点、知识点梳理、练习题、实训与案例讨论题等，以帮助学生掌握本章的内容；设有自测题供学生检查学习效果。

本书适应性广，可以作为高等院校经管类非统计学专业本科学生教学用书，也可以作为广大统计工作者和经济管理人员学习统计学的参考书。

全书共十一章，李友俊总体负责并编写第一~第四章及附录部分，邵强编写第五~第七章及第十一章，孙菲编写第八~第十章，林向义教授主审。在编写过程中，参考了相关的著作、教材、网站及其他有关资料，在此一并表示感谢。

由于统计理论和实践在不断发展，加之时间和水平限制，本书难免存在不足之处，期望读者朋友把建议与意见及时反馈给我们，以使本书更加完善。

作者

2021年6月

目录
CONTENTS

第一章　绪　论

本章学习目的在于掌握统计的概念、统计的研究对象、研究方法和统计学的特点、总体、总体单位、统计标志、统计指标、指标体系、统计数据的分类与计量尺度等概念，熟悉 Excel 启动及创建 Excel 工作簿的基本方法。

[引例]　**《红楼梦》作者的考证**

众所周知，《红楼梦》一书共 120 回，自从胡适作《红楼梦考证》以来，一般都认为前 80 回为曹雪芹所写，后 40 回为高鹗所续。然而长期以来这种看法一直饱受争议。

能否从统计上做出论证？从 1985 年开始，复旦大学的李贤平教授带领他的学生作了这项很有意义的工作，他们创造性的想法是将 120 回看成是 120 个样本，然后确定与情节无关的虚词出现的次数作为变量，巧妙运用数理统计分析方法，看看哪些回目出自同一人的手笔。

一般认为，每个人使用某些词的习惯是特有的。于是李教授用每个回目中 47 个虚词（之，其，或……；呀，吗，咧，罢……；可，便，就……等）出现的次数（频率），作为《红楼梦》各个回目的数字标志。之所以要抛开情节，是因为在一般情况下，同一情节大家描述得都差不多，但由于个人写作特点和习惯不同，所用的虚词是不会一样的。利用多元分析中的聚类分析法进行聚类，果然将 120 回分成两类，即前 80 回为一类，后 40 回为一类，很形象地证实了不是出自同一人的手笔。

之后又进一步分析前 80 回是否为曹雪芹所写。这时，他们找了一本曹雪芹的其他著作，做了类似的计算，结果证实了用词手法完全相同，断定前 80 回为曹雪芹一人手笔，是他根据《石头记》写成，中间插入《风月宝鉴》，还有一些别的增加成分。而后 40 回是否为高鹗写的呢？论证结果推翻了后 40 回是高鹗一个人所写，而是曹雪芹亲友将其草稿整理而成，宝黛故事为一人所写，贾府衰败情景为另一人所写等。

这个论证在红学界轰动很大，李教授他们利用统计方法支持了红学界的观点，使红学界大为赞叹。（资料来源：来自网络）

第一节　统计的含义

在当前的信息时代，经常可以从各种媒体上看到或听到各种各样的数据。如何得到这些数据？这些数据意味着什么？这实际都涉及统计的问题。

什么是统计？统计起源很早，是随着社会生产的发展和国家管理的需要而逐步产生和发展起来的。统计的历史源于结绳记事。从历史上看，在我国公元前2000多年的夏禹时代就有了关于人口与土地情况的记载，《尚书·禹贡》中把当时的中国分为九州，按照土质不同把田地及贡赋分为九等，这种描述与17世纪德国国势学派对一个国家国情的记述很相似，但时间早了近2000年；周王朝不仅制定了乡的定期报表制度，还运用了统计分组、平均数、相对数等近代统计方法；在秦朝商鞅的调查研究思想中，已有了全国规模的人口调查登记制度和人口按年龄、职业的分组方法，有了国民经济调查研究中的各种数量对比分析资料，并总结出"欲强国知十三数"的经验，作为治理国家的依据等等；户籍和田亩统计有很大发展，秦始皇建立编户制，东汉曾进行全国田地测量，唐代计口授田，宋明有田亩鱼鳞册的土地调查地图，明代人口普查的户帖和黄册等。这一切远远走在当时的西欧诸国之前，但中国的统计工作却始终没有发展成为一门系统的现代科学。

从西方来看，在公元前3050年，埃及为建造金字塔需要征集建筑费，对全国的人口与财产情况进行了调查；英国的威廉大帝为了征兵和征税下令测量英国的土地。可以说，统计历来是管理国家的重要工具。从16世纪起，统计学在西方获得较快的发展。当时，欧洲英国、法国、荷兰、德国等诸强争雄，迫切想要了解自己国家与外国的政治、社会情况，经济、军事实力的比较，于是，产生了威廉·配第为代表的政治算术学派，西欧的统计日新月异，统计范围逐渐扩大到农业、工业、商业、金融、保险、交通、邮电、海关乃至人口、社会等许多领域，逐渐形成了各个部门统计。

最早作为学名使用的"统计"是在1749年德国教授亨瓦尔（G. Achenwall）所著《近代欧洲各国国家学纲要》一书序言中，把国家学名定为"Statistika"，原意是指国家显著事项的比较和记述或国势学，认为统计是关于国家应注意事项的学问。此后各国相继沿用"统计"这个词，并把这个词译成各国文字，法国译为Statistique，意大利译为Statistica，英国译为Statistics，日本最初译为"政表""政算""国势"等，直到1880年才确定以"统计"正名。1903年钮永建、林卓南等翻译了四本横山雅南所著的《统计讲义录》，把"统计"一词从日本传到我国。1907年彭祖植编写的《统计学》在我国与日本同时发行，这是我国最早的一本"统计学"书籍。统计学是一个研究领域与应用范围非常广泛的学科，也是21世纪最有前途的学科之一，在宏观经济管理、企业管理、军事、医学、考古、气象、环保等方面得到广泛应用。

目前，"统计"一词已被赋予多种含义：可以指统计数据的收集与整理活动，即统计工作；也可以指统计活动的结果，即统计资料；还可以指分析统计数据的方法和技术，即统计学。

一、统计工作

统计工作即统计实践活动，是指人们利用各种科学方法，搜集、整理、研究和提供各种统计资料的工作总称。统计工作一般包括四个环节，即统计设计、统计调查、统计资料整理和统计资料分析。这四个环节密不可分。

1. 统计设计

统计设计是根据统计的研究对象与研究目的，对研究对象的内容和各个工作环节的联系做出全面、系统的考虑，制定各种方案，以指导实际活动。统计设计的结果形成各种设计方案，如指标体系、分组体系、分类目录、调查方案、整理方案、分析提纲等。统计设计从不同角度可以分为整体设计和专项设计，全过程设计和单阶段设计，长期设计和短期设计等。

统计设计是统计工作的首要阶段，是统计工作的前提，关系到统计工作过程的各个环节，是一项重要而又复杂的工作。例如，时任北华饮业调研总监的刘强组织了 5 场双盲口味测试，他想知道公司试图推出的新口味饮料能不能被消费者认同。在一间宽大的单边镜访谈室里，桌上摆满没有标签的杯子，几个被访问者逐一品尝着不知名的饮料并把口感描述出来写在面前的卡片上。此前调查显示：超过 60%被访问者认为不能接受“凉茶”，认为中国人忌讳喝隔夜茶，冰茶更是不能被接受。刘强领导的调查小组认为，只有进行了实际口味测试才能判别这种新产品的可行性。等拿到调查结论，刘强的信心被彻底动摇了，被测试消费者表现出对冰茶的抵抗，一致否定了装有冰茶的测试标本，新产品在调研中被否定。后来以旭日升为代表的冰茶在中国全面旺销，北华饮业再想迎头赶上为时已晚。刘强谈起教训时说：当时举行口味测试时是在冬天，被访问者从寒冷室外来到现场，没等暖和过来就进入测试，影响了访问者对味觉的反应，测试状态与实际消费状态的偏差让结果走向了反面。这个例子充分说明了统计设计的重要性，加强和重视统计设计工作对完成整个统计工作、保证统计工作的质量是非常重要的。

2. 统计调查

统计调查是根据研究目的，采用科学方法，搜集反映客观事物各种资料的过程，以掌握客观事物的第一手资料。统计调查是统计工作的基础环节，是认识事物的起点。统计工作的质量在很大程度上取决于统计数据是否准确、全面、可靠。

3. 统计资料整理

统计资料整理是指对调查来的资料分门别类地加以汇总与整理，使其条理化、系统化，把反映总体单位的大量原始资料，转化为反映总体的基本统计指标。统计资料整理是由统计调查过渡到分析的必经过程，是统计工作的中心环节。

4. 统计资料分析

统计资料分析是指运用各种统计方法，对经过整理的统计资料加以科学的分析和研究，说明事物的内部联系与发展规律。统计资料分析常用的方法很多，如比较分析法、因素分析法、相关分析法等。这一阶段是统计工作的完成环节。

二、统计资料

统计资料是指在统计实践活动过程中所取得的各项数字资料以及与之相关的其他资料。不论是个人、集体和社会，还是国家、部门和事业、企业、公司及科研机构，都离不开统计资料。统计资料的具体表现可以是文字资料，也可以是数字资料，一般反映在统计表、统计图、统计手册、统计年鉴、统计资料汇编和统计分析报告中。统计资料是统计实践活动的成果。例如，由《中华人民共和国 2020 年国民经济和社会发展统计公报》，可知 2020 年我国国内生产总值 1015986 亿元，比上年增长 2. 3%；人均国内生产总值 72447 元，比上年增长 2. 0%等，这些数据就是说明我国经济发展水平的统计资料。

三、统计学

1. 统计学的定义

统计学是统计工作实践经验的科学总结，是阐明统计的理论和方法的一门科学。统计学是一门收集、整理和分析统计数据的方法科学，其目的是探索数据的内在数量规律性，以达到对客观事物的科学认识。统计学是一门应用性很强的学科，与其他很多学科领域有着密切的联系。统计学发展至今已有 300 多年。历史上英文中的统计 statistics 与“国家”同一词根，即自从有了国家，统治者就用统计来管理国家，只要有数据的地方就会有统计学的应用，在各个领域统计学都在发挥着发现客观世界规律及更好决策的作用。

2. 统计学的分类

(1) 按产生与发展阶段划分

做为一门科学，按照其产生和发展的阶段，可以划分为古典统计学、近代统计学和现代统计学，具体包括 5 个学派。

① 政治算术学派

其创始人是英国的经济学家威廉·配第（1623～1687），首先提出用数量科学地研究社会经济现象的方案。1671～1676 年间，他写了《政治算术》一书，“政治”是指政治经济学，“算术”是指统计方法，在书中对当时的英国、荷兰、法国之间的“国富和力量”进行数量上的计算和比较，做了前人没有做过的从数量方面来研究社会经济现象的工作。威廉·配第的劳动价值论和劳动社会分工的思想，为古典政治经济学的创立奠定了理论基础；利用实际资料，用数字、重量和尺度来说话的方法，为统计学的创立奠定了方法论的基础。虽然它并不是关于统计理论的书籍，也不叫统计或统计学，但它实际上是统计的起源。因此，马克思称他是“政治经济学之父，在某种程度上可以说是统计学的创始人”。

政治算术学派是有统计学之实而无统计学之名，在统计发展史上具有重要的地位：

首先，它不仅满足于社会经济现象的数量登记、列表、汇总、记述等过程，还要求把这些统计经验加以全面系统地总结并从中提炼出某些理论原则。在搜集资料方面提出了大量观察法、典型调查、定期调查等思想；在处理资料方面广泛运用了分类、制表及各种指标来浓缩与显现数量资料的内涵信息。

其次，第一次运用可度量的方法，力求把论证建立在具体、有说服力的数字上，依靠数字解释与说明社会经济生活。

② 记述学派

也称国势学派或国情学派。18 世纪中叶是国势学派发展的极盛时期，主要代表人物是德国的海尔曼·康令和阿·亨瓦尔。海尔曼·康令第一个在德国黑尔姆斯太特大学以“国势学”为题讲授政治活动家应具备的知识。阿·亨瓦尔第一次用“统计学”代替了“政治算术”。该学派的特点是以文字形式向国家统治者提供一些有关各国人口、领土、政治、经济、宗教、地理、科研、艺术等方面的情况，偏重事物性质的解释，而不注重数量对比和数量计算，只有统计学之名，没有统计学之实，但为统计学的发展奠定了经济理论基础。

政治算术学派与记述学派的共同点是以社会经济作为研究对象，以社会经济的实际调查资料作为研究的基础，是具体阐明国情国力的社会科学。二者主要区别在于是否把数量方面的研究作为基本特征，政治算术学派采用数量分析的方法研究各国的国情与国力，而记述学派主要采用文字记述的方法。政治算术学派和记述学派共存了将近两百年，互相影响，互相争论。

③ 数理统计学派

随着数学的发展，概率论成为数学的一个分支，为统计学的发展奠定了基础。比利时的生物学家、统计学家、数学家、天文学家阿道夫·凯特勒（1796~1874）认识到人类社会活动服从于一定规律，这种规律通过大量观察法才能被人们所认识。他综合了政治算术学派和记述学派的成果，并把古典概率引入统计研究领域。他的主要著作有《论人类》《概率论书简》《社会制度》和《社会物理学》等。数理统计学的产生，使统计方法特别是统计推断方法发生了重大变化，不仅极大地丰富了统计方法体系，也使统计方法具有了更为严谨的数学基础，在准确化道路上大大跨进了一步，使统计学进入一个新的发展阶段。由于他对统计理论与统计工作做出巨大的贡献，被称为近代统计学之父。以后，经过高尔登、皮尔逊、尤尔、包勒和费雪等统计学家的不断丰富和发展，使数理统计学成为世界上影响最广泛的一个学派。

④ 社会统计学派

其代表人物是恩格尔（1821~1896）和梅尔（1841~1925）。恩格尔认为统计学是一门社会科学，其目的是观察一个国家中人民的物质、才智和道德生活，并把结果以算术平均方式表示出来，提出用恩格尔系数衡量家庭的富足程度。恩格尔系数是食物支出在总支出金额中占的比重，一个国家或家庭生活越贫困，恩格尔系数就越大；反之，生活越富裕，恩格尔系数就越小。梅尔强调统计学是在对总体进行数量观察的基础上，反映人类社会生活实际状况及其规律性的社会科学。他们认为，统计学是研究总体而不是个别现象，由于社会现象的复杂性和整体性，在社会统计中全面调查居于重要地位，强调在统计研究中必须以事物的质量为前提和认识事物质的重要性，认为以概率论为理论基础的抽样调查在一定范围内具有实际意义和作用。二战后社会统计学的实践意义得到人们的公认，20世纪60年代以来，西方发达国家先后制定社会发展计划。

⑤ 社会经济统计学派

它是以马克思的哲学与政治经济学为理论基础建立起来的，列宁对社会经济统计的发展做出了重大贡献。列宁认为，社会经济统计是认识社会的最有力武器之一，他在统计调查、统计资料的整理和统计分析的理论方面也有精辟的论述。中华人民共和国成立后，引进了当时苏联的统计学，并在高校开设统计学课程。目前统计学成为经管类各专业的核心课程之一，并将数理统计方法引入进来，方法体系日臻完善。

社会经济统计学和数理统计学的区别在于：

第一，内容不同。社会经济统计学一般包括社会经济核算和社会经济定量分析两部分，数理统计学一般包括理论数理统计学和应用数理统计学两大部分。

第二，特点不同。社会经济统计学以马克思的哲学、政治经济学为理论基础，是一门社会科学；数理统计学的理论基础是概率论和大数定律，是数学的分支。

第三，发展与创新的机理不同。两者分别属于政府推动型、学者或市场推动型。此外，在对研究者的知识与思维的要求上也有许多不同。

（2）按统计方法的类型划分

① 描述统计学

描述统计学是研究取得反映客观现象数量特征的数据，并对数据进行加工、测量和显示，通过综合、概括和分析反映客观现象变动的规律性。具体包括统计数据收集、加工处理、显示、分布特征概括和分析方法等。其特点是用收集到的数据对该总体或样本进行描述或得出有关结论。描述统计学的应用非常广泛，是认识社会经济现象数量特征的重要途径和方法。例如，从全校 20000 名学生中抽取 500 学生，对其高等数学课程的考试成绩用图、表或者平均分、标准差、及格率等表示出来，由此得出 500 名学生本次考试的基本情况。

② 推断统计学

推断统计学是研究如何抽取样本并利用样本数据推断总体有关数量的方法论科学。例如，从全校 20000 名学生中抽取 500 学生，用这 500 名学生高等数学课程的平均分、标准差、及格率等，得出全校 20000 名学生本次高等数学考试情况的结论。为把误差控制在一定范围内，需要研究抽样方法、推断方法、估计误差的计算和控制方法，以保证推断结果达到要求的可靠程度及精度水平，这些需要以概率论为基础。

描述统计学是基础，依靠其收集、整理、显示的可靠统计数据及提供的有效样本信息，推断统计才能进行；推断统计学是现代统计学的主要内容，拓展了统计的应用且越来越受到重视。从描述统计学发展到推断统计学，反映了统计学发展的阶段性，也是统计学发展成熟的重要标志。

（3）按统计方法研究和应用程度划分

① 理论统计学

理论统计学是阐明统计学的基本理论、原理和方法的科学。它把研究对象一般化及抽象化，从纯理论角度对统计方法加以推导论证，研究事物的变化规律。它既适用于社会经济现象的数量观察和研究，也适用于自然现象的数量观测和推断。它是统计学科的基础，具有通用方法论的性质。

② 应用统计学

应用统计学从研究的领域或问题出发，根据研究对象性质，采用适当的指标体系和统计方法，解决需要研究的问题。应用统计学不仅要进行定量分析，还需要进行定性分析，先从现象质量分析中获得需要考察的指标并建立指标体系，采集数据并进行数据处理，结合对现象进行的定性分析，得出符合客观现实的结论，为统计决策提供依据。应用统计学具有边缘交叉和复合型学科的性质，其应用几乎扩展到所有的科学研究领域，形成农业统计学、工业统计学、生物统计学、气象统计学、人口统计学等，由于各应用领域具有其特殊性，在应用中统计方法又形成一些不同的特点。

在统计学发展中，理论统计学为应用统计学的数量分析提供更先进的方法论基础；应用统计学为理论统计学提供发展动力；理论统计学和应用统计学相互促进及共同提高。

总之，国内外统计应用发展呈现以下特点：

首先，数据量和数据关系复杂性快速膨胀，统计应用不再以纸面统计年鉴和统计报表获得数据，而直接从各种数据库中提取数据，利用计算机和网络进行有效的数据组织和管理成为统计应用的基础方式。

其次，数据分析方法日益丰富，对计算能力要求快速增长，多元分析、经济计量学、博弈论、机器学习、人工智能、神经网络和生物遗传算法等成为处理海量数据、探索内在规律、提取未知知识的重要手段。

再次，与各行业统计业务紧密结合。计算机等信息技术已成为统计应用的首要工具，统计学所发挥的功效日益增强。

统计的上述三种含义是密切相关的：统计资料是统计工作的成果；统计学是统计工作实践经验的总结，并对统计工作起着指导作用；统计工作、统计资料和统计学三者之中，统计工作是基础。

第二节 统计学的研究对象和方法

一、统计学的研究对象

统计学的研究对象就是社会经济现象总体的数量特征和数量关系。通过这些数量方面反映社会经济现象的规律。可以理解为：

1. 统计学是研究社会经济现象数量方面的一门科学

数量性是统计学研究对象的基本特点，从数量方面认识社会才能认识事物的本质和发展规律。例如，要研究我国国民生产总值，就要对其数量、构成及数量变化趋势等进行认识，以正确分析国民生产总值的规律性。

2. 统计学研究对象的范围是广泛的

主要包括：人口数量与劳动力资源，社会财富与自然资源，社会生产与建设，商品的流通与交换，国民生产总值的生产与使用，金融、信贷、外贸与保险事业，城市人民的物质文化与政治生活，科学技术进步与发展等等。这些都反映了社会经济现象的基本数量特征和数量关系，是人们对社会经济现象的基本认识。

3. 统计学研究对象的特点是从质与量的辩证统一中研究社会经济现象的数量方面

一切客观事物都具有质和量的特征，而现象质和量之间又存在着密切联系。统计学与高度抽象的数学不同，不是对“纯数量”的研究，而是在研究现象数量方面时采用科学的方法去收集、整理、分析反映现象的实际数据，通过统计指标及统计指标体系来反映现象的规模、水平、速度、比例及效益等。

二、统计学的特点

1. 从研究对象角度看

(1) 数量性

结合社会经济现象质的方面，从数量方面入手研究社会经济现象，这是统计的首要特点。虽然会计学、计量经济学与统计学都是从数量方面说明社会经济现象的，但是统计学不是对“纯数量”进行研究的一门科学，而是以大量的数字资料为基础，从质和量的辩证统一中反映事物的本质和发展规律的一门科学。

（2）具体性

统计学研究的数量是客观存在的、具体实在的数量表现。统计分析方法也是具体的数学方法，是为了反映社会经济现象在一定具体时间、具体地点、具体条件下的数量。例如，增加值 8000 万元，是一个毫无意义的抽象数量；如果说 2020 年 12 月甲企业增加值 8000 万元，就是统计中所说的具体数量。具体性是统计学区别于数学的一个重要特征。

（3）差异性

在统计研究对象中，每个单位不但要具有同质性，而且彼此之间要有差别，否则就没有研究的意义。例如，工人作为统计对象，每个工人在性别、年龄、工龄、工作性质、工资等方面会有不同的表现，这样，才能对其表现出来的差异进行研究，统计其规律性。如果各单位不存在这些差异，或者这些差异是按已知条件事先可以推定的，则不需要进行统计研究。

2. 从对统计工作的要求看

（1）准确性

准确是统计工作的生命。诺贝尔经济学奖获得者托宾指出：如果没有可靠和及时的经济统计数据，特别是国民收入和生产统计数字，很难想象宏观经济政策如何制定。国家统计局加大防范和惩治统计造假责任制问责追究力度，对统计违法案件在国家统计局网站曝光台及时进行曝光。2019 年 12 月 30 日公布了对 1575 家统计违法企业进行行政处罚结果，对 1289 名责任人员进行了处分处理。统计数据质量主要指统计数据的准确性，准确可靠的统计数字是进行科学决策和科学管理的重要依据。

（2）全面性

对构成统计总体的每个单位的资料都不能遗漏，否则得出的数字就不能反映事物的全貌。

（3）及时性

对统计来讲，时间就是命令，失去时效的统计资料会成为“马后炮”，会降低其作用，以致贻误工作，造成损失。《中华人民共和国统计法》第四十二条规定，作为统计调查对象的国家机关、企业事业单位或者其他组织迟报统计资料，或者未按照国家有关规定设置原始记录、统计台账的，由县级以上人民政府统计机构责令改正，给予警告。及时和准确是统计工作中的关键问题。

（4）统一性

它是指要有统一的、科学的核算制度与方法，统计资料的统一管理和公布，防止数出多门，否则就会导致统计资料的不可比。

3. 从对客体的认识过程来看

（1）从定性认识到定量认识

离开定量认识，就不成为统计；离开定性认识，就无从进行定量认识。

(2) 从对个体的认识到对总体的认识

对总体的认识总是通过对总体单位的认识而得到的。

(3) 从对现象认识到对本质的认识

例如，由全国人口与耕地的数量只会认识这两种现象，通过对比我国人口与耕地在世界所占的比重指标，就会对我国人多地少的实质有一个深刻的认识。

(4) 从对过去的认识到对现状和将来的认识

根据过去的统计资料，可以找出事物发展的规律性，认识事物发展的趋势，并对事物进行统计预测。

三、统计学的研究方法

统计学的研究方法主要有大量观察法、统计分组法、综合分析法、统计推断法及统计模型法。

1. 大量观察法

大量观察法就是对总体中全部或者足够多的单位进行调查，并对调查所得资料进行综合分析的方法。运用大量观察法来研究现象的数量特征，是由研究对象的大量性和复杂性所决定的。大量的复杂社会经济现象是在许多因素作用下形成的，各单位的特征及数量表现有着很大的差别，不能任意抽取个别或少数单位进行观察，而应观察全部或足够多数的调查单位。例如，观察个别家庭或少数家庭婴儿出生时，生男生女的比例极为参差不齐，但经过大量观察男婴、女婴的出生数则趋向均衡。大量观察法强调的个体要充分多，这样才能将现象的个别偶然差异充分抵消，以准确揭示所研究现象的数量特征与规律性。

2. 统计分组法

统计分组法是根据事物内在特点及研究任务，把被研究的社会经济现象划分为若干组，以反映其不同类型。通过统计分组，突出组与组之间的差异，抽象组内各单位差异，以划分现象的类型、反映内部结构及现象之间关系。统计分组法是统计数据整理的主要方法。

3. 综合分析法

综合分析法就是对社会经济现象数量关系进行分析，以反映社会经济现象的规模、水平、对比关系、集中趋势、差异程度、发展趋势、依存关系、变化规律等。常用的分析方法有时间数列分析法、回归分析法、指数分析法等。

4. 统计推断法

统计推断法是指在统计调查中，由总体中各单位的特征推断关于总体中的某种信息。统计在研究现象的总体数量关系时，需要了解的总体对象的范围往往是很大的，有时甚至是无限的，而由于经费、时间和精力等各种原因，以致有时在客观上只能从中观察部分单位或有限单位进行计算和分析，根据局部观察结果来推断总体。例如，要说明一批灯泡的平均使用寿命，只能从中抽取一小部分进行检验，以此推断这批灯泡的平均使用寿命。统计推断法可用于总体数量特征的估计，也可用于对总体某些假设的检验。从某种意义上讲，人们观察的资料都是一种样本资料，因而这种方法在统计研究中得到了广泛的应用。可以说，统计推断是现代统计学的基本方法。

5. 统计模型法

统计模型法是指根据具体研究对象和一定假设条件，用合适的数学方程式来进行模拟的方法。利用这种方法可以对复杂现象的总体在空间、时间上客观存在的数量关系进行近似描述，对其发展变化进行数量上的评价和预测。统计模型的三个基本要素是：变量、数学方程和参数。统计模型法提供了各种线性和非线性、简单与复杂的统计模型构建方法，可以大大提高统计的认识能力。

需要注意的是：在运用统计研究方法时，往往需要把多种方法结合起来加以运用，以便更有效地反映现象的特征。例如，在调查中把大量观察法与典型调查相结合，在分析时把综合指标法与具体情况分析相结合，以便更有效地反映现象的特征。

第三节　统计学中的基本术语

一、统计总体

统计总体可以简称为总体。凡是客观存在的、具有相同性质的许多个别单位组成的整体就是总体。总体的规模用 N 表示。例如，所有的工业企业是一个总体，因为每个工业企业是客观存在的，又都具有相同的性质，即都是从事工业生产活动的基层单位。总体具有以下特点：

1. 同质性

它是指总体中的各个单位具有共同的性质。例如，某市所有的工业企业构成一个总体，是因为该市这些工业企业都是进行工业生产活动的基层单位。同质性是构成总体的基础。

2. 大量性

它是指总体应由足够数量的同质性单位构成。大量性是构成总体的条件。

3. 差异性

它是指构成总体的各个单位在某一方面性质相同，在其他方面都不尽相同。差异性是构成总体的前提。

4. 客观存在的性

统计作为认识社会经济现象的工具，它反映的是客观存在的事物，而不是主观臆想的对象。

5. 根据统计任务的要求而确定

统计任务不同，统计总体也会变化。在不同的统计任务下，同一事物可能是总体，也可能是总体单位。

二、总体单位

总体单位就是构成总体的各个单位。当某一个工业企业作为一个总体时，企业中的每个工人就是一个总体单位。

按总体单位是否可计数，统计总体可分为有限总体和无限总体。总体所包含的单位数是有限的，称为有限总体；总体所包含的单位数是无限的，称为无限总体。例如，全国14亿多人口虽然比较多，但总是可以计算出来的，属于有限总体；在大量连续生产某种小件产品时，总产量构成一个无限总体。在社会经济现象中，总体大多数为有限总体，对有限总体可以进行全面调查，也可以进行非全面调查。但对无限总体只能抽取一部分单位进行非全面调查，据以推断总体。

需要注意的是：总体与总体单位的概念不是固定不变的，随着统计的研究目不同，它们是可以变化的。同一研究对象，在一种情况下为总体，在另一种情况下可能为总体单位。例如，要研究某市工业生产情况，总体是全市所有的工业企业，总体单位是每个工业企业；要研究其中某个工业企业的生产情况，总体就是该工业企业。

三、统计标志

统计标志简称标志，是说明总体单位所具有的属性和特征的。总体单位具有很多属性或特征，例如，对于由所有工人构成的总体来说，每个工人的性别、年龄、工种、工资、工龄等就是工人的标志。

标志按变异情况可分为不变标志和变异标志。当一个标志在各个单位具体表现都相同时，称之为不变标志；当一个标志在各单位的具体表现有可能不同时，称之为可变标志或变异标志。我国人口普的对象是具有中华人民共和国国籍并在中华人民共和国国境内常住的人。这样，在作为调查对象的人口总体中，国籍和在国境内居住是不变标志，而性别、年龄、民族、职业、文化程度等则是变异标志。不变标志是构成统计总体的基础，变异标志是统计研究的主要内容。

按标志性质不同，可以把标志分为品质标志与数量标志两类。品质标志表示总体单位的属性特征，一般都采用文字来表示，如某工人的性别、籍贯、婚姻状况等属于品质标志。数量标志表示总体单位数量方面的特征，一般是用数字表示的。如某工人的年龄、工龄、工资等属于数量标志。

标志表现是指标志特征在各单位的具体表现。标志表现可以分为品质标志表现和数量标志表现。例如，性别是品质标志，而品质标志表现则具体分为男性或女性。产量是数量标志，数量标志表现为100件、200件等。数量标志表现又称为数量标志值。

四、统计指标

1. 统计指标的概念及构成

统计指标是反映总体的数量特征的。统计在反映事物的数量特征和数量关系时都离不开统计指标。在《中华人民共和国2020年国民经济和社会发展统计公报》中，初步核算，2020年国内生产总值为1015986亿元，比上年增长2.3%；全年居民消费价格比上年上涨2.5%；全年城镇新增就业1186万人，年末城镇登记失业率为4.2%；年末国家外汇储备32165亿美元，比上年末增加1086亿美元；全年网上零售额117601亿元，按可比口径计算，比上年增长10.9%；全年新登记市场主体2502万户，日均新登记企业2.2万户，年末市场主体总数达 1.4 亿户。这些都是说明我国经济发展变动情况的统计指标。统计指标是对所研究现象本质的抽象概括，确定统计指标必须有一定的理论依据，使之与社会经济或科学技术的范畴相吻合。

统计指标在统计中占有中心的地位，它一般由指标名称、指标数值及计量单位构成，此外还有时间限制与空间限制。指标名称用来说明指标的内容与所属范围；指标数值表示社会经济现象在一定时间、地点和条件下所达到的规模或水平；计量单位是现象数量的衡量尺度。

2. 统计指标的特点

统计指标具有可量性、综合性与具体性等特点。

可量性是指可以直接表现为数量方面的特点。统计指标所反映的就是客观现象的数量特征，没有数量特征的统计指标是不存在的。例如，所有制不能直接表现为数量，因此不能称其为统计指标。统计指标可量性的特点为统计工作利用现代计算技术提供了可能。

综合性是指统计指标把个别单位标志值的差异进行了综合。例如，某个人的年龄 30 岁不是指标，一个企业所有员工年龄的平均值即平均年龄才是统计指标。

具体性体现在：一是指统计指标不是抽象的概念和数字，是一定具体的社会经济现象的量的反映，是在质的基础上的量的集合；二是统计指标说明的是客观存在的，是已经发生的事实，反映社会经济现象在具体时间、地点、条件下的数量变化。

3. 统计指标的分类

统计指标的分类有多种方法，这里介绍几种较常用的分类。

(1) 按反映总体特征的性质分类

统计指标可以分为数量指标与质量指标两类。数量指标是反映社会经济现象规模大小和数量多少的指标，一般以绝对数形式来表示。如人口总数、国民生产总值、工资总额等指标就是数量指标。数量指标是认识总体现象的基础指标，其数值大小随着总体范围的变化而变化。质量指标是反映社会经济现象生产水平和管理水平的指标，一般以相对数或平均数形式来表示，其数值的大小与范围的变化没有直接关系。如人口密度、劳动生产率、单位产品成本、原材料的单耗等指标就是质量指标。数量指标和质量指标都是说明总体特征的，都属于综合指标。

(2) 按表现形式分类

统计指标可以分为总量指标、相对指标与平均指标。例如，人口总数、国民生产总值为总量指标；人口密度为相对指标；劳动生产率、单位产品成本为平均指标。总量指标是计算相对指标与平均指标的基础。

(3) 按反映时间特点分类

统计指标可以分为时点指标和时期指标。时点指标是反映总体特征在某一时点上数量表现的指标。例如，年末人数、年末原材料库存量指标就是时点指标。时期指标是反映总体特征在某一时期数量表现的指标。例如，我国国民生产总值、年出口总额指标就是时期指标。

(4) 按计量单位特点分类

统计指标可以分为实物指标和价值指标。实物指标是以实物单位计量的指标，可以具体、生动地反映客观现象的数量，但是综合性比较差。例如，产品产量、职工人数、设备数量等指标就属于实物指标。价值指标是以货币单位计量的、反映事物价值量的指标，具有较强的综合性。例如，工业增加值、工资总额、利润总额等指标就属于价值指标。

4. 统计指标与标志的关系

统计指标与标志有着密切的关系，二者既有区别，又有联系。

主要区别在于：指标是说明总体特征的，标志是说明总体单位特征的；指标都能用数值表示，标志有的能用数值表示，有的不能用数值表示（如品质标志）。

主要联系在于：指标多数是由总体单位的数量标志值汇总而来；指标与数量标志之间存在着转化关系。由于研究目的不同，原来的总体变为总体单位时，则统计指标也就相应的变成数量标志了，反之亦然。

5. 统计指标体系

客观事物是复杂多样的，要想反映事物的全貌，用个别统计指标来反映是不够的，就需要利用统计指标体系来进行描述。由一系列相互联系、相互制约的统计指标组合在一起就构成统计指标体系。例如，工业企业统计指标体系是由一系列反映工业企业人力、物资、资金、生产、供应、销售等方面指标组成。统计指标体系有不同的种类。

(1) 按指标体系反映的内容分类

统计指标体系可分为宏观指标体系和微观指标体系。其中，宏观指标体系是指反映全国范围社会经济现象数量特征和数量关系的指标体系；微观指标体系是指反映基层单位运行和经营管理情况的指标体系。

(2) 按指标体系的内容分类

统计指标体系可分为国民经济指标体系、社会指标体系和科学技术指标体系。其中，国民经济指标体系是反映整个社会生产流通、分配、消费等社会再生产过程和条件的指标体系；社会指标体系是以人们物质文化生活为中心，反映社会状况的指标体系；科学技术指标体系是反映科学技术发展水平及变化等情况的指标体系。

(3) 按指标体系的作用分类

统计指标体系可分为基本指标体系和专题指标体系。基本指标体系是反映国民经济和社会发展及其各个组成部分基本情况的指标体系，包括国民经济与社会发展的统计指标体系、地区和部门的统计指标体系及基层统计指标体系；专题指标体系是针对某一个经济或社会问题而制订的专项指标体系。例如，经济效益统计指标体系就属于专题指标体系。

统计指标体系对于统计分析和研究具有重要的意义。一个科学的统计指标体系可以描述现象的全貌和发展全过程，分析和研究现象总体存在的矛盾以及各种因素对现象总体变动结果的方向和程度，也可以对未来指标进行计算和预测，对未来现象发展变化趋势进行预测等。

五、变异与变量

1. 变异

变异是统计学中一个很重要的概念。由于总体中某种现象在各单位之间存在着变异，才需要利用各种统计方法进行调查与分析。变异是指统计中的标志与指标是可变的。变异是普遍存在的，有属性变异与数量变异之分。例如，人的性别表现为男、女，劳动生产率有高低不同的水平都属于变异。属性变异只限于品质标志，数值变异则限于数量标志和统计指标。变异是统计的前提条件，没有变异也就没有统计的必要。

2. 变量

变量的概念是17世纪才产生的，为进行定量分析提供了可能性。变量就是可以取不同值的量。可变的数量标志和所有的统计指标均为变量，变量都是以数值表示的，不包括品质标志。变量的数值称为变量值。例如，职工人数是一个变量，因为各企业职工人数是不同。某企业有职工780人，另一企业有1920人等，都是职工人数这个变量的具体数值，即为变量值。

按变量值的连续性不同，可把变量分为连续变量与离散变量。连续变量的数值是连续不断的，相邻两值之间可作无限分割。如生产零件的规格尺寸、身高、体重等变量就属于连续变量，其数值需要用测量或计算的方法取得。离散变量的数值是以整数位断开的。如企业个数、职工人数、设备台数、学生人数等变量属于离散变量，其数值可用计数的方法取得。在统计实践中，为了便于核算，有些连续变量也可按离散变量处理。例如，人的年龄取值只按周岁取整进行统计。

按变量的性质可以把变量分为确定性变量与随机变量。确定性变量是指影响变量值的变动有某种因素在起决定作用，它使变量沿一定方向变动。随机变量是指影响这种变量值的变动因素很多，作用不同，变量值的大小没有确定的变动方向。

第四节　统计数据分类与计量尺度

统计数据已成为社会各界关注经济社会发展形势的重要依据。正确认识统计数据关系到能否对经济社会生活做出准确的判断，决定着统计数据发挥作用的大小。

一、统计数据的分类

1. 统计数据的定义

统计数据是对客观现象进行计量的结果。任何现象都有其属性或数量表现，现象之间都有内在的关系，这些表现就是统计数据。对统计数据的质量要求包括：

（1）完整性

完整性指的是数据信息是否存在缺失的状况。数据缺失可能是整个数据记录缺失，也可能是数据中某个字段信息的记录缺失。例如，在网站统计地域分布情况时，我国包括34个省级行政单位，如果统计得到的值小于34，则可判断数据存在缺失。

（2）一致性

一致性是指数据是否遵循了统一的规范，数据集合是否保持了统一的格式。例如手机号码一定是13位的数字；地区类标准编码格式为“北京”而不是“北京市”。

（3）准确性

准确性是指数据记录的信息是否存在异常或错误。这类错误则可以使用最大值和最小值的统计量去审核。准确性主要受统计调查制度、统计指标体系、统计人员素质等因素影响。

(4) 及时性

及时性是指数据从产生到可以查看的时间间隔。必须要注意时效，否则时过境迁便会降低甚至会使统计数据失去应有的价值。

(5) 关联性

统计数据要满足用户决策、管理、研究的需要。

(6) 最低成本

应以最经济的方式取得统计数据。

2. 统计数据的分类

统计数据可以从四个角度进行分类。

(1) 按可否直接用数字表示分类

统计数据可以分为定性数据和定量数据。定性数据（也称品质数据）是指只能用文字或数字代码来表现事物的品质特征或属性特征的数据。例如，人口按性别分为男与女两类；学生考试成绩表示为优、良、中、及格、不及格等。定量数据（也称数量数据）是指用数值来表现事物数量特征的数据。例如，某企业销售收入 4 亿元等。定性数据在一定条件下可以转化为定量数据。例如计算考试优秀的学生占全部同学的比重。

(2) 按加工程度分类

统计数据可以分为原始数据和次级数据。原始数据（也称直接数据）是指直接向调查对象收集的、没有进行加工整理、反映总体单位特征的数据，或者通过实验采集的原始记录数据。原始数据是统计数据收集的主体，例如调查得到某企业职工月工资额、男性与女性职工人数等属于原始数据。次级数据（也称间接数据、二手数据、加工数据），指已经经过加工整理、反映总体数量特征的各种非原始数据。如果次级数据能满足统计分析和研究的需要，就不应该去收集原始数据。次级数据的来源主要包括各种统计年鉴、有关网站、期刊等，例如我国历年国内生产总值、历年年末人口数等属于次级数据。

(3) 按表现形式分类

统计数据可以分为绝对数、相对数、平均数三类。绝对数是用以反映现象绝对数量特征的数据。有明确的计量单位，例如某地区人口 600 万人，国内生产总值 1500 亿元等。相对数是用以反映现象相对数量特征的数据。主要表现为没有计量单位，少部分表现为有明确的计量单位（如强度相对数）。平均数是用以反映现象平均数量特征的数据。例如某企业职工平均年龄 40 岁等。

(4) 按来源分类

统计数据可以分为观测数据与实验数据。观测数据是通过统计调查或观测方式而获得的、反映现象客观存在的数据特征的数据。它是在没有人为控制的条件下获得的。实验数据是在人为控制条件下，通过实验方式获得的有关实验对象的数据。自然科学研究中的数据大多属于实验数据。随着实验法应用领域的扩展，在经济领域也出现了许多实验数据。

二、统计数据的计量尺度

对统计数据的属性、特征进行分类、标示和计算称为统计数据的计量。例如，对工业企业经济效益的统计，也可以说是对工业企业经济效益的计量。对客观事物的观测需要适当地采用不同的计量尺度。1968 年，美国社会学家、统计学家史蒂文斯（S. S. Stevens）按照变量的性质和数学运算的功能特点，将统计数据计量尺度由低到高、由粗略到精确分为四种：定类尺度、定序尺度、定距尺度与定比尺度。

1. *定类尺度*

定类尺度也称列名尺度，是指按客观事物的某种属性进行分类或分组形成的数据。它是最粗略、计量层次最低的计量尺度，只测度事物之间的类别差，对各类间的其他差别无法得知，是其他计量尺度的基础。其主要数学特征是“=”或“≠”，所使用的数值只作为无序分类的代码。如居民性别用“1”表示男性，用“2”表示女性。

定类尺度的主要特征为：

（1）只能区别事物的类别，无法比较类间的大小；

（2）对事物的区分需要符合穷尽和互斥原则，不能重复或遗漏；

（3）对其进行分析的统计量主要是频数和频率。

2. *定序尺度*

定序尺度又称顺序尺度，是对客观事物之间等级差或顺序差别的一种测度。它不仅可以将事物分成不同的类别，而且还可以确定这些类别的优劣或顺序。定序尺度的主要数学特征是“=”或“≠”、“<”或“>”。例如，企业按规模分为大型、中型、小型与微型等；工业产品按等级可以分为优等品、一等品和合格品，就是对产品质量好坏的一种次序测度。定序尺度对事物的计量要比定类尺度精确一些。

定序尺度的主要特征为：

（1）客观现象的不同类别间存在顺序差异，在分析时其顺序不能随意排列；

（2）定序尺度计量结果只能用文字表示，无法对其结果进行准确的数学计量。

3. *定距尺度*

定距尺度也称间隔尺度，是对客观事物类别或次序之间间距的一种测度。定距尺度的主要数学特征是“+”或“-”。它通常使用自然或度量衡单位作为计量尺度，如收入用“元”、考试成绩用“分”、质量用“千克”等。定距尺度不仅能将事物区分为不同类型并进行排序，而且可准确地指出类别之间的差距是多少。定距数据之间的差是固定不变的，没有一个通常的零点，数据之间的比值是没有意义的。比如温度 10℃比 8℃高 2℃，22℃比 20℃高 2℃，高出的温度一样，但是 20℃的天气绝对不是比 10℃天气热一倍。

定距尺度的主要特征为：

（1）有确定的计量单位，这是它区别于定类与定序尺度的基本特征；

（2）没有绝对零点，计量结果表现为数值，可以进行加、减运算，不能进行乘、除运算。

4. *定比尺度*

定比尺度也称比例尺度，是对客观事物进行观测计数或计算而得到的数据。定比尺度具有定距尺度所拥有的同样属性，同时还具有绝对或自然的起点，即存在可以作为比较的共同起点或基数。其计量结果也表示为数值，一般来说，定比尺度的数据不可能取负值。例如，高度 6 米是 2 米的 3 倍；质量 80 千克是 20 千克的 4 倍。定比尺度主要数学特征是"×"或"÷"，是最高级的计量层次，在现实生活中很多事物都是可以用定比尺度去测量的，例如事物的质量、价格等。

定比尺度的主要特征为：

(1) 除了能区分类别、进行排序、比较大小、求出大小差异、可采用加减运算外，还可以进行乘除运算；

(2) 具有绝对零点，可以计算两个测度值之间的比值；

(3) 所有统计量均可对其进行分析（可计算各种特征值、进行更多的定量分析等）。

以上 4 种计量尺度对客观事物的计量层次是由低到高、由粗略到精确的，后一层次的数据包含了前一层次的全部信息内容，反之则不然。4 种计量尺度适用于对不同类型的客观事物的计量，在一定程度上表明了适用的数据描述和统计分析方法（表 1-1）。

表 1-1 四种计量尺度比较表

数学特征	定类尺度	定序尺度	定距尺度	定比尺度
分类（=，≠）	√	√	√	√
排序（<，>）		√	√	√
间距（+，-）			√	√
比值（×，÷）				√

第五节 Excel 简介

Excel 是美国微软公司开发的 Windows 环境下运行的电子表格系统。Excel 集数据的编辑整理、统计分析、图表绘制于一身。微软公司先后推出不同版本，随着版本的不断提高，数据处理和操作的简易性也得到不断加强。

Excel 具有四大特征：19 个数据分析工具、80 个统计功能、智能表和趋势线，其优势在于：强大的数据与公式自动填充功能；方便的数据编辑与透视分析功能；灵活的单元格绝对引用与相对引用功能；完美的图形绘制系统与丰富的内置函数功能。下面以应用最广泛的 Excel2010 为例进行简单介绍。

一、启动和退出 Excel

(1) 单击"开始"按钮，选"程序"命令，在"程序"菜单中"Microsoft office"、"Microsoft Excel"。

(2) 若在桌面上建立了快捷方式，双击该快捷方式图标。建立快捷方式的方法：单击"开始"按钮，选择"程序"命令，右键单击"Microsoft Excel"菜单项，再单击"创建快捷方式"，出现"Microsoft Excel2010"，将其拖至桌面即可。

（3）单击“开始”按钮，选择“文档”命令，从文档列表中单击含有 Excel 文档的图标，则启动 Excel 的同时，也打开了该文档。此时屏幕上出现如图 1-1 所示的 Excel 初始启动界面。

（4）退出 Excel 常用的方法是：保存当前编辑的文件之后，用鼠标单击标题栏的“×”按钮或进入“文件”菜单栏单击“退出”选项。

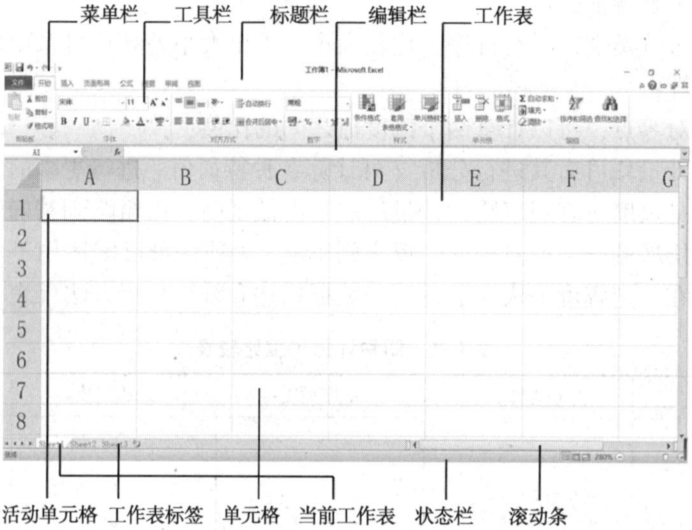

图 1-1　初始启动界面

二、Excel 窗口介绍

（1）菜单栏。标题栏的下面为菜单栏，包括“文件”“开始”“插入”“页面布局”“公式”“数据”“审阅”“视图”8 个菜单项。单击某个菜单项可弹出相应的命令菜单，单击该命令菜单中的某个命令即可执行该命令。右端分别是文档的“最小化”“最大化/还原”“关闭”按钮。

（2）工具栏。位于菜单栏下方，在默认情况下显示“常用”工具栏和“格式”工具栏。

（3）标题栏。窗口最顶端一行，显示了应用程序名“Microsoft Excel”以及默认名为“Book1”的工作簿文件名，最右端是“最小化”“最大化/还原”“关闭”按钮。

（4）编辑栏。位于工具栏下方，用于显示和编辑活动单元格中的数据和公式。左端是名称框，显示或定义单元格或单元格区域的名称。当向单元格中输入数据或公式时，在名称框和编辑栏之间出现“×”和“√”，单击“×”按钮或 Esc 键表示取消输入；单击“√”按钮或回车键或 Tab 键或单击其他单元格表示确认输入。

（5）工作表窗口。由若干个单元格及水平滚动条、垂直滚动条、工作表标签等组成。一行和一列交叉处构成一个单元格。工作表标签显示工作表的名称，如 Sheet1、Sheet2 等。

（6）活动单元格。当某一单元格一经鼠标选中即变为活动单元格。

(7) 单元格。一行和一列交叉处构成一个单元格，可以输入数字、字符串、公式、图形及声音等。每个单元格由列标和行号组成，如 A1、B10 等。单击某个单元格，该单元格即成为活动单元格，其地址出现在名称框中，才能在其中输入和编辑数据。

(8) 当前工作表。当前工作表是由若干单元格组成的表格，每个表格最多有 65536 行、256 列。如果要选定单张工作表，请单击工作表标签（如选 Sheet1）；若选两张以上相邻的工作表，则先选定第一张工作表标签，按住 Shift 键再单击最后一张工作表的标签；若选两张以上不相邻工作表，则先选定第一张工作表标签，然后按住 Ctrl 键再单击其他工作表的标签；若选工作簿中所有工作表，则以鼠标右键单击工作表标签，然后选“选定全部工作表”命令。

(9) 工作表标签。位于 Excel 状态栏上部，用于显示工作表的名称，通常工作表默认名称为 Sheet1、Sheet2、Sheet3 等。

(10) 状态栏。位于 Excel 窗口的底部，用于显示系统状态、键盘状态等信息。

(11) 工作簿。是由若干工作表组成，扩展名为“. XLS”。启动 Excel 时系统自动建立并打开一个默认名为“Book1”的工作簿文件，保存文件时可以重新命名。在默认情况下，一个工作簿包含 3 个工作表（Sheet1、Sheet2、Sheet3），操作时可以进行切换。要增加工作表：“插入/工作表”命令，则在当前工作表前面插入一张新工作表。

三、创建 Excel 工作簿

1. 建立、保存、关闭工作簿

(1) 建立：点“文件”菜单，单击“新建”命令，点“常用”标签中工作簿确定即可。

(2) 保存：利用“常用”工具栏中“保存”按钮，或“文件”菜单中“保存”命令。

(3) 关闭：单击工作簿文件中菜单栏右端的关闭按钮；或单击菜单栏左端的“文件”按钮在弹出的菜单中选择“关闭”命令即可。

2. 工作簿窗口的排列

(1) 多窗口显示一个工作簿。需同时观察一个工作簿中多个工作表时，可用多窗口显示一个工作簿的方法。执行“视图——窗口——新建窗口”命令，这时屏幕会显示两个窗口，若原工作簿的名称为“成绩表”，则在打开一个新的窗口之后，原工作簿名称为“成绩表：1”，新工作簿名称为“成绩表：2”。

(2) 排列工作簿窗口。当同时打开多个工作簿窗口时，可根据需要来排列他们。执行“视图——窗口——全部重排”命令，弹出“重排窗口”，选“平铺、水平并排、垂直并排、层叠”方式。

四、单元格的选取

(1) 选定单个单元格。将鼠标指针指向所需的一个单元格，直接单击即可。

(2) 选定连续单元格区域。在矩形区域左上角单元格按鼠标左键不松手，拖动鼠标到矩形区域右下角单元格，释放鼠标左键，一个连续的单元格区域就选定了。

(3) 选定整行（列）。可以采用多种方式：选定一行（列）：单击工作区左边的行

(列)号；选定不连续的行（列）：单击首行（列）号，按住 Ctrl 键依次单击其他行(列)号。

(4) 选定整张表格。单击工作表左上角行号与列号相交处的空白按钮，或者按 Ctrl+A 组合键。

(5) 选定不连续的多个单元格。单击首单元格，按住 Ctrl 键依次选定其他单元格。

(6) 选定局部连续、整体不连续的单元格。按住 Ctrl 键，按照选取连续单元格的方法，逐个选取连续单元格区域。

(7) 快速定位到数据区域的边缘单元格。可以利用快捷键快速定位。如利用 Ctrl+左方向键用于定位到数据区域中当前单元格所在行最左边单元格，其他以此类推 。

(8) 取消单元格或单元格区域的选取。在所选择单元格区域外的任何单元格处单击，即可取消选择。如果选择了整个工作表，则在表中任意单元格处单击即可取消对整个工作表的选取。

五、单元格数据的输入与编辑

(1) 数字的输入。直接输入即可。注意当输入数字超过 12 位，会自动按科学计数法显示；要输入身份证号、电话区号等不参与运算的数字，可以将单元格的数据类型设置为文本。

(2) 文本输入。文本数据通常不参与计算，默认情况下文本型数据输入后在单元格中左对齐。如果需要在一个单元格中显示多行文本，一是可以采取自动换行方式，选中该单元格，单击鼠标右键，选择设置单元格格式，单击对齐，选自动换行；二是强制换行方式，将光标移到需要换行位置，按下“Ait+Enter”组合键。

(3) 日期和时间的输入。要输入 2021 年 2 月 28 日，只要输入“2021-2-28”或“2021/2/28”即可。如果要输入当前日期，按一下“Ctrl+;”键。输入时间的格式一般为“时：分：秒”。按“Ctrl+Shift+;”组合键可以快速输入当前时间；按“Ctrl+;”组合键，空一格后，再按“Ctrl+Shift+;”组合键，可以快速输入当前日期和时间。

(4) 分数的输入。在分数前加数字 0 和分数。如为输入 1/2，应先输入“0 1/2”。如果直接输入 1/2，Excel 认为输入的是日期“1 月 2 日”。

(5) 数学公式的输入。运行“插入”菜单栏中“对象”，选“Microsoft 公式 3. 0”，根据需要选用并填入需要的内容即可，单击工作表上任意位置，返回 Excel 操作界面。

(6) 输入大量含小数点的数字。如果想快速输入若干带有小数点的数字，如 0. 005、0. 001，可以使用小数点自动定位功能：“文件—选项—高级”标签，选中“自动插入小数点”，在“位数”框中输入 3，然后在某一单元格位置输入数字 8 回车后，自动变为“0. 008”。

(7) 多张工作表中输入相同的内容。选中一张工作表 Sheet1，按住 Ctrl 键，再单击 Sheet2 等直接选择需要输入相同内容的多个工作表，接着在其中任意一个工作表中输入这些相同的数据，它们会自动出现在选中的其它工作表之中。输入完毕后，再按下 Ctrl 键，然后用鼠标左键单击所选择的多个工作表，解除这些工作表的联系。

(8) 有规律数据的输入。一是利用填充柄快速输入数据，每个单元格右下角有一个小方块称为填充柄，通过选定相应单元格并拖动填充柄，可以快速填充多种类型的数据序列；二是根据输入前两个数据的规律快速拖动输入数据，基于所输入的前两个单元格总数据，Excel 可以计算出某些规律，再选定这两个单元格并拖动填充柄，可以快速输入有规律的一系列数据；三是利用自定义序列，可以利用填充功能输入自定义序列，如在需要输入等比数列区域的第一个单元格输入 2，选中需要填充的所有单元格区域，运行“开始—编辑—填充—序列”，在“序列产生在”对话框中选“列”，“类型”选“等比序列”，“步长值”输入 3，单击“确定”，可以得到 2，6，18，54，162…的等比数列。

(9) 单元格数据的修改。选定单元格，单击编辑栏可以对单元格数据直接编辑，或者双击要进行编辑的单元格，就可以在单元格内对数据进行编辑。

(10) 单元格数据的复制与移动。可以通过菜单命令、工具栏按钮、快捷键、快捷菜单中的命令、鼠标拖动等。

(11) 单元格数据的插入。选定要插入单元格区域，单击鼠标右键，选择“插入”命令，再选择插入方式，单击“确定”按钮即可。

(12) 单元格数据的删除。选定需要删除的单元格区域，单击鼠标右键，选择“删除”命令，再选择删除方式，单击“确定”即可。

◇ 本章要点 ◇

本章共 5 节，主要内容有：

(1) 统计的含义。统计有三种含义，即统计工作、统计资料和统计学。三种含义具有密切的关系：统计资料是统计工作的成果，统计学是统计工作实践经验的总结，统计工作是基础。

(2) 统计学的研究对象。其研究对象就是研究社会经济现象总体数量特征和数量关系。

(3) 统计学的特点。从研究对象角度看，具有数量性、具体性和差异性的特点；从对统计工作的要求看，具有准确性、全面性、及时性和统一性的特点；从对客体的认识过程看，具有从定性到定量认识、从对个体认识到总体认识、从对现象认识到对本质认识、从对过去认识到对现在和将来的认识的特点。

(4) 统计学研究方法。主要包括大量观察法、统计分组法、综合分析法、统计推断法与统计模型法。

(5) 总体与总体单位。总体是客观存在的、具有相同性质的许多个别单位组成的整体。总体单位就是构成总体的各个单位。总体与总体单位不是固定不变的，随着统计研究目的不同而变化。

(6) 标志、指标与指标体系。标志是说明总体单位具有的属性和特征的，包括品质标志和数量标志。标志特征在各单位的具体表现称为标志表现，分品质标志表现和数量标志表现。指标是说明总体的数量特征的，按表现形式有数量指标和质量指标两种类型。由一系列相互联系和相互制约的统计指标组合在一起就构成统计指标体系。指标和标志既有区别又有联系，区别在于说明对象不同，表示方式不同，联系表现在存在汇总关系和转化关系。

(7) 变异与变量。变异是指标志和指标是可变的。变量是可以取不同值的量。所有的统计指标和各种数量标志都是变量。变量包括连续变量和离散变量。

(8) 统计数据分类与计量尺度。从四个角度对统计数据进行分类；计量尺度按由低到高、由粗略到精确分为定类尺度、定序尺度、定距尺度、定比尺度等四种计量尺度，适用于对不同类型的客观事物的计量。

(9) Excel 简介。主要包括启动和退出 Excel 的方法，Excel 窗口的构成、Excel 工作簿的创建、单元格的选取及单元格数据的输入与编辑。

◇ 知识点梳理 ◇

知识点	具体内容
统计工作	利用各种科学方法，搜集、整理、研究和提供各种统计资料的工作总称。
统计资料	在统计实践活动过程中所取得的各项数字资料以及与之相关的其他资料。
统计学	是统计工作实践经验的科学总结，是阐明统计的理论和方法的一门科学。
统计总体	凡是客观存在的、具有相同性质的许多个别单位组成的整体就是总体。
总体单位	构成总体的各个单位。
统计标志	说明总体单位所具有的属性和特征。
统计指标	反映总体的数量特征。
统计指标体系	由一系列相互联系、相互制约的统计指标组和在一起就构成统计指标体系。
变异	统计中的标志与指标是可变的。
变量	可变的数量标志和所有的统计指标均为变量。
定类尺度	按客观事物的某种属性进行分类或分组形成的数据。
定序尺度	对客观事物之间等级差或顺序差别的一种测度。
定距尺度	对客观事物类别或次序之间间距的一种测度。
定比尺度	对客观事物进行观测计数或计算而得到的数据。

◇ 练习题 ◇

一、单项选择题

1. 商业企业的商品销售额、职工人数是(　　)。

A. 连续变量　　B. 前者是连续变量，后者是离散变量

C. 离散变量　　D. 前者是离散变量，后者是连续变量

2. 国势学派对统计学的主要贡献是(　　)。

A. 采用了数量分析方法　　B. 引入了大数法则

C. 提出了“统计学”这一名词　　D. 证明了小样本理论

3. 对某市高等学校科研所进行调查，统计总体是(　　)。

A. 某市所有的高等学校　　B. 某一高等学校科研所

C. 某一高等学校　　D. 某市所有高等学校科研所

4. 某班学生统计学考试的成绩分别是 72 分、83 分、88 分、96 分，这四个数字

是(　　)。

A. 指标　B. 标志　C. 变量　D. 标志值

5. 下列指标中属于质量指标的有(　　)。

A. 产品产量　B. 职工人数　C. 资金产值率　D. 工资总额

6. 一个统计总体(　　)。

A. 只能有一个标志　B. 只能有一个指标　C. 可以有多个标志　D. 可以有多个指标

7. 要了解100个同学的学习情况，则总体单位是(　　)。

A. 100个学生　B. 100个学生的学习成绩

C. 每一个学生　D. 每一个学生的成绩

8. 标志是指(　　)。

A. 总体单位的特征或属性的名称　B. 总体单位数量特征

C. 标志名称之后所表现的属性或数值　D. 总体单位所具有的特征

9. 下列属于品质标志的有(　　)。

A. 工龄　B. 健康情况　C. 工资级别　D. 劳动生产率

10. 变量是指(　　)。

A. 标志和指标　B. 品质标志　C. 标志值　D. 可变的数量标志

二、多项选择题

1. “统计”一词的三种含义是(　　)。

A. 统计资料　B. 统计学

C. 统计指标　D. 统计工作

E. 统计图表

2. 下列变量中属于连续变量的有(　　)。

A. 植树株数　B. 棉花产量

C. 人均年收入　D. 机器台数

E. 鸡场养鸡数

3. 质量指标一般表现为(　　)。

A. 平均数　B. 相对数

C. 绝对数　D. 中位数

E. 众数

4. 品质标志表示事物的质的特征，数量标志表示事物的量的特征，所以(　　)。

A. 数量标志可以用数值表示　B. 品质标志可以用数值表示

C. 数量标志不可以用数值表示　D. 品质标志不可以用数值表示

E. 两者都可以用数值表示

5. 下列各项中，哪些属于统计指标(　　)。

A. 社会总产值　B. 石油

C. 原煤生产量　D. 某同学该学期平均成绩85

E. 全市年供水量9千万吨

6. 某企业是总体单位，数量标志有(　　)。

A. 所有制　　B. 职工人数
C. 月平均工资　　D. 年工资总额
E. 产品合格率

7. 离散变量的数值(　　)。
A. 是连续不断的　　B. 是以整数断开的
C. 只能用计数方法取得　　D. 相邻两值之间不可能有小数
E. 要用测量或计算的方法取得

8. 统计指标的构成要素有(　　)。
A. 指标名称　　B. 计量单位
C. 计算方法　　D. 指标数值
E. 时空限制

9. 在全国工业普查中(　　)。
A. 各企业工资总额都是标志
B. 各企业的劳动生产率是变量
C. 所有工业企业月工资平均额是质量指标
D. 某企业工业总产值 50 万元为数量指标
E. 所有工业企业月工资平均额是数量指标

10. 数据的计量尺度由低到高、由粗略到精确分为(　　)。
A. 定类尺度　　B. 定序尺度
C. 定距尺度　　D. 定比尺度
E. 类比尺度

三、判断题

1. 统计着眼于事物的整体，不考虑个别事物的数量特征。(　　)
2. 统计指标是客观事实的具体反映，不具有抽象性。(　　)
3. 总体与总体单位是固定不变的。(　　)
4. 所有的统计指标和可变的数量标志都是变量。(　　)
5. 指标和标志可以互相转化。(　　)
6. 数量指标是由数量标志值汇总来的，质量指标是由品质标志汇总来的。(　　)
7. 离散变量的数值包括整数和小数。(　　)
8. 统计的三种含义中，统计资料是基础。(　　)
9. 政治算术学派的主要代表人物是威廉·配第。(　　)
10. 品质标志和质量指标一般不能用数值表示。(　　)

四、填空题

1. 统计学的研究对象是(　　)。
2. 变量按其数值是否连续，有(　　)变量和(　　)变量之分。
3. 标志按其表现形式，有(　　)标志和(　　)标志之分。
4. 质量指标一般用(　　)和(　　)表示。
5. 构成统计总体的个别事物叫(　　)。

五、简答题

1. 简述统计工作、统计资料和统计学的关系。
2. 统计发展史上有哪些主要学派？其学术观点是什么？
3. 统计工作的全过程包括哪些环节？各环节之间存在什么关系？
4. 为什么要用大量观察法？
5. 什么是统计总体与总体单位？二者有何关系？
6. 什么是统计指标？指标与标志有何区别和联系？
7. 数据的计量尺度分为哪几种？不同计量尺度各有什么特点？

六、回答题

1. 指出下列总体单位中的数量标志和品质标志：某学生；某工人；某机床厂。
2. 指出下列变量中哪些是连续变量，哪些是离散变量：招收的工人数；进出口贸易额；汽车耗油量；电视机产量；企业利润额。
3. 要调查某商业企业销售的全部电视机情况，试指出其总体与总体单位是什么；举出若干品质标志与数量标志、数量指标与质量指标。

◇ 实训与案例讨论题 ◇

一、实训题

1. 调查某商店销售的全部电冰箱情况，指出其总体、总体单位是什么，并举出若干品质标志、数量标志、数量指标与质量指标。

2. 某企业为了解某一车间职工的人数、日产量和各组总日产量的关系，调查了 2020 年 12 月该企业职工人数和产量情况，得到下表。指出本资料中的总体是什么？总体单位是什么？本例中反映总体数量特征的指标有哪些（附表 1-1）？

附表 1-1

日产量 x/件	人数 f/人	各组日产量 xf/件
40	4	160
50	30	1500
60	40	2400
70	6	420
合计	80	4480

二、案例讨论题

2020 年我国全年全部工业增加值 313071 亿元，比 2019 年增长 2.4%。规模以上工业增加值增长 2.8%。在规模以上工业中，分经济类型看，国有控股企业增加值增长 2.2%；股份制企业增长 3.0%，外商及港澳台商投资企业增长 2.4%；私营企业增长 3.7%。分门类看，采矿业增长 0.5%，制造业增长 3.4%，电力、热力、燃气及水生产和供应业增长 2.0%。（具体见附图 1-1）。

2020 年规模以上工业中，农副食品加工业增加值比 2019 年下降 1.5%，纺织业增长 0.7%，化学原料和化学制品制造业增长 3.4%，非金属矿物制品业增长 2.8%，黑色金属

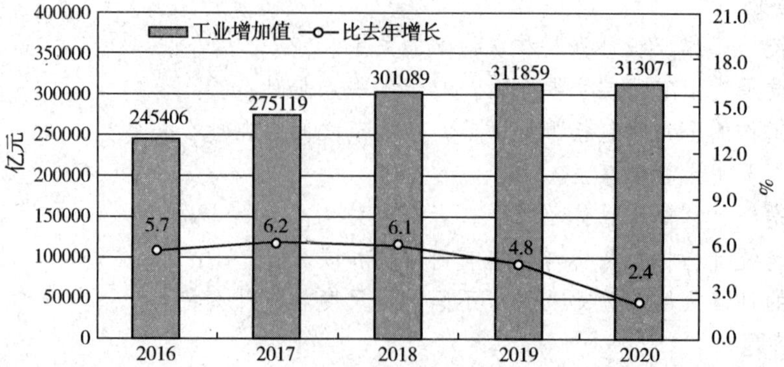

附图 1-1　2015~2020 年我国全部工业增加值及其增长速度图

冶炼和压延加工业增长 6.7%，通用设备制造业增长 5.1%，专用设备制造业增长 6.3%，汽车制造业增长 6.6%，电气机械和器材制造业增长 8.9%，计算机、通信和其他电子设备制造业增长 7.7%，电力、热力生产和供应业增长 1.9%。

讨论：

（1）描述该研究的统计目的；

（2）由附图 1-1 可以看出哪些统计数据？

（3）该研究调查了哪些企业？

第二章　统计数据的收集

本章的学习目的是学会统计数据收集的有关理论与方法。要求掌握统计数据的来源、统计调查方案设计、统计数据收集方式，熟悉利用 Excel 进行统计数据收集的方法。

［引例］　第四次全国经济普查

根据《全国经济普查条例》规定和《国务院关于开展第四次全国经济普查的通知》（国发〔2017〕53 号）要求，我国进行了第四次全国经济普查，普查的标准时点为 2018 年 12 月 31 日，普查的时期资料为 2018 年度，普查对象是我国境内从事第二产业和第三产业活动的全部法人单位、产业活动单位和个体经营户。按照党中央、国务院统一部署，在各地区、各部门和各级普查机构的共同努力下，经过广大普查人员两年来的艰辛努力以及全国范围内普查对象的积极参与，第四次全国经济普查全面完成方案设计、单位清查、现场登记、事后质量抽查、汇总评估等各项任务，取得重大成果和显著成效。

第四次全国经济普查充分运用了现代信息技术手段，普查全过程公开透明，全面摸清了我国第二产业和第三产业家底，能够真实反映我国经济社会发展状况，达到了预期目标。普查结果显示，2018 年末，全国共有从事第二产业和第三产业活动的法人单位 2178.9 万个，与 2013 年第三次全国经济普查相比，增长 100.7%；从业人员 38323.6 万人，增长 7.6%；产业活动单位 2455.0 万个，增长 88.3%；个体经营户 6295.9 万个（详见表 2-1）。

表 2-1　单位数与个体经营户数

	单位数/万个	比重/%		单位数/万个	比重/%
一、法人单位	2178.9	100.0	二、产业活动单位	2455.0	100.0
企业法人	1857.0	85.2	第二产业	484.1	19.7
机关、事业法人	107.5	4.9	第三产业	1970.9	80.3
社会团体	30.5	1.4	三、个体经营户	6295.9	100.0
			第二产业	732.3	11.6
其他法人	183.9	8.4	第三产业	5563.6	88.4

2018 年末，在第二产业和第三产业法人单位中，位居前三位的行业是：批发和零售业 649.9 万个，占 29.8%；制造业 327.0 万个，占 15.0%；租赁和商务服务业 255.1 万个，占 11.7%。在个体经营户中，位居前三位的行业是：批发和零售业 3184.6 万个，占

50.6%；住宿和餐饮业 759.1 万个，占 12.1%；交通运输、仓储和邮政业 580.4 万个，占 9.2%。

2018 年末，全国共有第二产业和第三产业的企业法人单位 1857.0 万个，比 2013 年末增加 1036.2 万个，增长 126.2%。其中，内资企业占 98.8%，港、澳、台商投资企业占 0.6%，外商投资企业占 0.6%。内资企业中，国有企业占全部企业法人单位的 0.4%，私营企业占 84.1%（详见表 2-2）。

表 2-2　按登记注册类型分组的企业法人单位

	单位数/万个	比重/%		单位数/万个	比重/%
合　计	1857.0	100.0	有限责任公司	233.4	12.6
内资企业	1834.8	98.8	股份有限公司	19.7	1.1
国有企业	7.2	0.4	私营企业	1561.4	84.1
集体企业	9.8	0.5	其他企业	0.1	0.0
股份合作企业	2.5	0.1	港、澳、台商投资企业	11.9	0.6
联营企业	0.7	0.0	外商投资企业	10.3	0.6

（资料来源：国家统计局网站 2019-11-20）

阅读以上资料后，请思考众多的统计数据是如何得来的？如何获取统计数据？

第一节　统计数据的来源

21 世纪是大数据时代，面对海量的数据，人们需要采取一定的方法收集有用的信息。

一、统计数据收集的含义及要求

所谓统计数据收集，就是按照统计研究目的和任务，运用各种科学有效的方法，有针对性地收集反映客观事物统计数据的活动过程。

统计数据收集是统计工作的基础环节，是认识事物的起点。统计数据收集质量的好坏直接影响以后各个阶段工作的质量，影响整个统计工作任务的完成。因此，对统计数据收集的一般要求是：准确性、及时性、完整性、方便性。准确性就是收集的资料应符合实际，要真实可靠。准确性是统计工作的生命，失实的统计信息会误导各级党政领导决策和社会公众行为，扰乱市场交易秩序，造成资源配置浪费。在 20 世纪 50 年代“大跃进”浮夸风等种种不真实的统计信息误导决策，给国民经济造成巨大的破坏。因此，必须依照《统计法》和国家的有关规定提供准确的统计资料。及时性就是要严格按调查方法中规定的调查时间，及时完成各项调查资料的收集及上报工作，否则就会影响以后的整理与分析工作。准确与及时相互结合，做到准中求快，快中求准。完整性是指统计数据收集的对象不重复、不遗漏，所收集的数据项目都按照要求齐备全面。完整性是统计指标计算和统计分析的要求。方便性就是指调查中的各项具体规定、表格设计等都应力求简明，以便调查工作的进行。

二、统计数据的直接来源

统计数据的直接来源包括进行统计实验和统计调查。统计实验的特点是可以对影响数据变化的各种因素进行控制，例如研究不同装配方法的效率时，可以对装配工人的差异、装配环境等进行部分或全部控制，观测所研究的不同装配方法效率的数量变化。统计调查的特点是不能对影响数据变化的各种因素进行控制，如普查、抽样调查等。对于社会经济现象而言，统计数据主要通过组织各种形式的统计调查来获取。在20世纪20~30年代，为了找到中国革命的主力军和道路，政治家毛泽东采用统计学的频数方法，找到中国革命的主力军是农民，中国革命的道路是农村包围城市，领导中国人民建立了中华人民共和国，他还做出了“没有调查，就没有发言权”的科学论断。统计调查可以从多个角度分类。

1. 按调查对象包括的范围分类

统计调查分为全面调查与非全面调查。

（1）全面调查

它是对调查对象包括的所有单位全部进行调查。例如，人口普查要对全国人口无一例外地进行登记，这种调查方式就属于全面调查。

（2）非全面调查

它是对调查对象包括的部分单位进行的调查。例如，为了研究职工生活水平，可对一定数量的职工家庭进行调查；为了了解企业产品质量，可选择一部分产品来检验其质量，这些调查均为非全面调查。重点调查、典型调查与抽样调查都属于非全面调查。由于全面调查涉及的人力、花费的物力及财力比较大，需要时间长，因而能用非全面调查方式进行的调查就应采用非全面调查方式。

2. 按组织调查的连续性分类

统计调查分为经常性调查和一次性调查。

（1）经常性调查

它是指结合日常登记和核实资料，通过定期报表而进行的一种经常的、连续不断的调查。这种调查不必专门组织调查机构，而是利用原有的机构和力量，通过层层上报和汇总资料取得全面资料。例如，企业的产品产量、产值就是经常登记的结果。

（2）一次性调查

它又称不连续调查，是间隔一定时间而进行的调查，一般间隔时间相当长，如一年以上，它是对事物在一定时点上的状态进行的登记。一次性调查的主要目的在于获得事物在某一时点上的水平、状态的资料。例如人口普查、工业普查、设备普查等。

3. 按调查的组织方式分类

统计调查分为统计报表与专门调查。

（1）统计报表

它是按统一规定的表格形式，统一的报送程序和报表时间，自下而上提供基础统计资料，是一种具有法律性质的报表。我国常规统计中运用最广泛的一种调查方法是定期取得统计资料的全面统计报表，它能够定期、连续地反映经济和社会发展的基本情况。我国的全面统计报表经过几十年的推广应用，已建立相当稳固、扎实的基础。

统计报表的优点是：在规定的范围内各单位必须按期报送，保证了统计资料的全面性和连续性；由于调查内容、表式、时间都有统一的规定，保证了统计资料的统一性和及时性；它既可以越级汇总，也可以层层上报、逐级汇总，以便满足各级管理部门对主管系统和区域统计资料的需要。统计报表也具有其局限性：指标设置滞后，一些市场经济急需的指标"短缺"；收集难度加大，调查成本剧增；在经济利益多元化的情况下，有的单位为了自己的利益可能虚报或瞒报某些数据，影响统计资料的质量；如果上级机关向基层单位布置统计报表过多，会增加基层负担，甚至造成某些混乱。在实际工作中，不能因为统计报表制度存在局限性而抛弃它，而是要发挥它的统计调查基础性作用。

（2）专门调查

它是指为了解与研究某些社会情况而专门进行的调查。它通常包括普查、重点调查、典型调查与抽样调查等形式。

4. 按收集资料的具体方法不同分类

统计调查分为直接观察法、报告法、采访法与通讯法。

（1）直接观察法

它是由调查人员到现场，对调查对象进行观察、计量以取得资料的一种方法。如对农作物产量进行实割实测，对工业产品质量或设备性能进行现场检测等。其优点是所取得的数据准确性较高，缺点是需要较多的人力和时间。

（2）报告法

它是以原始记录或核算资料为基础，由调查单位搜集各种资料并逐级上报给有关部门的调查方法。现行的统计报表制度就属于这种调查方式。

（3）采访法

它是根据被调查者的答复来搜集资料的一种方法，可以分为个别口头询问法、被调查者自填法和开调查会法等具体方法。由于双方直接接触，逐项询问，因而搜集的资料比较准确。

（4）通讯法

它是调查者把调查的问题，通过通讯的方式（邮寄、电报、电话、传真、计算机网络等），由被调查者回答以取得调查资料的一种方法。近年来利用计算机网络进行调查发展迅速，具有速度快、费用低、易获得连续性数据、内容设置灵活、调查群体大、可视性强等优点；缺点是存在代表性问题、安全性问题、无限制样本问题等。

以上各种统计调查方法是从不同的角度加以分类的，在实际工作中它们不是互相排斥的，而是可以相互交叉使用的。具体采用哪种方法，可依据调查的目的、任务及调查对象的特点来选择。

三、统计数据的间接来源

1. 从被调查单位内部获取

从被调查单位的资产负债表、现金流量表、各种统计台帐、统计报表、企业信息数据库等获取需要的统计数据。

2. 从被调查单位外部获取

可以利用各级政府、非营利机构、贸易组织和行业机构、商业性出版物等获取统计数据。例如，可以从各种统计年鉴、统计公报、统计摘要、统计期刊等，各种博览会、展销会、交易会及学术研讨会上交流的有关资料，从互联网或图书馆查阅相关资料等。提供世界各国社会和经济数据的出版物也很多，如《国际统计年鉴》《国外经济统计资料》《世界发展报告》等。

当前，互联网已成为获取统计数据的重要途径。我国统计数据主要来源有国家统计局、中国统计信息网、中国经济信息网、中国决策网、中国经济时报等。此外可以从有关数据库获得有关信息，例如国家统计数据库、中经网统计数据库、中宏数据库等。

第二节　统计调查方案设计

统计数据收集是一项复杂细致的工作，具有高度的科学性和群众性。无论是统计报表调查，还是普查、重点调查、典型调查和抽样调查，在实施调查前，都应制定周密的方案，以保证统计数据收集任务的完成。一般地，一个完整的统计调查方案主要包括以下五方面内容。

一、明确调查目的

也就是明确为什么要进行统计调查。调查目的不同，调查的内容与范围也就不同。因此，调查目的在调查方案形成文字之前就必须明确，随后进行初步调查，然后确定调查方案的其他内容。例如，第七次人口普查的目的是为了全面摸清我国人口总量、人口地区分布和结构等情况，准确把握人口变化趋势性特征，科学制定国家发展战略、完善人口发展政策、推动高质量发展提供重要支撑。

二、确定调查对象和调查单位

在明确目的基础上，就要依据目的确定调查对象。调查对象就是调查的总体，是由性质相同的许多调查单位组成的。

调查单位就是构成调查对象的个别单位，一般包括客观存在的实体和已经发生的行为、事件及现象等。一般地说，一次统计调查只有一个调查对象和一种调查单位。但有些统计调查特别是大型调查，可能有两个或两个以上密切相关的调查对象，有两种或两种以上存在密切联系的调查单位。例如，人口普查的调查对象是普查标准时点在中华人民共和国境内的自然人以及在中华人民共和国境外但未定居的中国公民，不包括在中华人民共和国境内短期停留的境外人员。

填报单位就是负责填报调查项目的单位。报告单位一般是在行政上、经济上具有一定独立性的单位，而调查单位可以是人、企事业单位，也可以是物。调查单位和填报单位有时一致，有时不一致，这主要取决于调查的任务。例如，对高等院校专任教师进行调查，则高校每名专任教师是调查单位。如果每名教师自己填写调查内容，则每名教师是填报单位。如果由教师所在单位填写调查内容，则教师所在单位就是填报单位。

三、确定调查项目

调查项目也就是调查的具体内容。例如在我国第七次人口普查时，主要调查人口和住户的基本情况，包括姓名、身份证号码、性别、年龄、民族、受教育程度、行业、职业、迁移流动、婚姻、生育、死亡、住房等情况。

在确定调查项目时要注意：调查项目要能够取得确切的资料；每一项目要有确切的涵义和统一的解释；各调查项目之间尽可能互相联系，以便对比分析。调查项目一般通过调查表的方式加以反映。调查表就是把调查项目进行适当编排而形成的表格。它是调查方案的核心部分。

调查表有两种形式：单一表与一览表。一份调查表只登记一个调查单位的资料，称为单一表。它可以容纳较多的调查项目，适于较详细的统计调查。一份调查表登记若干个调查单位的资料，称为一览表。其调查项目不宜过多。

设计调查表时，可以采用表格式、卡片式或簿记式。表格式调查表最常用，一般由表头、表体和表脚构成。表头的内容包括：调查表的名称、报告单位的名称、地址及隶属关系、经济类型等；把所有调查项目合理地排列在表格中就形成了表体，它是调查表的主体部分；表脚用来注明调查者和填报人的姓名、填报时间等。

完美的调查表必须具备两个功能，即能将问题传达给被问的人和使被问者乐于回答。要完成这两个功能，设计调查表时应遵循一定的原则，即主题明确；结构合理、逻辑性强；通俗易懂；控制调查表的长度；便于资料的校验、整理和统计。

在填写调查项目时，填写的方式包括填充式和选择式两种方式。填充式是指在调查标志后的空格内，填写调查单位的标志表现。选择式是指在调查标志后提供了全部备选答案，可以从中选择适合调查单位实际情况的答案。

四、确定调查时间和方法

调查时间包括三个含义：

（1）调查资料所属的时间

如果所调查的是时期现象，要明确规定反映的调查对象从何年何月何日起到何年何月何日止的资料；如果要调查的是时点现象，要明确规定统一的标准时点。例如，中华人民共和国第七次人口普查的标准时点是2020年11月1日零时，入户工作时间是2020年10月11日至12月10日。这样，不管普查员在哪天进行入户登记，普查对象所申报的都应该是2020年11月1日零时的情况，所有普查员普查登记完成后，经过汇总就可以得到2020年11月1日全国人口的总数和各种人口状况的数据。

（2）调查工作进行的时间

即指对调查单位的标志进行登记的时间。

（3）调查期限

即整个调查工作所要经历的时间，包括搜集资料及报送资料的整个工作所需要时间。

调查方法包括调查的组织形式和搜集资料具体方法的选择。我国第七次人口普查由政府人口普查机构派普查员到住户家中进行登记，或由住户自主填报普查短表。

五、制定调查的实施计划

为保证调查工作顺利进行，必须制定严密细致的实施计划。它包括：调查工作的领导机构和办事机构；调查人员的组织；调查资料报送方法；调查前的准备工作；调查方案的传达布置、试点及其他工作等。例如，我国第七次人口普查工作分三个阶段进行：

一是准备阶段（2019 年 10 月 ~2020 年 10 月）。主要工作是：组建各级普查机构，制定普查方案和工作计划，进行普查试点，落实普查经费和物资，开展普查宣传，选聘培训普查指导员和普查员，普查区域划分和制图，进行户口整顿，开展摸底等。

二是普查登记阶段（2020 年 11 月 ~ 12 月）。主要工作是：普查员入户登记，进行比对复查，开展数据质量抽查等。

三是数据汇总和发布阶段（2020 年 12 月 ~2022 年 12 月）。主要工作是：数据处理、评估、汇总，发布主要数据公报，普查资料开发利用等。

第三节　统计数据收集方式

统计数据的收集方式主要有实验方式和统计调查方式。

一、实验方式

实验方式就是运用自然科学的试验法，通过观测人为安排条件下试验产生的各种结果并加以记录的方式来获取数据，或通过人为安排条件下的试验来探求某个或某些因素对所研究事物的数量影响程度的作用方式，凭借实验结果来揭示所考察因素与所研究事物之间的数量因果关系。

1. 实验的原则

在进行实验时需要遵循均衡分散原则和整齐可比原则。均衡分散原则是指把所观测到的因素及其状态均衡地分散在因素与状态的所有可能的配合之中，以保证实验结果具有较强的代表性。整齐可比原则指考察某因素各个状态对所研究事物的影响时，其他因素应保持不变状态，以最大限度地排除其他因素的干扰，从而对所考察因素不同状态的效应进行比较。

2. 常用的实验设计

（1）完全随机实验

采用纯随机抽样方式，将各试验观测个体随机安排到所要试验的因素状态配合中。

（2）随机区组实验

将试验观测个体进行分类，一类作为一个区组，将区组中各试验观测个体随机分配到各个所要试验的因素状态配合中。

（3）拉丁方实验

将一组元素排列成行与列相等且每个元素在各行各列都出现一次且只出现一次的正方

形方格。实验中所考察因素有三个：一个所要研究因素，两个不可控因素，且每个因素的状态数必须相等，各因素之间不存在相互影响。

（4）正交实验

是利用正交表来安排的实验。正交表是由 1、2、3、4 等字码元素构成，具有两个特点：每列中各种字码出现次数相同；任意两列的同行字码所组成的字码对都成完全对且每对字码出现系数相同。正交实验可以大大减少试验次数，节省时间和经费，因此在生产管理、科学实验、市场研究中应用十分广泛。

二、统计调查方式

1. 普查

（1）普查的概念

普查是为特定目的而专门组织的一次性全面调查，用来搜集属于一定时点的较精确的资料。普查往往在全国范围进行，可摸清国情和国力，掌握人力、物力和财力的状况，为国家制定长远规划和政策提供可靠的依据。普查也有其局限性，如涉及面广、工作量大、时间较长，需要大量的人力和物力、组织工作较为繁重，不宜经常举行。我国目前进行的普查主要有：人口普查、农业普查、经济普查等。我国经济普查每 5 年进行一次，在逢 3、8 的年份实施；人口普查、农业普查每 10 年进行一次，分别在逢 0、6 的年份实施。美国每 10 年进行一次人口普查，每五年进行一次农业普查。日本每 2 年进行一次工业普查。

（2）普查的分类

按普查的方式，通常分为两种：一是直接观察法，即组织专门的普查机构，对调查单位直接进行登记，我国第七次人口普查就是利用这种方式进行的；二是报告法，即利用企业、机关、团体的原始记录和报表资料进行填报，我国多次进行的物资普查、工业普查就是利用这种方式进行的。

按汇总特点不同，普查分为一般普查和快速普查两种。一般普查采取逐级布置和逐级汇总上报的办法，花费时间较长。当调查任务紧迫时，就要采用快速普查，从布置任务到报送资料都要越过中间环节，由组织领导普查的最高机关把任务布置到基层单位，各基层单位把调查结果直接报送到组织普查的最高领导机关。

（3）普查的原则

由于普查是一次性的全面调查，规模大，涉及面广，准确性与时效性要求高，而调查对象在时间与空间上也在不断地发生变化，这样，为普查工作带来一定的难度。因此，为做好普查工作，必须遵循一定的原则：

① 规定统一的调查时点，以取得准确的统计资料。例如，我国第一次到第四次人口普查的标准时点都是 7 月 1 日零点；第五、六、七次人口普查标准时点为 11 月 1 日零时。

② 在普查范围内，各调查单位或调查点要同时进行，以便在方法与步调上保持一致，保证普查资料的时效性与真实性。

③ 统一规定调查项目。对于普查的项目，不能任意进行改动，否则会影响全国的汇总工作。

④ 同类普查的内容在各次普查中应尽量保持一致。这样便于对历史资料进行搜集、

整理与分析，增强历次普查资料的可比性。

⑤ 每次普查一定要经过事前试点工作。这样，可以在调查工作全面实施前及时发现问题，以取得良好的调查资料。

⑥ 普查逐步实现规范化、制度化。主要在于：

a. 人口普查：每 10 年进行一次，逢“0”的年份进行，主要普查全国人口和住房以及与之相关的重要事项，目前我国已进行了七次人口普查。

b. 经济普查：国务院决定，将原定于 2003 年进行的第二次全国第三产业普查推迟，与计划在 2005 年开展的第四次全国工业普查和 2006 年开展的第三次全国基本单位普查合并，在 2004 年开展第一次全国经济普查，以企业事业组织、机关团体和个体工商户为对象，主要普查第二、三产业的发展变化情况。其后全国经济普查每 10 年进行两次，分别在逢 3、逢 8 的年份实施。

c. 农业普查：每 10 年进行一次，逢“6”的年份进行。农业普查以从事第一产业活动的单位和农户为对象，主要普查农、林、牧、渔业的发展变化情况。因其涉及全国广大农村和农户，具体组织、填报和审核汇总的工作难度很大，需要单独实施。例如，2016 年 12 月 31 日进行了我国第三次农业普查。

2. 重点调查

（1）重点调查的概念

重点调查是指在全体调查对象中选择一部分重点单位进行调查，以取得统计数据的一种非全面调查方法。重点单位是指在总体的全部单位中只占一小部分，但在研究现象的总量中却占有绝大部分的单位，对它们进行调查就可以反映总体的基本情况。因此，当调查任务只要求对总体的基本情况进行了解，而部分重点单位又能集中反映所研究问题时，便可采用重点调查的方式。例如，要了解我国钢铁工业的生产情况，对鞍钢、武钢、首钢、包钢和宝钢等几个大型钢铁企业进行调查就可掌握钢铁生产的基本情况了；黑龙江省企业调查队在对全省近百户亏损企业进行专项调查基础上，选择其中 10 户由亏转盈的企业进行《10 户由亏转盈企业的调查》。

重点调查具有以下优点：能以较少的投入、较快的速度取得某些社会经济现象主要标志的基本情况和变动趋势；可以用于一次性调查，也可以用于经常性调查。例如，物价调查中重点调查市县的选择、重点产品的选择等都属于这种调查方式。

重点调查的局限性在于没有普查资料全面，没有典型调查资料那样深入，没有抽样调查资料那样具有代表性，适用范围比较小，不宜用于推算总体。

（2）重点调查应用条件

重点调查是经常采用的一种调查方式，其应用的条件是：

① 当任务只要求掌握调查对象的基本情况，而总体中确实存在着重点单位时，进行重点调查是比较适宜的。例如，要了解商品的铁路货运状况，选择少数铁路枢纽站进行调查即可。

② 当调查任务需较快地取得近似、全面的统计资料时，可以采用重点调查的方式。由于重点单位数量少，因而调查时间短，速度快，比全面调查可以省时省力。

③ 调查任务要求得来的资料精度不高，只要求掌握研究对象的基本情况和发展的大

体趋势，而重点调查正好能满足这种需要。

(3) 重点调查的步骤

在进行重点调查时，一般包括以下几个步骤：

① 确定重点单位。选择几个单位为重点单位，需要根据调查的任务来确定。一般地，选出的单位应尽可能的少些，而其标志值在总体中所占比重应尽量大些，选中单位的统计基础要好。

② 设计调查方案。在进行重点调查前，要设计好调查方案，以防调查内容不能满足调查任务的需要。

③ 深入重点单位取得资料。按照设计的调查方案，到调查单位取得资料的方法有两种：一是组织专门的调查机构，由调查人员对重点单位进行直接观察登记；二是向重点单位颁发调查表，由重点单位根据原始记录和核算资料进行填报。

④ 写出调查报告。重点调查的最终目的是把搜集到的资料进行整理后，写出调查报告。调查报告采用书面文字的形式，系统地介绍调查的目的、经过和结论，具体包括引言、方法与步骤介绍、资料的介绍和分析、结论、附录等内容。

3. 典型调查

(1) 典型调查的概念

典型调查是根据调查的目的，在对被研究对象进行全面分析的基础上，有意识地从中选出少数具有代表性的单位进行深入细致的调查研究，借以认识同类事物的发展变化规律及本质的一种非全面调查。典型调查要求搜集大量的第一手资料，搞清所调查的典型中各方面的情况，作系统、细致的解剖，从中得出用以指导工作的结论和办法。

典型调查的优点在于调查范围小、调查单位少、灵活机动、具体深入、节省人力、物力和财力等。其不足是在实际操作中选择真正有代表性的典型单位比较困难，而且还容易受到人为因素的干扰，从而可能会导致调查的结论有一定的倾向性，且典型调查的结果一般情况下不宜用以推算全面数字。

(2) 典型调查的作用

典型调查的作用表现在：

一是可以补充全面调查的不足；

二是在一定条件下可以验证全面调查数据的真实性；

三是研究新事物、新情况和新问题；

四是着眼于深入分析事物的特征，与其他几种调查方式综合交叉使用，可以发挥更高的效益。

(3) 选择典型单位的方法

典型调查的关键在于选择真正具有代表性的典型，典型可以是个体的，也可以是整群的，还可以从典型中选取典型单位。选择典型单位必须依据正确的理论进行全面的分析，切忌主观片面性和随意性。根据不同的研究目的，选择典型单位的方法包括：

①"解剖麻雀"方法。适用于总体内各单位差别不太大的情况。通过对个别代表性单位的调查，即可估计总体的一般情况。

②"划类选典"方法。总体内部差异明显，但可划分为若干个类型组，从各组中分别

抽选一两个具有代表性的单位进行调查。

③“抓两头”方法。分别从先进单位和落后单位中选择典型，以总结经验和教训，带动中间状态单位，推动整体的发展。

（4）应用典型调查需要注意的问题

① 正确地选择典型。根据调查的目的，对事物和现象总体情况初步了解基础上，综合分析，对比研究，从事物的总体上和相互联系中分析选出典型。典型可分为三种：先进典型、中间典型和后进典型。当研究目的是探索事物发展的一般规律或了解一般情况时，应选择中间典型；当研究目的是要总结推广先进经验时，就应选取先进典型；当研究目的是为了帮助后进单位总结经验时，就应选择后进典型。

② 注意点与面的结合。典型虽然是同类事物中具有代表性的部分或单位，但毕竟是普遍中的特殊，一般中的个别。因此，对于典型的情况及调查结论，要注意哪些属于特殊情况，哪些可以代表一般情况。要慎重对待调查结论，对于其适用范围要做出说明，特别是对于要推广的典型经验必须考察、分析是否具备条件，条件是否成熟，切忌“一刀切”。

③ 定性分析与定量分析结合。进行典型调查时，不仅要通过定性分析找出事物的本质和发展规律，而且要借助定量分析对调查对象各方面进行分析，以提高分析的科学性和准确性。

4. 抽样调查

（1）抽样调查的概念

抽样调查是按照随机原则，从被研究总体中抽取部分单位作为样本进行观察研究，以样本指标来推算总体指标的一种调查方式。例如，对全国居民消费价格采用抽样调查方法，抽选确定调查网点，按照“定人、定点、定时”的原则，直接派人到调查网点采集原始价格。数据来源于全国 500 个市县、8.8 万余家价格调查点，包括商场（店）、超市、农贸市场、服务网点和互联网电商等。抽样调查可以分为概率抽样与不等概率抽样，不等概率抽样不是抽样调查的重点。概率抽样又称随机抽样，主要包括简单随机抽样、等距抽样、分层抽样、整群抽样、多阶段抽样等。

抽样调查具有：按随机原则抽取样本单位而不是随意挑选的、代表性强，抽取的样本数量有可靠保证，抽样误差控制在允许范围内，调查结果准确程度较高等特点。

抽样调查具有费用低、速度快、时效性好、资料更加准确等优点。抽样调查可以解决全面调查无法解决或难以解决的问题，因而其应用范围很广。例如，全国城市居民生活水平的调查、对产品进行破坏性检查等只能采用抽样调查方式。抽样调查可以用来补充修订全面调查的结果，以提高全面调查资料的准确性。抽样调查可用于生产过程中产品质量的检查与控制，以提高产品的质量。

抽样调查也有其局限性：抽样调查并不能获得所有的资料，例如我国参加世界性比赛获奖数目，只能通过对获奖运动员逐一进行登记而取得；抽样调查取得的资料只能满足对调查对象做出估计推断，不能满足调查对象中的不同层次、不同部分对资料的需求。因此，抽样调查不是万能的。

（2）抽样调查适用的情况

① 不能或不必进行全面调查的情况。如总体规模较大甚至是无限总体时，或进行破

坏性试验等。

② 对全面调查资料进行检验与修正。例如我国人口普查工作中曾多次运用抽样调查对普查结果进行验证。

③ 时效性要求较高的调查。例如对产品质量的检查与控制等。

5. 统计报表

(1) 统计报表的概念

统计报表是按统一规定的表格形式，统一的报送程序和报表时间，自下而上提供基础统计资料，是一种具有法律性质的报表。统计报表具有以下优点：根据国民经济和社会发展宏观管理的需要而周密设计的统计信息系统，保证资料的统一性，便于在全国范围内汇总与综合；依靠行政手段执行的报表制度，要求严格按照规定的时间和程序上报，可完整地积累形成时间序列资料，便于进行历史对比和社会经济发展变化规律的系统分析；既可以越级汇总，也可以层层上报、逐级汇总，以便满足各级管理部门对主管系统和区域统计资料的需要。

(2) 统计报表的分类

我国目前统计报表种类较多，可以从不同角度进行分类：

① 按报送周期长短不同

统计报表分为日报、周报、旬报、月报、季报、半年报和年报。日报和旬报称为进度报表，主要用来反映生产、工作的进展情况。月报、季报和半年报主要用来掌握国民经济发展的基本情况，检查各月、季、年的生产工作情况。年报是每年上报一次，主要用来全面总结全年经济活动的成果，检查年度国民经济计划的执行情况等。周期短的，要求资料上报迅速，填报的项目比较少；周期长的，内容要求全面一些；年报具有年末总结的性质，反映当年中央政府的方针、政策和计划贯彻执行情况，内容要求更全面和详尽。

② 按填报单位不同

统计报表可分为基层报表与综合报表。基层报表是由基层企事业单位填报的报表，综合报表是由主管部门或统计部门根据基层报表逐级汇总填报的报表。

③ 按调查范围不同

统计报表可以分为全面统计报表和非全面统计报表。

④ 按报表内容和实施范围不同，

统计报表分为国家统计报表、部门统计报表和地方统计报表。国家统计报表是国民经济基本统计报表，由国家统计部门统一制发，用以搜集全国性的经济和社会基本情况，包括农业、工业、基建、物资、商业、外贸、劳动工资、财政等方面最基本的统计资料。部门统计报表是为了适应各部门业务管理需要而制定的专业技术报表。地方统计报表是针对地区特点而补充制定的地区性统计报表，是为本地区的计划和管理服务的。

由于各种调查方法均有其局限性，因此，在统计工作中要根据调查的目的、任务以及调查对象的特点，综合利用各种统计调查方法，以达到统计规定的目的。例如，在统计调查中，可以把全面调查与非全面调查相结合，典型调查与其他调查相结合，抽样调查与其他调查相结合，充分发挥各种调查方法的优势，以灵活多样的调查方法取得所需要的各种统计资料。

目前，我国已建立起与联合国国民帐户体系基本接轨的国民经济核算制度，形成以周期性普查为基础，经常性抽样调查为主体，必要的统计报表、重点调查、综合分析等为补充的国家统计调查方法体系。近年来，随着互联网的快速发展，“网上调查”开始兴起。“网上调查”具有速度快、费用低、易获得连续性数据、调研内容设置灵活、调研群体大、可视性强等特点。但它也具有局限性，如可调查样本数量少、抽样框难以界定、安全性问题、专业化及商业化程度低等，需要进一步完善。

这里需要说明的是：在数据收集过程中可能存在两种误差，即观测性误差和代表性误差。

a. 观测性误差。也称调查性误差，是在调查观测的各环节因工作粗心或被观测者不愿很好配合而造成的所收集数据与实际数据不符的误差，包括计量错误、记录错误、计算错误、抄写错误、汇总错误、计算机输入错误等。这种误差在全面调查与非全面调查中都会产生。

b. 代表性误差。它是指在抽样调查中，由于样本不能完全代表总体而产生的估计结果与总体实际数量特征不符的误差，分为系统性代表误差与偶然性代表误差。其中偶然性代表误差在抽样调查中是不可避免的。

第四节 利用 Excel 进行统计数据的收集

很多统计数据收集都采用问卷调查的方式，因此统计工作人员要对调查问卷进行统计。调查问卷是把要调查的内容以问题及其可能的答案，按照一定的结构和顺序排列所形成的问答卷。其基本结构一般包括：卷首语、调查内容和结尾。调查内容是问卷的核心部分，每一份问卷都必不可少。

问卷调查的关键一环是问题的设计，要遵循以下原则：有明确的主题，结构合理、逻辑性强，通俗易懂，控制问卷的长度，便于资料的整理和统计。

问卷设计的问题必须能够诚实回答，一般包括开放式问题、封闭式问题和半封闭式问题。答案的设置形式有是否式、单选式、多选式、限选式、标度式、列表式、填空式、自由式等。一份好的问卷应对问题及其排列做出精心设计，一般地容易回答的问题放在前面、封闭式问题放前面而自由式问题放后面。要通过小规模访谈来修改，确定没有必要进一步修改后定稿并投入使用。回收的问卷可以用电脑使用 Excel 录入数据，便于进一步对数据进行整理与分析。

一、录入问卷原始数据

下面是关于使用手机品牌的简化调查问卷：

1. 您的性别是：

（1）先生　　（2）女士

2. 您使用过的手机品牌有：

（1）苹果　　（2）华为　　（3）三星　　（4）小米　　（5）联想　　（6）其他

设有问卷 10 份。录入数据，见图 2-1。

	A	B	C	D
1	问卷编号	问题1（单选	问题2（多选）	
2	1	2	12	
3	2	1	15	
4	3	2	34	
5	4	2	25	
6	11	1	123	
7	6	1	26	
8	7	1	134	
9	8	2	256	
10	9	1	236	
11	10	2	245	
12	统计			
13	总问卷数	10		
14				
15		个数	百分比	
16	问题一1			
17	问题一2			
18				
19				
20	问题二1			
21	问题二2			
22	问题二3			
23	问题二4			
24	问题二5			
25	问题二6			
26				

图 2-1

在此，需要注意几个问题：

（1）录入数据前要对每份问卷进行编号，方便录入后问卷答案的备查，也方便对数据排序后返回到原始录入状态。

（2）录入时将问题的答案如 ABCD 等替换为 1234，如图 2-1 所示。录入数字比录字母要快得多，在设计问卷时可考虑将问题选项设为 1234，避免录入时将字母转化为数字时出现错误。

（3）单选和多选题每道题的答案均只用一个单元格，这也是为方便录入。多选题的答案也可以分开，不过会影响录入速度。

（4）在问卷数多时，可将第一行冻结起来，录入时依然可看到各个字段名，以减少出错。冻结方法：选中要冻结行下边一行和要冻结列右边一列的单元格，从菜单里选“冻结窗格”。例如，要冻结第一行，只要点中 A2 单元格，在选菜单中“冻结首行”即可。

（5）统计区暂时放在问卷原始数据的下面。

（6）数据录入的具体方法有两种：一是直接在单元格中输入，左手方向键，右手小键盘。因为问卷的答案统一为数字，所以直接输入可以较快。二是使用 Excel 记录单输入，左手 Tab 键，右手小键盘。选中数据区域的任意一个单元格，执行“数据——记录单”命令，打开“记录单”窗体，如图 2-2 所示，点“新建”即可录入新记录，Tab 键向下移动光标，Shift+Tab 向上移动光标，Enter 键完成新记录的输入，并自动打开新的录入窗口，方便下条记录的输入。

二、统计单选题方法

1. 使用 COUNTIF 函数

如本例中，在单元格 B16 中输入 =COUNTIF（B2：B11，1），即可求出问题一中选第一个选项的人的个数。使用绝对引用可减少以后复制公式时出错，当然也可以不使用绝对引用。问题二的方法同上。

2. 使用自动筛选功能

点中数据区域的任意单元格，然后选中菜单中“数据——筛选”。点中 B1 单元格右边的下拉按钮，选 1，此时可在状态栏看到“在 10 条记录中找到 5 个”，见图 2-3，将 5 填入 B16 就行了，减少了输入公式的麻烦。然后再筛选 2，筛选完改回“全部”，以免影响其他题目的筛选。问卷有几百份时需冻结字段行才能使字段行和统计区处在同一屏幕，方便进行筛选和输入筛选结果。

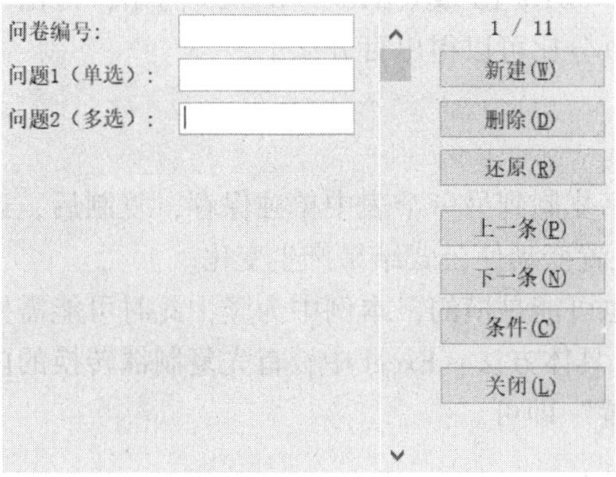

图 2-2

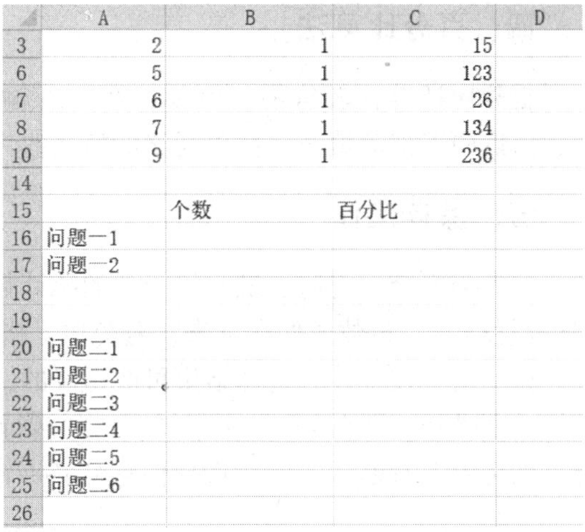

图 2-3

三、统计多选题方法

统计多选题时既可使用自动筛选，也可使用函数，此处用 COUNTIF 函数进行统计。多选题的答案并不只含有 1 或 2 或 3，而是几个，直接模仿使用统计单选题时的公式无效。因为 Excel 默认将 12、15、34 等字符串看作数字串，COUNTIF 无法算出数字串中含有几个 1，几个 2，但对文本格式字符串有效。所以使用 COUNTIF 前需将多选题的答案数据转为文本格式。转换方法：突出显示数字列，然后使用“数据”——“分列”命令。在文本分列向导中，按两下“下一步”，到达步骤 3，单击“列数据格式”下的“文本”，见图 2-4，完成即可（效果见图 2-5）。在 B20 输入公式 = COUNTIF（C2：C11，“＊1＊”）即可求出问题二的答案中含有选项 1 的个数。输入公式 = COUNTIF（C2：C11，“＊2＊3＊”），可求出含选项 2 和选项 3 的答案的个数，包括 123、236 等。需要注意的是：COUNTIF 函数中的标点、括号等需要使用半角形式输入。

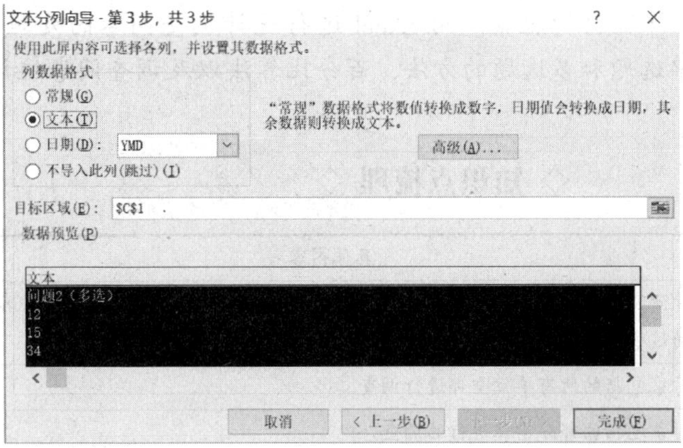

图 2-4

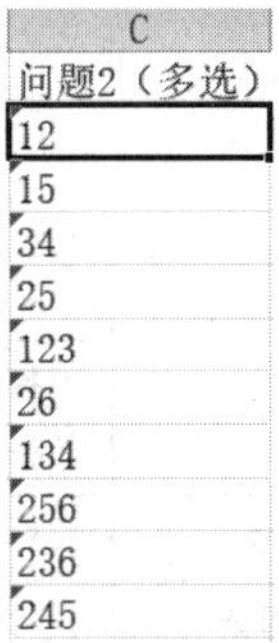

图 2-5

四、百分比算法

百分比计算比较容易。例如，在 C16 输入 = B16/10 或 = B16/ $ B $ 13 回车，得出小数，之后向下拖动填充，把单元格的格式改为百分比可以得出百分比了。

五、保存工作

(1) 全部统计完后，最好将问卷的统计数字复制到另一个表中单独保存，复制后，选“选择性粘贴”将数值保存下来，避免单元格位置变动使公式结果产生变化。

(2) 由于在统计时统计结果可能是竖的，也可能是横的，本例中为竖，此时可能需要转换一下横竖。即在 Excel 中行转列，列转行。具体方法：Excel 中，首先复制欲转换的内容，然后单击右键，选择“选择性粘贴——转置”即可。

◇ 本章要点 ◇

本章共 4 节，主要内容有：

(1) 统计数据收集的含义与要求。统计数据收集就是按照统计研究目的和任务，运用各种科学有效地方法，有针对性地收集反映客观事物统计数据的活动过程。对统计数据收集的一般要求是：准确性、及时性、完整性、方便性。

(2) 统计数据的直接来源。主要有科学实验和统计调查。统计调查是取得社会经济数据的主要渠道。按调查对象包括的范围不同，可分为全面和非全面调查；按组织调查的连续性分类，可分为经常性和一次性调查；按调查组织方式不同，分为统计报表制度和专门调查；按收集资料的具体方法不同分类，分直接观察法、报告法、采访法和通讯法。

(3) 统计调查方案设计。主要包括：明确调查目的、确定调查对象和调查单位、确定调查项目、确定调查时间、制定调查的实施计划。

(4) 统计数据收集方式。统计数据的收集方式主要有实验方式和统计调查方式。实验方式包括完全随机实验、随机区组实验、拉丁方实验、正交实验。统计调查方式包括普查、重点调查、典型调查、抽样调查、统计报表等。

(5) 利用 Excel 进行统计数据的收集。用 Excel 进行统计调查问卷的处理主要包括：录入问卷原始数据、统计单选题和多选题的方法、百分比算法以及调查问卷统计结果的保存等。

◇ 知识点梳理 ◇

知识点	具体内容
统计数据收集	按照统计研究目的和任务，运用各种科学有效的方法，有针对性地收集反映客观事物统计数据的活动过程。
全面调查	对调查对象包括的所有单位全部进行调查。
非全面调查	对调查对象包括的部分单位进行的调查。
经常性调查	指结合日常登记和核实资料，通过定期报表而进行的一种经常的、连续不断地调查。

续表

知识点	具体内容
一次性调查	间隔一定时间进行的调查。
统计报表	按统一规定的表格形式，统一的报送程序和报表时间，自下而上提供基础统计资料。
专门调查	为了解与研究某些社会情况而专门进行的调查。
普查	为特定目的而专门组织的一次性全面调查。
重点调查	在全体调查对象中选择一部分重点单位进行调查，以取得统计数据的一种非全面调查方法。
典型调查	根据调查目的，在对被研究对象进行全面分析基础上，有意识地从中选出少数具有代表性的单位进行深入细致的调查研究，借以认识同类事物发展变化规律及本质的一种非全面调查。
抽样调查	按照随机原则，从被研究总体中抽取部分单位作为样本进行观察研究，以样本指标来推算总体指标的一种调查方式。

◇ 练习题 ◇

一、单项选择题

1. 人口普查规定统一的标准时间是为了(　　)。

A. 避免登记的重复与遗漏　　B. 登记方便

C. 确定调查对象范围　　D. 确定调查单位

2. 对某地工业企业职工进行调查，调查对象是(　　)。

A. 各工业企业　　B. 每位职工

C. 一个工业企业　　D. 各工业企业全体职工

3. 下列调查属于一次性调查的是(　　)。

A. 产品产量调查　　B. 物资普查

C. 商品销售量调查　　D. 原材料消耗量调查

4. 抽样调查的主要目的是(　　)。

A. 随机抽取样本单位　　B. 对调查单位作深入研究

C. 计算和控制抽样误差　　D. 用样本指标来推算或估计总体指标

5. 抽样调查与典型调查都是非全面调查，二者的根本区别在于(　　)。

A. 灵活程度不同　　B. 组织方式不同

C. 作用不同　　D. 选取调查单位方法不同

6. 受人们主观认识影响较大的调查是(　　)。

A. 抽样调查　　B. 重点调查　　C. 典型调查　　D. 统计报表制度

7. 某灯泡厂为了检查该厂的产品质量，拟进行一次全厂的质量大检查，这种检查应当选择(　　)。

A. 统计报表　　B. 重点调查　　C. 全面调查　　D. 抽样调查

8. 某保险公司对汽车保险索赔最多的三个地区进行调查，这是(　　)。

A. 全面调查　　B. 抽样调查　　C. 典型调查　　D. 重点调查

9. 下列调查中，调查单位与报告单位一致的是(　　)。
A. 企业设备调查　　B. 人口普查
C. 农村耕畜调查　　D. 工业企业现状调查
10. 进行工业企业普查时，每个工业企业(　　)。
A. 是调查单位　　B. 既是调查单位，又是报告单位
C. 是报告单位　　D. 既不是调查单位，又不是报告单位

二、多项选择题

1. 普查一般属于(　　)。
A. 全面调查　　B. 非全面调查
C. 经常性调查　　D. 一次性调查
E. 统计报表
2. 统计调查表的形式有（　）。
A. 单一表　　B. 简单表
C. 分组表　　D. 一览表
E. 复合分组表
3. 在我国专门调查有(　　)。
A. 统计报表　　B. 普查
C. 典型调查　　D. 重点调查
E. 抽样调查
4. 通过调查鞍钢、首钢、宝钢等几个大钢铁基地来了解我国钢铁生产的基本情况，这种调查属于(　　)。
A. 重点调查　　B. 典型调查
C. 抽样调查　　D. 非全面调查
E. 普查
5. 我国第七次人口普查属于(　　)。
A. 全面调查　　B. 一次性调查
C. 专门调查　　D. 经常性调查
E. 直接观察法
6. 下列情况的统计调查，(　　)属于经常性调查。
A. 商品库存量　　B. 运输部门旅客周转量
C. 企业职工人数　　D. 商品周转额
E. 突发性自然灾害造成的后果与善后处理
7. 常用的统计调查方法有(　　)。
A. 直接观察法　　B. 报告法
C. 采访法　　D. 口头访问法
E. 通信法
8. 统计报表要求以一定的原始记录为基础，填报时要按照(　　)。
A. 统一表式　　B. 统一指标

C. 统一报送时间
D. 统一报送程序
E. 自下而上的顺序

9. 下列调查属于全面调查的有( )。
A. 普查
B. 对全国所有钢铁企业的钢产量都进行调查
C. 全面的统计报表
D. 抽样调查
E. 典型调查

10. 下列应该采用经常性调查的有( )。
A. 年末人口数
B. 人口死亡数
C. 人口增长数
D. 人口出生数
E. 人口迁移数

三、判断题

1. 重点调查可以是定期的，也可以是不定期的。 ( )
2. 统计调查中的调查单位与报告单位是一致的。 ( )
3. 统计调查在统计工作中起承上启下的作用。 ( )
4. 重点调查是在调查对象中选择一部分样本单位进行的一种全面调查。 ( )
5. 典型调查的误差可以控制。 ( )
6. 统计调查工作的好坏，对于整个统计工作的质量具有决定性的影响。 ( )
7. “调查时间”指的是统计调查工作的起点时间。 ( )
8. 经济普查每10年进行一次，在逢3的年份实施。 ( )
9. 重点调查和典型调查的区别在于选择调查单位的方式不同。 ( )
10. 统计调查所搜集的资料可以是原始资料，可以是次级资料。 ( )

四、填空题

1. 调查表的内容一般由( )、( )和( )三部分组成。
2. 统计调查搜集到的资料有两种，即( )资料和( )资料。
3. 调查表有两种形式：一种是( )，另一种是( )。
4. 按调查组织方式不同，统计调查可以分为( )和( )。
5. 用实验方式进行统计数据收集时需要遵循的原则为( )和( )。
6. 普查是一种( )的( )调查。
7. 统计调查按调查对象包括的范围不同，可以分为( )与( )。
8. 重点调查、典型调查和抽样调查都属于( )调查。
9. 统计调查按调查登记的时间是否连续，可分为( )和( )。
10. 在数据收集过程中可能存在两种误差，即( )与( )。

五、简答题

1. 一个完整的统计调查方案应包括哪些内容？
2. 在进行普查时应遵循哪些原则？
3. 重点调查中重点单位的含义是什么？重点调查有什么优点及应用条件？

4. 典型调查的优点和作用是什么？
5. 报告单位和调查单位有何不同？

◇ 实训与案例讨论题 ◇

一、实训题

1. 某家电厂想通过市场调查了解企业产品的知名度、产品市场占有率、用户对产品质量的评价、满意度等问题。要求：

(1) 你认为这项调查采取哪种调查方法较合适？

(2) 请设计出一份统计调查方案。

2. 对在校大学生的调查可以从消费、学风、就业、创业等角度进行，自己选择一个调查项目，制定一个统计调查方案。

二、案例讨论题

（国家统计局 2018 年 12 月 27 日）国家统计局近年来不断加大统计执法检查力度，坚决查处在重大国情国力普查中出现的统计造假、弄虚作假问题。现将国家统计局执法检查的 7 起第三次全国农业普查造假作假典型案件通报如下（摘录）：

（一）山西省忻州市偏关县农业普查违法案件

国家统计局 2017 年 3 月对山西省忻州市偏关县统计执法检查发现，偏关县第三次全国农业普查未严格执行农业普查方案及普查工作要求。执法检查实地入户核查 45 户，部分农户表示普查员未入户进行普查登记，普查员按照原有行政记录信息、电话询问了解的情况以及推测编造的信息代填农户普查表。检查比对了 1458 份纸质农户普查表，其中大部分表中数据与手持电子终端（PDA）中数据不一致。偏关县县委副书记、县长和副县长、农普领导小组组长分别受到警告处分；偏关县统计局总统计师、县农普办主任受到记过处分；有关乡镇农普工作负责人及普查人员共计 13 人受到警告或记过处分。

（二）吉林省长春市农安县农业普查违法案件

国家统计局 2017 年 12 月对吉林省长春市农安县统计执法检查发现，农安县第三次全国农业普查未严格执行农业普查方案和普查工作要求，弄虚作假严重。执法检查实地入户核查 32 家农户，发现存在普查员未入户、没有在现场填写普查表或者录入手持电子终端（PDA）等问题。有关乡镇农普办要求各村按照县农普办下发的对比表进行数据修改或补充上报，存在人为编造数据现象。县农普办、有关乡镇要求农户记住最终上报数据，以应对普查事后质量抽查和统计执法检查。国家统计局已将该案件移送吉林省委、省政府依法依规严肃处理。

（三）黑龙江省哈尔滨市依兰县农业普查违法案件

国家统计局 2017 年 11 月对黑龙江省哈尔滨市依兰县统计执法检查发现，依兰县第三次全国农业普查未严格执行农业普查方案和普查工作要求，弄虚作假严重。执法检查实地入户核查 42 家农户，发现普查员未入户普查并编造及代填代报普查数据。核查 153 个普查小区，发现 49 个普查小区没有摸底表。核查 5 个乡镇 12570 份普查登记表，发现有 129 户普查表无数据，1236 户普查表没有签字，有签字的普遍存在笔迹相似问题。国家统计局已将该案件移送黑龙江省委、省政府依法依规严肃处理。

（四）甘肃省平凉市泾川县农业普查违法案件

国家统计局2017年11月对甘肃省平凉市泾川县统计执法检查发现，泾川县第三次全国农业普查未严格执行农业普查方案和普查工作要求，“确权的林地面积”“实际经营林地面积”“果园面积”等指标存在造假作假问题。执法检查实地入户30家农户发现，存在普查员未入户普查、普查员违规编造普查数据等问题。县林业局干预普查人员独立调查职权，县统计局要求各乡镇违规修改普查数据。目前，该案已办理完毕，泾川县委、县政府主要负责人受到党内严重警告、记大过处分；泾川县政府2位相关负责人分别受到党内严重警告、记大过、免职处分处理和党内严重警告、记大过处分；泾川县林业局局长受到撤销党内职务、政务撤职处分；泾川县林业局副局长和工作人员受到党内严重警告、记大过处分；泾川县统计局原局长和副局长分别受到撤销党内职务、政务撤职处分和党内严重警告、记大过处分；泾川县统计局相关工作人员受到诫勉处理。有关乡镇相关人员共计19人受到党内严重警告、记大过，党内警告、记过或诫勉处分处理。

（五）江西省萍乡市芦溪县农业普查违法案件

国家统计局2017年3月对江西省萍乡市芦溪县统计执法检查发现，芦溪县第三次全国农业普查弄虚作假严重。检查发现，部分乡镇普查员要求各村按照目标数据分解填报农业普查表，多个普查小区批量编造、篡改农业普查报表，普查员未按要求入户开展普查工作。目前，案件已办理完毕，芦溪县统计局副局长和办公室主任分别受到警告处分，有关乡镇负责人以及农办、统计办负责人共计4人受到警告或记过处分。

（六）湖北省宜昌市枝江市农业普查违法案件

国家统计局2017年7月至8月对湖北省宜昌市枝江市统计执法检查发现，枝江市第三次全国农业普查中存在未严格执行农业普查方案和普查工作要求、虚报有关普查数据等问题。执法检查实地入户核查42户规模农业经营户发现，有关人员代替农户在手持电子移动终端（PDA）中确认签名，未经规模农业经营户认可自行修改普查数据，虚报“农业经营收入合计”指标数据。在国家执法检查过程中，有关人员删除、清空办公电脑资料应对执法检查。目前，该案已办理完毕，枝江市统计局主要负责人和分管农业普查负责人分别受到记大过和诫勉谈话处分处理。

（七）四川省雅安市名山区农业普查违法案件

国家统计局2018年5月对四川省雅安市名山区统计执法检查发现，名山区第三次全国农业普查领导小组办公室在普查登记结束后，违反普查方案和普查程序有关规定，组织有关部门、乡镇普查人员集中大面积篡改普查有关指标数据，“茶种植面积”等指标普查数据严重失实。名山区委以相关会议、工作布置的形式违法干预普查机构、普查人员独立真实上报普查数据。国家统计局已将该案件移送四川省委、省政府依法依规严肃处理。

……

阅读以上资料，谈一下对普查重要性的认识，以及对普查造假、弄虚作假危害性的认识。

第三章 统计数据的整理与显示

本章主要讲述统计数据整理与显示的理论和方法。要求掌握统计数据整理、统计数据的显示相关概念与方法，熟悉利用 Excel 进行统计数据的整理与显示的方法。

［引例］ **我国总人口数量的变化**

2019 年末中国大陆总人口 140005 万人，比上年末增加 467 万人。户籍人口城镇化率为 44.38%，比上年末提高 1.01 个百分点。全年出生人口 1465 万人，人口出生率为 10.48‰；死亡人口 998 万人，人口死亡率为 7.14‰；人口自然增长率为 3.34‰。全国人户分离的人口 2.80 亿人，其中流动人口 2.36 亿人。年末全国就业人员 77471 万人，其中城镇就业人员 44247 万人，占全国就业人员比重为 57.1%，比上年末上升 1.1 个百分点。全年城镇新增就业 1352 万人，比上年少增 9 万人。

根据我国国家统计局公布的近几年来我国国民经济和社会发展统计公报，整理出近几年我国总人口的相关资料见表 3-1。

表 3-1 2014~2019 年我国总人口统计表 万人

指标	2014 年	2015 年	2016 年	2017 年	2018 年	2019 年
年末总人口	136782	137462	138271	139008	139538	140005
男性人口	70079	70414	70815	71137	71351	71527
女性人口	66703	67048	67456	67871	68187	68478
城镇人口	74916	77116	79298	81347	83137	84843
乡村人口	61866	60346	58973	57661	56401	55162

根据以上资料，请思考可以用哪类统计图对每一指标进行适当的描述，并阐明其变化规律。

第一节 统计数据的整理

一、统计数据整理的概念

所谓统计数据整理，就是根据统计研究任务的要求，对收集到的大量反映个体特征的数据进行科学的加工整理，使之条理化、系统化，成为能够反映事物总体特征的综合资料的过程。

统计调查所取得的资料是反映总体各单位的资料，它们仅说明各单位的具体情况，是不系统的、分散的。统计所需要的是反映总体特征的统计指标，都是以数字表示的，因此需要进行统计数据整理，使资料集中、系统地反映总体的情况。例如，人口普查中搜集到的人口资料只能说明每一个人的具体情况，如每人的姓名、性别、年龄、文化程度等，必须通过对人口总体中每个人的资料进行整理后才能得到反映人口总体的综合情况，从而了解人口总体的规模、结构、增减变动状况等，达到对人口总体的全面系统的认识。我国第七次全国人口普查表明我国平均每个家庭户人口为 2.62 人，比 2010 年的 3.10 人减少 0.48 人。家庭户规模继续缩小，主要是受我国人口流动日趋频繁和住房条件改善年轻人口婚后独立居住等因素的影响。

统计数据整理包括两方面内容：一是对原始统计数据的整理，通过分组和汇总以反映总体的特征；二是对次级资料的再整理，通过新的分组、计算或各种必要的调整，满足研究的需要。本节主要介绍第一种情况。

统计数据整理属于统计工作的第三阶段。统计数据整理介于统计调查和统计分析之间，在统计工作中起到承上启下的作用，既是统计调查阶段的继续，又是统计分析的基础和前提，它实现从个别单位的标志值向说明总体数量特征指标值的过渡，是人们对社会经济现象从感性认识上升到理性认识的过渡阶段，是进一步进行统计分析的必要前提。可见，统计整理绝不是一个单纯的技术问题，而且是统计工作中一个极其重要的理论问题。

二、统计数据整理的步骤

1. 制定整理方案与工作计划

统计整理方案是对整理的各个环节做出的具体规定与安排，是统计整理的指导性文件。它确定了汇总的指标、分组方法、汇总形式等内容，体现了整理工作的具体要求。在实际整理中，整理方案是一系列汇总表式的总称，具体表现为一套综合汇总表、填表说明与统一的分类标准或目录。工作计划用来说明整理工作的完成期限与责任制度等内容。

2. 对数据资料进行审核及订正

在汇总前要对统计数据进行审核，以保证数据的质量，为进一步的整理与分析打下基础。具体包括：

第一，全面性审核，主要审核搜集的资料项目是否填写齐全，填报单位是否齐全。

第二，准确性审核，包括计算审核和逻辑审核。计算审核是检查各项数据在计算结果和计算方法上有无错误；逻辑审核主要审核数据是否符合逻辑、内容是否合理、各项目或数字之间有无相互矛盾现象。

第三，及时性审核，主要审核调查资料是否按规定时间上报，有无迟报、漏报和拒报的情况。

在审核中，要将某些不符合要求的数据或有明显错误的数据予以剔除或进行订正，否则会影响统计数据整理工作的顺利进行。

3. 进行科学的统计分组与汇总

统计数据整理的主要内容就是统计分组。根据研究目的，选择合适的标志，对数据进行分组，可以对比、分析各种现象之间的关系，找出现象的本质及发展规律。它是统计数据整理的关键。

在进行统计资料汇总时，按汇总的组织形式，有逐级汇总、集中汇总和综合汇总三种形式。逐级汇总是指自下而上地逐级整理、汇总本系统或本地区范围内的统计资料。现行的统计报表制度一般采用逐级汇总的方法。集中汇总是指把全部的原始资料集中到一个机关，一次汇总出所需的资料。这种组织形式可以缩短汇总时间，减少汇总差错，宜于采用计算机进行汇总。综合汇总就是把逐级汇总和集中汇总结合起来进行的汇总。

从汇总技术上看，统计资料的汇总有手工汇总与计算机汇总两种形式。手工汇总常用的方法有划记法、折叠法、过录法与卡片法等四种方法。利用现代电子计算技术来进行统计汇总和计算工作，是统计汇总技术的新发展，也是统计现代化的重要标志。在计算机联网的情况下，可以极大地提高统计汇总的速度。

4. 制作统计表与统计图

在对统计资料进行整理汇总完成后，采用统计表或统计图的形式，可以准确、清晰、直观和灵活地表达统计资料，便于开展统计分析工作。

5. 积累统计资料

在积累统计资料时，一般要把经过整理汇总的统计资料存入数据库，也可以把原始资料存入数据库，以便于进一步加工资料，来满足不同方面对统计资料的需求。

三、统计分组的概念及作用

1. 统计分组的概念

统计分组是指根据统计研究任务的要求和研究现象总体的内在特点，把现象总体按某一标志划分为若干性质不同但又有联系的几个部分称为“统计分组”。总体的变异性是统计分组的客观依据，通过分组使大量无序的、零乱的数据变成有序、层次分明的数据过程。

统计分组具有以下性质：

(1) 具有分与合的双重功能

统计分组是总体内进行的一种定性分类，它把总体划分为一个个性质不同的范围更小的总体，对总体而言是“分”，对个体而言是“合”，即把性质不同的单位分开，把性质相同的单位归在一起。例如，所有具有我国国籍的人组成我国人口的总体，可以把人口总体按性别、年龄、民族、文化程度等标志分为各种各样的组；把学生按成绩分成优秀、良好、中等、及格和不及格五组。

(2) 必须遵循穷尽原则和互斥原则

穷尽原则就是总体中每个单位都有组与之对应，满足“不漏”原则。互斥原则就是在某一个特定分组标志下，总体中某一单位在同一时间只能划入某一组，满足“不重”原则。

(3) 在同质性基础上研究总体的内在差异性

要尽量体现分组标志的组间差异，缩小其组内差异。

(4) 具有一定的限定性

如果需要从多角度认识事物，就应该按多个不同标志进行分组。

（5）统计分组的关键在于正确选择分组标志和划分各组界限

如果分组标志选择不当或分组界限不合理，就会混淆事物的性质。

2. 统计分组的作用

统计分组是统计整理的主要方法，在统计分析中具有重要的作用。只有把大量的社会经济现象进行科学的分组，才能运用各种统计分析方法进行分析研究，以反映现象的本质和发展规律。统计分组的作用主要在于：

（1）划分社会经济类型

例如，为反映我国企业法人单位的有关情况，分为内资企业，港、澳、台商投资企业，外商投资企业。其中内资企业又分为国有企业、集体企业、股份合作企业、联营企业、有限责任公司、股份有限公司、私营企业、其他企业等。

（2）研究现象的结构

社会经济领域中一切事物的总体，都包含不同的组成部分。总体中的各部分所处地位不同，发展速度不同，对事物性质的影响也不同。利用统计分组法研究事物的结构，就可以认识事物的内部联系及发展变化趋势。例如，我国历次人口普查的年龄结构状况揭示了我国人口年龄的变化趋势，少儿人口比重回升，生育政策调整取得了积极成效，同时人口老龄化程度进一步加深（表 3-2）。

表 3-2　我国人口年龄结构状况　　%

年龄组	1953 年	1964 年	1982 年	1990 年	2000 年	2010 年	2020 年
0~14 岁	36. 3	40. 7	33. 6	27. 70	22. 89	16. 60	17. 95
15~64 岁	59. 3	55. 7	61. 5	66. 72	70. 15	74. 53	68. 55
65 岁及以上	4. 4	3. 6	4. 9	5. 58	6. 96	8. 87	13. 50

（3）研究现象之间的依存关系

一切社会经济现象都处于相互联系、相互依存中，通过统计分组可以把这种依存关系反映出来。例如，由表 3-3 可以发现，随着农村居民家庭人均可支配收入水平的提高，农村居民家庭恩格尔系数呈现下降的趋势。

表 3-3　2015~2020 年中国农村居民人均可支配收入及恩格尔系数统计表

年份	农村居民人均可支配收入/元	农村居民恩格尔系数/%	年份	农村居民人均可支配收入/元	农村居民恩格尔系数/%
2015	11422	33. 0	2018	14617	30. 1
2016	12363	32. 2	2019	16021	30. 0
2017	13432	31. 2	2020	17131	32. 7

四、分组标志选择的原则

所谓分组标志就是对事物进行分类时所依据的标准。例如，对学校的学生按性别、年龄、文化程度和体重进行分组时，性别、年龄、文化程度与体重就是分组标志。分组标志包括数量标志和品质标志两种。正确选择分组标志应遵循以下原则：

（1）根据研究目的选择分组标志

对于任何事物，都可以从不同的角度加以研究。研究目的不同，选择的分组标志也不同。对于同一工人总体，如果要研究工人的文化素质，则应选择工人的文化程度作为分组标志；如果要研究工人的劳动能力状况，则应选择工人的年龄作为分组标志。

（2）选择最能反映事物本质或主要特征的标志

事物的性质可以从多种标志中反映出来，因而在进行分组时，需要根据被研究对象的特征，选择最主要的、最能反映事物本质的标志进行分组。例如，企业规模的大小可以用职工人数、设备生产能力、固定资产价值、工业增加值等标志来反映。这时，需要从中选择最能反映事物本质特征的标志作为分组标志。

（3）根据现象的历史条件和经济条件来选择

现象所处的历史条件和经济条件在不断地变化，选用的分组标志需要根据条件的变化而变化。例如，在反映居民家庭生活情况时，冰箱、彩电、洗衣机“老三样”已悄然被空调、电脑、手机“新三样”所代替，这种变化也迅速催生新兴职业的产生。2020 年初，人力资源社会保障部与市场监管总局、国家统计局联合向社会发布了智能制造工程技术人员、工业互联网工程技术人员、虚拟现实工程技术人员、连锁经营管理师、供应链管理师、健康照护师等 16 个新职业。

五、统计分组的方法

统计分组可以按照不同的标志进行，常见的方法有如下几类：

1. 按照分组的任务和作用

统计分组可以分为类型分组、结构分组和分析分组。类型分组与结构分组的界限较难确定，通常认为现象总体按主要的品质标志进行分组，多属于类型分组；而按数量标志进行分组多属于结构分组。分析分组是为研究现象总体各标志之间依存关系而进行的分组，其特征比较明显，很容易与类型分组、结构分组区分开。

2. 按照分组时采用的分组标志的数量多少

统计分组有简单分组和复合分组两种形式。简单分组是指按照一个分组标志进行的分组。例如，人口按性别分组，或按年龄分组。简单分组只反映总体某一方面的类型和结构特征。复合分组是指采用两个或两个以上的标志进行的分组。例如，把一个企业的职工按性别分为男女两组，每组又按年龄分成若干组。复合分组可以从更多的方面说明问题，但采用的分组标志也不宜过多，因为随着分组标志的增加，分组的组数会成倍增加，分组过多时总体单位分布过于分散，则难以反映现象的内部构成及分布规律，就会失去分组的意义。为此，可采用分组体系进行分组。

统计分组体系是根据统计任务与分组的要求，对同一总体进行多种不同分组而形成的体系。它具体包括两种形式：平行分组体系和复合分组体系。

平行分组体系是将同一总体选择两个或两个以上的标志分别进行简单分组，排列起来就形成平行分组体系。其特点是：每一个分组固定一个分组标志，以观察总体内部的分布情况。例如，为了解人口的状况，可以分别选择性别、民族、文化程度、年龄四个标志进行分组，得到平行分组体系。复合分组体系是对同一总体选择两个或两个以上的标志重叠起来进行分组所组成的体系。其特点是：先按主要标志对总体进行第一次分组，然后，再按次要标志进行第二次、第三次分组。

3. 按照分组标志的性质

统计分组有品质分组和变量分组两种形式。品质分组是指按品质标志进行的分组，例如，人口按性别、民族、职业等标志分组就属于品质分组。变量分组是指按数量标志进行的分组，例如，人口按年龄分组，工业企业按职工人数分组都属于变量分组。变量分组要注意正确划分各组界限。

六、分配数列

1. 分配数列的概念

把总体按某一标志进行分组，并按一定顺序排列，列出每组的总体单位数，这种数列称为分配数列，也称分布数列。

分配数列是统计数据整理结果的基本表现形式。分布在各组的单位数称为次数或频数，一般用绝对数表示。频数越大，该组标志值对总体标志水平所起的作用也越大。各组单位数在总体单位数中所占比重称为频率，频率表示相应标志值对总体的相对作用程度，各组频率总和等于1。

2. 分配数列的种类

按分组标志的特征不同，分配数列可以分为品质数列和变量数列。

品质数列是指按品质标志分组形成的数列，以反映总体中不同属性单位的分布情况。例如，按规模我国工业企业分为大型企业、中型企业、小型企业与微型企业，具体见表3-4。

表3-4　我国大中小微型工业企业划分标准

指标名称	单位	大型	中型	小型	微型
从业人员数 X	人	$X \geqslant 1000$	$300 \leqslant X < 1000$	$20 \leqslant X < 300$	$X < 20$
营业收入 Y	万元	$Y \geqslant 40000$	$2000 \leqslant Y < 40000$	$300 \leqslant Y < 2000$	$Y < 300$

按品质标志进行分组，实际是把研究的现象分为不同的类型，一般都有现行的划分标准。例如，我国国家统计局把我国的产业分为三次产业：第一产业是指农、林、牧、渔业；第二产业是指采矿业，制造业，电力、燃气及水的生产和供应业，建筑业；第三产业是指除第一、二产业以外的其他行业。

变量数列是指按数量标志分组形成的数列，以反映总体中不同数量单位的分布情况。在编制变量数列时，由于变量有离散变量和连续变量两类，通常离散变量用来编制单项数列，而连续变量用来编制组距数列。如果离散变量的变量值变动很大，项数又很多，可以采取组距式分组。有些变量本质上是属于连续的，而在实践中常常用整数来计量，例如年龄用"岁"、工资用"元"计量等，对于这些变量可以用来编制单项数列或组距数列。

例如，某学院某次"统计学"课程考试成绩分组的组距数列如表3-5所示。

表 3-5 "统计学"课程考试成绩分组表

成绩/分	人数/人	成绩/分	人数/人
60 以下	15	80~90	80
60~70	60	90~100	70
70~80	110	合计	335

3. 变量数列的编制

（1）单项数列

单项数列是指数列中的每组只用一个变量值表示的数列。当离散变量的变量值变动幅度不大时可以编制单项数列。

例如，有 18 人每天生产产品的数量如下，试编制分配数列。

50 60 40 50 30 50 40 50 40 40 50 50 30 50 60 40 30 70

根据资料可以看出，变量为离散变量，应编制单项数列。变量值有 30、40、50、60、70 共 5 个，可以分为 5 组，统计每组的人数如表 3-6 所示。

表 3-6 日产量统计表

日产量/件	人数/人	累计人数/人	日产量/件	人数/人	累计人数/人
30	3	3	60	2	17
40	5	8	70	1	18
50	7	15	合计	18	—

（2）组距数列

它是指按变量的一定范围，把变量一次划分为几个区间而形成的数列叫组距数列。在组距数列中，资料的真实性受到一些损害。因而，在统计研究中一般假定总体各单位标志值在各组内部的分布是均匀的。

编制组距数列条件是：分组标志的标志值较多且变动范围较大；研究的现象一般为连续型变量，或变动范围比较大的离散型变量。由于离散型变量各变量值之间可以整数断开，变量值之间有明显的界限，上下限都可以用准确的数值表示，因此组限非常清楚。由于连续型变量各变量值之间可做无限分割，有小数存在，因此上下限不能用两个确定的值表示，只能用前一组的上限与本组的下限为同一数值表示。统计实际工作中，虽然变量区分连续型变量与离散型变量，但为了计算、绘图等的方便，保证总体单位不出现重复、遗漏，可采用连续型变量的形式代替离散型变量。

组距数列包括等距数列和异距数列（或不等距数列）两类。一般地，组距=上限-下限。等距数列中每组的组距都相等，当总体单位标志值变动比较均匀时可采用等距数列进行分组。当总体单位标志值变动不均匀时一般要采用异距数列进行分组。

组距数列中的组限是每个组的两端标志值，其中每组起点值为下限，每组终点值为上限。组距是每组上下限的距离或差数。组数是某个变量数列划分为多少组，它与组距成反比关系。

确定组限时应考虑：

第一，最小组的下限要略低于最小变量值，最大组的上限要略高于最大变量值；

第二，组限的确定应使总体单位的分布呈现一定的趋势；

第三，对于等距数列，每组的下限最好为组距的倍数。采用组距分组时，要遵循“不重不漏”的原则。对于重叠的组限，当变量值越大越好时，遵循“下限在内，上限不在内”的原则；当变量值越小越好时，遵循“上限在内，下限不在内”的原则。若有 50~60 和 60~70 两组，当反映的是企业产品产量水平时，60 应计入 60~70 组中；当反映的是企业产品单位成本时，60 应计入 50~60 组中。

组中值是各组上限和下限之间的中点数。组中值的一般计算公式为：组中值=（上限+下限）/2，它是假定各组变量值均匀变化条件下的一个代表值。因此，用组中值计算的总平均数，也只是一个近似值。当遇到最低一组无下限、最高一组无上限的情况时，称之为开口组。开口组的组中值可以根据相邻组的组距来计算。即：组中值=上限-邻组组距/2，或下限+邻组组距/2。如果实际数据的分布不符合各组数据在本组内均匀分布或对称分布的假设条件，则用组中值代表各组数据的平均水平会有一定的误差。

在实际统计工作中，为便于确定各组的组中值和简化计算过程，组距应尽可能取整数或 5 的倍数。

例如，某企业某车间有工人 30 人，生产某种产品的日产量资料如下（单位：台），试编制组距为 10 的分配数列。

64　68　82　84　96　75　73　72　66　78　92　98　56　81　54

79　74　80　91　65　76　85　89　92　67　52　83　48　77　75

所给的资料中，日产量最高是 98 台，最低为 48 台，可以分为 60 台以下，60~70 台，70~80 台，80~90 台，90~100 台五组。需要注意的是：产量 80 台应归在哪一组的问题，可以根据“上限不在内”的原则，80 台应归入 80~90 台。编制的分配数列如表 3-7 所示。

表 3-7　某车间工人日产量分组表

日产量/台	人数/人	比重/%	向上累计		向下累计	
			人数/人	频率/%	人数/人	频率/%
60 以下	4	13.3	4	13.3	30	100.0
60~70	5	16.7	9	30.0	26	86.7
70~80	9	30.0	18	60.0	21	70.0
80~90	7	23.3	25	83.3	12	40.0
90~100	5	16.7	30	100.0	5	16.7
合计	30	100.0	—	—	—	—

对于变量数列，为更清楚反映数据在某一界限以下或者以上的分布情况，实际中常常需要计算累计次数。累计次数有向上累计和向下累计两种。向上累计由变量值小的组向变量值最大组累加各组的次数或频率，各组的累计次数表明小于该组的上限的次数或百分数共有多少。向下累计是将各组次数由变量值大的组向变量值小的组累加，各组累计次数表明大于该组下限的次数或百分数共有多少（上例具体计算结果见表 3-7）。可以看出，该车间日产量 80 台以下的有 18 人，占全车间的 60%；70 台以上的有 21 人，占全车间的 70%。

第二节　统计数据的显示

统计数据通常以统计表与统计图的方式进行显示。

一、统计表的概念与类型

1. 统计表的概念

统计表是以纵横交叉的线条绘制的表格来表现统计资料的一种形式。统计表的主要优点是：能有条理、系统地排列统计资料，使人阅读时能一目了然；能科学、合理地组织统计资料，使人在阅读时便于对照比较；利用统计表易于检查数字的完整性和正确性。

统计表一般由四部分构成：总标题、横行标题、纵栏标题和指标数值。具体见表 3-8。

表 3-8　2020 年我国国内生产总值（总标题）

	产业	国内生产总值/亿元	比重/%	纵栏标题
	第一产业	77754	7.7	
横行标题	第二产业	384255	37.8	指标数值
	第三产业	553977	54.5	
	合计	990865	100.0	

总标题是表的名称，用以概括统计表中全部统计资料的内容，一般写在统计表的正上面。横行标题是横行的名称，代表统计表要说明的对象，一般写在表的左方。纵栏标题是纵栏的名称，通常表示统计指标的名称，一般写在表的右上方。指标数值列在各横行标题和各纵栏标题的交叉处，表中任何一个数字的内容是由横行标题与纵栏标题来限定的，列在表的右下方，是统计表的核心部分。

2. 统计表的种类

按是否分组及分组标志的多少不同，统计表有三种形式：

（1）简单表

它是指总体未经过分组，只罗列出各单位的名称或按时间顺序排列的表格。

（2）分组表

它是指按某一标志对总体加以分组的统计表。分组表可以深刻地反映事物总体的内部联系和规律性，应用很广。

（3）复合表

它是指总体按两个或两个以上标志进行分组的统计表。复合表可以更深刻地反映事物的内部联系和规律性，但要注意不可分组过细，否则会失去统计表生动、明确的优点。

3. 统计表的设计

统计表的设计需要目的明确、内容具体、美观简洁、清晰明了、科学实用。

（1）总标题要简练而准确地表述统计资料的内容、所属空间和时间范围。

（2）应清楚表明指标数值的计量单位。若表中指标数值计量单位均为同一计量单位时，则标在统计表的右上角；否则要单标计量单位。

（3）统计表的上、下两端的端线应以粗线或双线绘制，表中其他线条用细线绘制。统计表的左右两端均不划线，采用“开口”表式。

（4）统计表各横行或纵栏的合计在最后一行或最前一列。

（5）统计表的栏次较多时，可按栏的顺序编号。必要时应表明各栏之间的关系。

（6）表中各栏数字的位数要对整齐。当缺少数字时，用“…”表示，不应有数字时用“—”表示，数字为0时应写上，免于填报的数字应用“╳”填满。总之，表内不能留有空格。

（7）对某些资料必须进行说明时，应在表的下面注明。特别要注意注明资料的来源。

二、统计图的概念及种类

1. 统计图的概念

统计图就是利用几何图形或事物的图像来表述统计资料的一种形式。用各种统计图形表述统计资料的方法也称统计图示法。

统计图的作用主要在于：能生动地反映客观事物的数量特征，便于宣传和记忆；能具体反映客观事物的发展过程和趋势，便于进行管理、分析、研究和总结工作。总之，利用统计图表现各种现象的数量及其相互关系，比较直观、形象、具体、生动，使人能一目了然。

绘制统计图的一般步骤为：明确图示的目的并选定图式、设计布局并绘制草图、审核、正式绘制。绘制统计图时，要注意选择能说明现象的主要指标，选择适当表达指标性质的图形，并注意科学性与艺术性、灵活性与多样性、生动性与易懂性相结合。

2. 统计图的类型

统计图一般可分为三类：

（1）几何图

它是利用几何的形和线来表明统计资料的图式，可分为曲线图、条形图和面积图。

曲线图是以曲线的升降表示统计数字大小及变动情况的图形（见图3-1）。利用曲线图可以反映事物发展的趋势，检查计划的执行情况及分析事物间的数量依存关系。它具体包括动态曲线图、计划完成曲线图和次数分配曲线图。

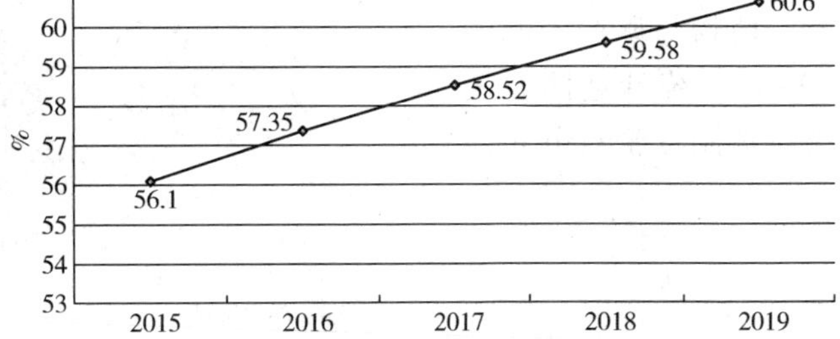

图3-1 2015~2019年常住人口城镇化率

条形图是以相同宽度条形的长短或高低来表示统计数字大小的图形。条形图可以显示现象的数量对比关系、发展变化情况、计划执行情况等。它包括单式条形图、复式条形图、次数分配图与分段条形图（见图3-2）。

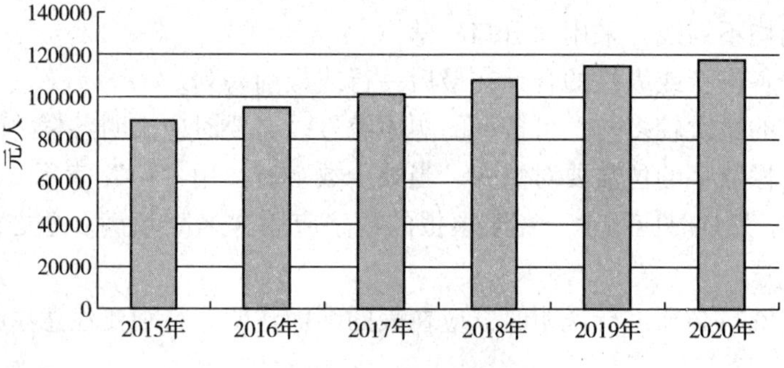

图3-2　2015~2019年全员劳动生产率

面积图是以圆形、正方形、长方形等几何图形的面积大小来说明统计数字的图形（见图3-3）。主要用来反映总体内部结构及发展变化情况。它包括正方形图、长方形图、圆形图等，其中圆形图分为圆形比较图与圆形结构图。

（2）象形图

它是利用图示现象本身的形象画来表明统计资料的图形（见图3-4）。它实际是几何图形的变形，也以图形的长短、高低、多少、大小等进行图示资料的比较。

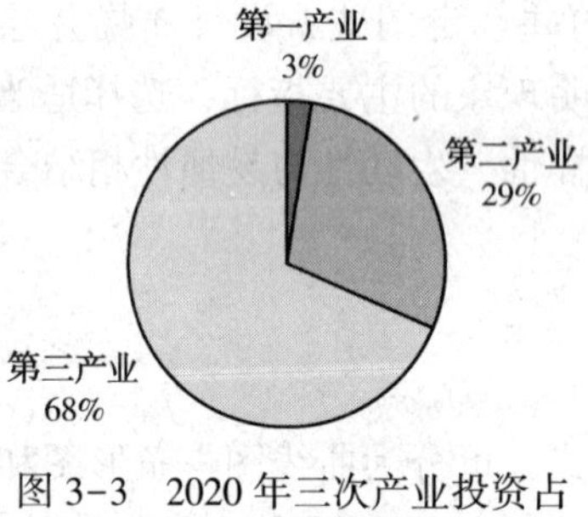

图3-3　2020年三次产业投资占固定资产投资比重

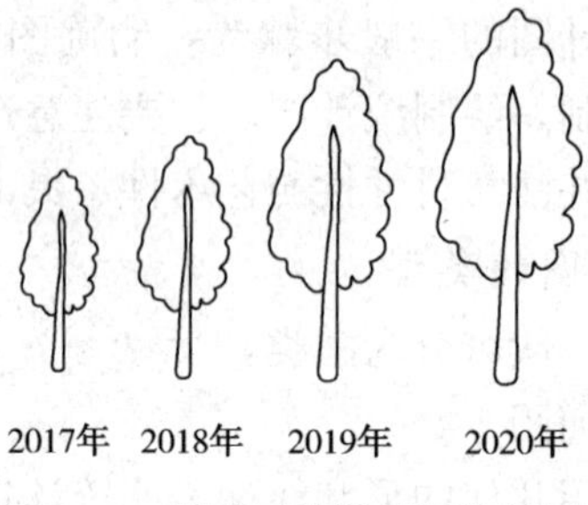

图3-4　某地区植树情况统计图

（3）统计地图

它是用地图来表示事物分布的一种图形，主要用来说明动、植物与矿产资源的地理分布状况（图3-5）。统计地图有三种具体形式：分组条纹地图、密点分布地图和统计图地图。

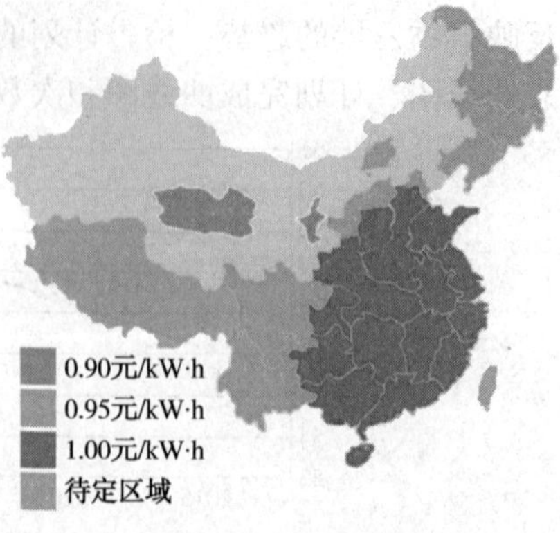

图3-5　各省市光伏发电安装量统计图

第三节　利用 Excel 进行统计数据的整理与显示

Excel 提供了多种统计数据整理工具，主要有：数据排序和筛选；频数分布函数；数据透视表；制作统计表；绘制统计图。此处主要介绍常用的数据排序、数据筛选和统计图的绘制。

一、数据排序

有资料如下，见图 3-6，试进行排序。

	A	B	C	D	E	F
1	学号	姓名	外语	数学	计算机	总分
2	30001	A1	90	87	93	270
3	30002	A2	76	89	88	253
4	30003	A3	65	98	78	241
5	30004	A4	67	84	56	207
6	30005	A5	34	56	78	168
7	30006	A6	67	46	89	202
8	30007	A7	78	55	77	210
9	30008	A8	87	78	89	254
10	30009	A9	76	45	78	199

图 3-6

1. 按一列排序

选中需要排序的数据列 A1：F10，执行“排序”命令，弹出“排序”对话框，选“自定义排序”，主要关键字选“总分——升序”（见图 3-7），单击确定即可。同理也可以按其他成绩等排序。

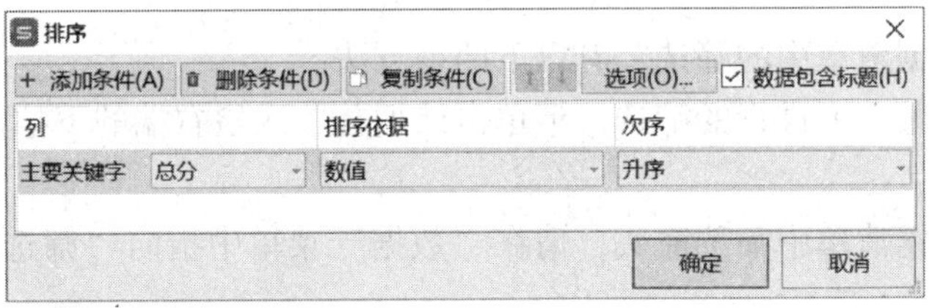

图 3-7

2. 在多列上排序

以成绩为例，可以在主要关键字选“总分——递增”，在次要关键字选“外语——递增”，单击确定即可。

二、数据筛选

数据筛选是查找和处理数据清单中数据子集的快捷方法。筛选清单只显示满足条件的行，该条件是由用户针对某列指定。筛选并不重排清单，只是暂时隐藏不必显示的行。筛选分为自动筛选和高级筛选。

1. 自动筛选

以学生成绩为例，见图 3-8，筛选出数学大于 60 分的学生成绩名单。具体步骤如下：

	A	B	C	D	E	F
1	2018级商管1班第2学期成绩统计表					
2	学号	姓名	英语	数学	计算机	总分
3	80001	A1	90	87	93	270
4	80002	A2	76	89	88	253
5	80003	A3	65	98	78	241
6	80004	A4	67	84	56	207
7	80005	A5	34	56	78	168
8	80006	A6	67	46	89	202
9	80007	A7	78	55	77	210
10	80008	A8	87	78	89	254
11	80009	A9	76	45	78	199

图 3-8

单击成绩表中数据区域内的任意单元格——执行“数据/筛选”命令——在每个字段的右边出现一个下拉箭头按钮，单击“数学”右边的下拉箭头，选择“数字筛选——自定义筛选”在对话框中对筛选条件进行设置“大于 60”，单击“确定”，筛选结果显示出来，可以发现使用了自动筛选的字段其右边的下拉箭头右侧出现了筛选符号，而行号也显示为蓝色。具体见图 3-9。

	A	B	C	D	E	F
1	2018级商管1班第2学期成绩统计表					
2	学号	姓名	英语	数学	计算机	总分
3	80001	A1	90	87	93	270
4	80002	A2	76	89	88	253
5	80003	A3	65	98	78	241
6	80004	A4	67	84	56	207
10	80008	A8	87	78	89	254

图 3-9

如果要取消数据清单中的筛选，有以下两种方法。

（1）要取消对某一列进行的筛选，请单击该列首单元格右端的下拉箭头，再单击“全部”。

（2）要撤销数据清单中筛选箭头，请在“数据”菜单中指向“筛选”再单击“筛选”命令。

2. 高级筛选

将“英语>=70 分”的学生或者“总分>240 分”的学生筛选出来，实现过程如下：

（1）先执行“数据/筛选/自动筛选”命令，撤销“自动筛选”功能。如果前面没有进行“自动筛选”操作则此步可以省略。

（2）分别选中 B13、B14、C13、C15 单元格，输入内容：英语、>=70、总分、>240。

英语	总分
>=70	
	>240

（3）选中成绩表中任意单元格，执行“数据→高级”。

（4）选中“将筛选结果复制到其他位置”选项。提示：也可以不选择此选项，但为了保留原有数据，最好将筛选结果复制保存到其他位置上。

（5）单击“条件区域”右侧的红色按钮，用鼠标选中 B13 至 C15 条件区域，然后按红色按钮，返回“高级筛选”对话框。

（6）单击“复制到”右侧的红色按钮，用鼠标选中保存筛选结果的第 1 个单元格，然后按右侧的红色按钮，返回“高级筛选”对话框。具体见图 3-10。

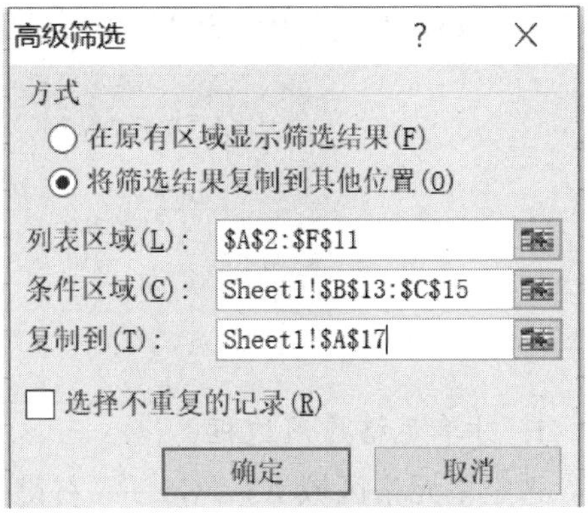

图 3-10

（7）全部设置完成后，单击“确定”按钮，符合条件的数据就被筛选出来了。具体见图 3-11。

17	学号	姓名	英语	数学	计算机	总分
18	80001	A1	90	87	93	270
19	80002	A2	76	89	88	253
20	80003	A3	65	98	78	241
21	80007	A7	78	55	77	210
22	80008	A8	87	78	89	254
23	80009	A9	76	45	78	199

图 3-11

提示：如果把“条件区域”改成如下图所示的样式（即条件数值位于同一行中），执行上述筛选操作，则只将“英语”成绩大于等于 70 分，同时“总分”大于 240 分的学生筛选了出来。筛选结果见图 3-12。

英语	总分
>=70	>240

17	学号	姓名	英语	数学	计算机	总分
18	80001	A1	90	87	93	270
19	80002	A2	76	89	88	253
20	80008	A8	87	78	89	254

图 3-12

三、制作统计表

统计表是以纵横交叉的线条绘制的表格来表现统计资料的一种形式。统计表的主要优点是：能有条理、系统地排列统计资料，使人阅读时能一目了然；能科学、合理地组织统计资料，使人在阅读时便于对照比较。

在制作统计表前，在 A1 处输入“大学公司销售情况表”，D2 处输入“2020/7/1”，F2 处“单位：万元”。A3 处，输入“地区”，B3 输入“一月”，然后用鼠标拖动至 G3，生成一至六月。在 A4：A6 依次输入北京、哈尔滨、上海，B4：G4 依次输入 280、212、

310、350、358、398，B5：G5 依次输入 310、279、380、421、466、515，B6：G6 依次输入 211、173、279、319、360、401，见图 3-13。

	A	B	C	D	E	F	G
1	大学公司销售情况表						
2				2020/7/1		单位:万元	
3	地区	一月	二月	三月	四月	五月	六月
4	北京	280	212	310	350	358	398
5	哈尔滨	310	279	380	421	466	515
6	上海	211	173	279	319	360	401

图 3-13

1. 对单元格应用边框

选定单元格区域 A3：G6——右键菜单——设置单元格格式——边框——在“边框”对话框中选择线的样式、颜色、线的方位等。

2. 合并居中

选定单元格区域 A1：G1，单击“格式”工具栏上“合并后居中”按钮，或者右键菜单——设置单元格格式——对齐，在“对齐”选项卡的“水平对齐”中选“居中”，“文本控制”中选“合并单元格”，见图 3-14。

	A	B	C	D	E	F	G
1	大学公司销售情况表						
2				2020/7/1		单位:万元	
3	地区	一月	二月	三月	四月	五月	六月
4	北京	280	212	310	350	358	398
5	哈尔滨	310	279	380	421	466	515
6	上海	211	173	279	319	360	401

图 3-14　销售情况表

四、绘制统计图

使用统计图可以更加直观形象地描述大量统计数据所体现出的现象的发展规律与发展趋势，以及现象之间的相互关系和现象内部的结构。创建统计图要以工作表中的数据为基础，因此在创建统计图时必须选定数据源。下面以一道例题加以说明。

以图 3-14 中的数据为例，请绘制柱形图。具体步骤如下：

1. 在工作表中用鼠标或键盘选择要创建图表的数据区域 A3：G6，单击工具栏上“插入”命令，选择“柱形图”，单击下拉列表中的“二维柱形图——簇状柱形图”。具体见图 3-15。

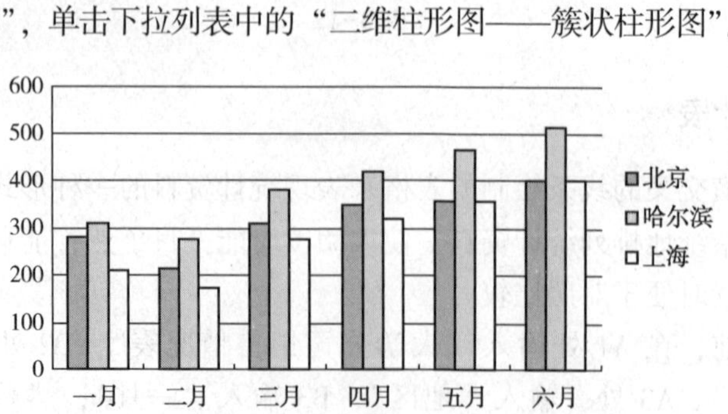

图 3-15　某公司销售统计图

2. 在工作表中用鼠标或键盘选择要创建图表的数据区域 A3：G6，单击工具栏上“插入”命令，选择“柱形图”，单击下拉列表中的“二维柱形图——堆积柱形图”。具体见图 3-16。

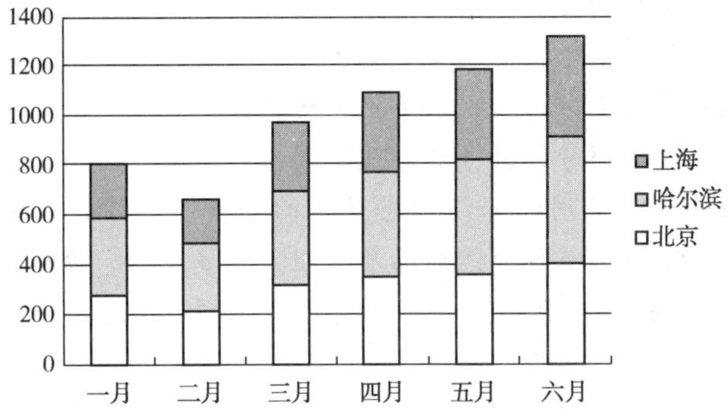

图 3-16 某公司销售统计图

同理，可绘制出折线图、饼图、条形图、面积图、散点图、股价图、雷达图、组合图等图形。

例如，采用图 3-17 中的数据绘制组合图。

	A	B	C	D	E	F	G
1	企业	一月	二月	三月	四月	五月	六月
2	计划	100	110	115	120	125	130
3	实际	110	117	122	130	122	140

图 3-17 某企业销售额

选定连续区域 A1：G3，点击插入图表，选择组合图中的“簇状柱形图——折线图”，点击确定后，达到结果见图 3-18。

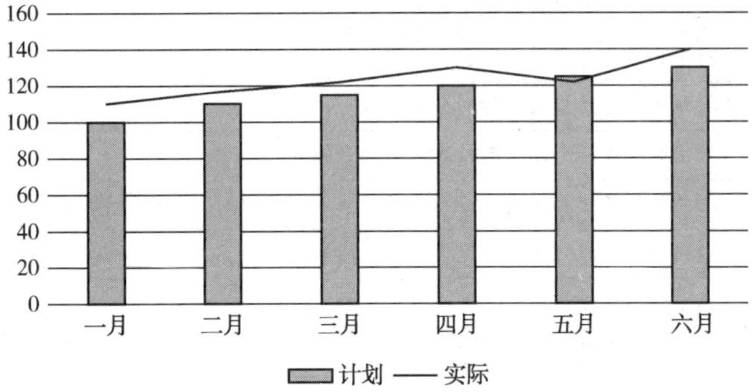

图 3-18 组合图

◇ 本章要点 ◇

本章共 3 节，主要内容有：

(1) 统计数据的整理概念及步骤。统计数据整理就是根据统计研究任务的要求，对收集到的大量反映个体特征的数据进行科学的加工整理，使之条理化、系统化，成为能够反映事物总体特征的综合资料的过程。其具体步骤包括5个。

(2) 统计分组的概念及作用。统计分组就是指根据统计研究任务的要求和研究现象总体的内在特点，把现象总体按某一标志划分为若干性质不同但又有联系的几个部分。其作用在于：划分社会经济现象的类型；研究现象的结构；研究现象之间的依存关系。正确选择分组标志应遵循以下原则：根据研究目的选择分组标志；选择最能反映事物本质或主要特征的标志；根据现象的历史条件和经济条件来选择。

(3) 统计分组方法。按照分组任务和作用不同，统计分组可以分为类型分组、结构分组和分析分组；按照分组时采用的分组标志数量的多少，统计分组分简单分组和复合分组；按照分组标志性质不同，统计分组分品质分组和变量分组。分配数列分为品质数列和变量数列，变量数列可分为单项数列与组距数列，其中组距数列分为等距数列与异距数列。

(4) 统计数据的显示。统计数据通常以统计表与统计图的方式进行显示。统计表一般由四部分构成：总标题、横行标题、纵栏标题和指标数值，分为简单表、分组表和复合表三种类型。统计图是利用几何图形或事物的图像来表述统计资料的一种形式，分为几何图、象形图和统计地图三种类型。

(5) 利用Excel进行统计数据的整理与显示。掌握数据筛选、统计表与统计图绘制的具体操作。

◇ 知识点梳理 ◇

知识点	具体内容
统计数据整理	根据统计研究任务的要求，对收集到的大量反映个体特征的数据进行科学的加工整理，使之条理化、系统化，成为能够反映事物总体特征的综合资料的过程
统计分组	根据统计研究任务的要求和研究现象总体的内在特点，把现象总体按某一标志划分为若干性质不同但又有联系的几个部分。
分组标志	对事物进行分类时所依据的标准。
简单分组	按照一个分组标志进行的分组。
复合分组	采用两个或两个以上的标志进行的分组。
分配数列	把总体按某一标志进行分组，并按一定顺序排列，列出每组的总体单位数所形成的数列。
单项数列	数列中的每组只用一个变量值表示的数列。
组距数列	每个组的变量值用一个区间来表现的变量数列。
组中值	各组上限和下限之间的中点数。
统计表	以纵横交叉的线条绘制的表格来表现统计资料的一种形式。
统计图	利用几何图形或事物的图像来表述统计资料的一种形式。

◇ 练习题 ◇

一、单项选择题

1. 统计分组的关键问题是(　　)。

A. 做好统计资料的整理工作　　B. 正确选择分组标志与划分各组界限
C. 注意统计资料的准确性与科学性　　D. 应抓住事物的本质与规律

2. 如果数据分布很不均匀，则应编制(　　)。
A. 开口组　B. 闭口组　C. 等距数列　D. 不等距数列

3. 对职工生活水平状况进行分组研究，正确选择分组标志应当用(　　)。
A. 职工月工资总额的多少
B. 职工月人均收入额的多少
C. 职工家庭成员平均月收入额的多少
D. 职工人均月岗位津贴及奖金的多少

4. 划分连续变量的组限时，相邻组限必须(　　)。
A. 相等　B. 不等　C. 重叠　D. 间断

5. 有 12 名工人日产量资料如下（百件）：2、5、4、4、3、3、4、3、4、4、5、2，按以上资料编制分配数列，应采用(　　)。
A. 单项式分组　B. 等距分组　C. 不等距分组　D. 以上几种分组均可

6. 某连续变量数列，其末组为开口组，下限为 500，又知其相邻组的组中值为 480，则末组的组中值为(　　)。
A. 520　B. 510　C. 500　D. 490

7. 用组中值代表各组内的一般水平的假定条件是(　　)。
A. 各组频数相等　　B. 各组组距相等
C. 各组变量值相等　　D. 各组频数在本组内呈均匀分布

8. 在变量数列中，各组频率的总和应(　　)。
A. 小于 1　B. 等于 1　C. 大于 1　D. 不等于 1

9. 统计分组后，应使(　　)。
A. 组内具有同质性，组间具有差异性
B. 组内具有差异性，组间具有同质性
C. 组内具有差异性，组间具有差异性
D. 组内具有同质性，组间具有同质性

10. 当统计表中某项数字缺乏时，应表示为(　　)。
A. “…”　B. “0”　C. “—”　D. 无

二、多项选择题

1. 从形式上看，统计表主要组成部分有(　　)。
A. 总标题　　B. 填表说明
C. 横行标题　　D. 指标数值
E. 纵栏标题

2. 下列分组(　　)是按品质标志分组的。
A. 职工按年龄分组　　B. 人口按民族分组
C. 企业按所有制分组　　D. 科技人员按职称分组
E. 学生按年龄分组

3. 变量数列可以分为(　　)。

A. 单项数列　　　　B. 组距数列

C. 连续数列　　　　D. 不连续数列

E. 品质数列

4. 组距数列可以是(　　)。

A. 等距数列　　　　B. 异距数列

C. 连续数列　　　　D. 不连续数列

E. 单项数列

5. 在组距数列中组中值是(　　)。

A. 上限和下限之间的中点数值　　　　B. 用来代表各组标志值的平均水平

C. 组平均数　　　　D. 在开放式分组中无法确定

E. 在开放式分组中可以参照相邻组的组距来确定

三、判断题

1. 无论是连续变量还是离散变量都可以编制单项数列。(　　)

2. 统计分组实质上是在统计总体内部进行的一种定性分类。(　　)

3. 统计数据整理既是统计调查的继续，又是统计分析的开始，在统计工作中起承上启下的作用。(　　)

4. 某企业职工按工资水平分组形成的分配数列是一个单项数列。(　　)

5. 统计表由总标题、横行标题、纵栏标题构成。(　　)

6. 连续变量可以采用不重叠组限和单项式分组。(　　)

7. 采用2个或2个以上标志分组就是复合分组。(　　)

8. 当数量变动不均衡，或由于特殊的研究目的，组距数列应采用等距数列进行分组。(　　)

9. 用组中值代表各组数据的平均水平不会存在误差。(　　)

10. 分布在各组的单位数称为频数，一般用相对数表示。(　　)

四、填空题

1. 为便于计算和分析，编制组距数列时应尽可能采用(　　)数列。

2. 当数量变动不均衡，或由于特殊的研究目的，组距数列应采用(　　)数列。

3. 进行统计分组时要遵循(　　)原则和(　　)原则。

4. 统计分组体系包括(　　)和(　　)。

5. 组中值的一般计算公式为(　　)。

五、简答题

1. 什么是统计分组？统计分组有何作用？

2. 什么是分组标志？正确选择分组标志的原则是什么？

3. 什么是单项数列和组距数列？二者应用的条件是什么？

4. 什么是变量数列？它有几种？其特点和应用条件是什么？

5. 什么是统计表？统计表有哪些种类？

6. 制作统计表应注意哪几个问题？

7. 什么是统计图？统计图有哪些种类？

六、计算题（有小数保留到0.01%）

1. 有30个工人看管机器台数如下，试编制分配数列。

5 4 2 4 3 6 3 4 4 2 4 3 5 3 6 4 4 2 2 3 4 5 3 2 4 3 3 5 3 4

2. 某车间40名工人每周的产量（台）资料如下：

80 52 92 75 82 96 88 70 64 89 105 76 95 90 69 83 94 67 64 64 88 58 98 78 85 63 78 83 81 85 95 88 78 76 101 78 88 70 97 108

要求：

(1) 编制等距数列；

(2) 计算各组频率、累计次数及累计频率。

3. 某管理局所属35个企业上月的产品销售收入数据（单位：万元）如下：

146 124 129 116 100 103 108 127 104 105 119 114 115 87 103 146 113 126 125 117 108 105 110 107 137 120 117 92 97 88 123 119 138 135 112

要求：

(1) 根据数据进行适当分组，编制频数分布表；

(2) 计算出各组的累计频数与累计频率；

(3) 若销售收入在130万元以上为先进企业，115万元~130万元为良好企业，100万元~115万元为一般企业，100万元以下为落后企业，请按先进企业、良好企业、一般企业、落后企业进行分组，计算各组的频率。

◇ 实训与案例讨论题 ◇

一、实训题

1. 中国的姓氏数量众多，历史源远流长。中华民族历史上的姓氏历来有百家姓之说。由国务院人口普查办公室统计，2020年中国人口最多的前十大姓为李、王、张、刘、陈、杨、赵、黄、周、吴。请以班级同学为样本，汇总姓氏数据。完成：

(1) 编制姓氏的频率分布表；

(2) 绘制条形图、饼形图；

(3) 男生哪个姓氏的最多，女生哪个姓氏的最多？

2. 以某班20名学生某学期考试成绩为例，利用Excel建立一个统计表，输入学生学号、姓名、高等数学、英语、计算机考试成绩。总标题为“某班学生期末部分科目考试成绩表”要合并居中，在姓名后面插入一列性别，并对工作表进行插入、删除、单元格修改、边框和底纹、字体和间距、对齐方式、重命名、移动、复制、窗口的拆分与冻结等操作，对表中数据格式、字体颜色、种类及大小、行高与列宽、表格边框等进行编辑，练习自动套用格式画表。

二、案例讨论题

下表为我国国内生产总值（GDP）的数据表（附表3-1），观察其变化，讨论：

(1) 用什么图形可以恰当反映近几年我国GDP的变化？

(2) 反映2020年GDP中三次产业的构成用什么图形恰当？

附表3-1

亿元

年份	第一产业	第二产业	第三产业	国内生产总值（GDP）
2015	60863	274278	341567	676708
2016	63671	296236	384221	744128
2017	65468	334623	427032	827123
2018	64734	366001	469575	900310
2019	70467	386165	534233	990865
2020	77754	384255	553977	1015986

第四章　数据分布特征的描述

本章的学习目的在于掌握总量指标、相对指标和平均指标的概念、种类及相关的计算方法，并掌握标志变异指标的概念、作用及四种测定方法，熟悉偏态、峰度及利用 Excel 描述统计数据分布特征等。

［引例］　**我国科学技术和教育发展情况**

2020 年，我国全年研究与试验发展（R&D）经费支出 24426 亿元，比上年增长 10.3%，与国内生产总值之比为 2.40%，其中基础研究经费 1504 亿元。国家科技重大专项共安排 198 个项目（课题），国家自然科学基金共资助 4.57 万个项目。截至 2020 年年末，正在运行的国家重点实验室 522 个，国家工程研究中心（国家工程实验室）350 个，国家企业技术中心 1636 家，大众创业万众创新示范基地 212 家。国家级科技企业孵化器 1173 家，国家备案众创空间 2386 家。全年授予专利权 363.9 万件，比上年增长 40.4%；PCT 专利申请受理量 7.2 万件。截至 2020 年年末，有效专利 1219.3 万件，其中境内有效发明专利 221.3 万件，预计每万人口发明专利拥有量 15.8 件。全年商标注册 576.1 万件，比上年下降 10.1%。全年共签订技术合同 55 万项，技术合同成交金额 28252 亿元，比上年增长 26.1%。

全年成功完成 35 次宇航发射。嫦娥五号发射成功，首次完成我国月表采样返回。我国首次火星探测任务“天问一号”探测器成功发射。500 米口径球面射电望远镜（FAST）正式开放运行。北斗三号全球卫星导航系统正式开通。量子计算原型系统“九章”成功研制。全海深载人潜水器“奋斗者”号完成万米深潜。

年末全国共有国家质检中心 852 家。全国现有产品质量、体系和服务认证机构 724 个，累计完成对 79 万家企业的认证。全年制定、修订国家标准 2252 项，其中新制定 1584 项。全年制造业产品质量合格率为 93.39%。

全年研究生教育招生 110.7 万人，在学研究生 314.0 万人，毕业生 72.9 万人。普通本专科招生 967.5 万人，在校生 3285.3 万人，毕业生 797.2 万人。中等职业教育招生 644.7 万人，在校生 1663.4 万人，毕业生 484.9 万人。普通高中招生 876.4 万人，在校生 2494.5 万人，毕业生 786.5 万人。初中招生 1632.1 万人，在校生 4914.1 万人，毕业生 1535.3 万人。普通小学招生 1808.1 万人，在校生 10725.4 万人，毕业生 1640.3 万人。特殊教育招生 14.9 万人，在校生 88.1 万人，毕业生 12.1 万人。学前教育在园幼儿 4818.3 万人。九年义务教育巩固率为 95.2%，高中阶段毛入学率为 91.2%。

资料来源：国家统计局网站。

统计数据经过加工整理后，对其分布规律已有一个直观的了解，但是要进一步挖掘数据信息以做更深入的分析，就需要对统计数据特征进行度量。主要包括：总量水平度量、比较关系度量、集中趋势和离中趋势的度量、分布形态的度量等。引例中就应用了大量的统计指标进行描述，分别反映我国研究与试验发展经费支出、有效专利数、各类招生人数等的水平、对比关系、增长情况等。通过本章的学习，可以对以上的指标有更深刻与全面的理解。

第一节　总量指标

一、总量指标的概念

总量指标是说明社会经济现象发展的总规模、总水平或工作总量的指标，也称统计绝对数、绝对指标和绝对数指标。例如，2020 年我国国内生产总值 1015986 亿元，城镇新增就业 1186 万人，粮食产量 66949 万吨，年末全国民用汽车保有量 28087 万辆，普通本专科招生 967. 5 万人，在校生 3285. 3 万人，毕业生 797. 2 万人等都属于总量指标。

总量指标数值的大小受总体范围的制约，总体范围大，指标数值大；总体范围小，指标数值则小。例如各地区年末人口数之和是全国年末人口总数。

总量指标也可以表示不同时间、空间条件下现象的增加量或减少量。例如，某企业某年和上年相比，产品产量增加或减少的数值均为总量指标。

二、总量指标的作用

总量指标在社会经济统计中具有重要的作用，具体表现在以下几方面：

1. 总量指标是认识社会经济现象的起点

人们要想了解一个国家或一个地区的国民经济和社会发展状况，首先就要准确地掌握客观现象在一定时间、地点、条件下的发展规模或水平，然后才能更深入地认识社会。例如，为科学地指导国民经济和社会的协调发展，就必须通过总量指标正确地反映社会主义再生产的基本条件和国民经济各部门的工作成果，即反映我国土地面积、人口和劳动资源、自然资源、国民财富、钢产量、工业总产值、粮食产量、农业总产值、国民收入额以及教育文化等方面的发展状况。

2. 总量指标是实行社会经济管理的依据之一

一个国家或地区为更有效地指导经济建设，保持国民经济协调发展，就必须了解和分析各部门之间的经济关系。它虽然可以用相对数、平均数来反映，但归根结底还是需要掌握各部门在各不同时间的总量指标。

3. 总量指标是计算相对指标和平均指标的基础

总量指标是统计整理汇总后首先得到的、能说明具体社会经济总量的综合性数字，是最基本的统计指标。相对指标和平均指标一般都是由两个有联系的总量指标相对比而计算出来的，它们是总量指标的派生指标。总量指标计算是否科学、合理、准确，将会直接影响相对指标和平均指标的准确性。

三、总量指标的种类

1. 按说明总体的内容不同划分

总量指标可以分为总体单位总量和总体标志总量，分别简称为总体总量与标志总量。总体单位总量是指总体内总体单位的个数。总体单位总量用来表明统计总体的容量大小。总体标志总量是指总体内各总体单位某一数量标志值的总和。对于一个已经确定的统计总体，其总体单位总量是唯一确定的，而总体标志总量不止一个。例如，研究我国工业企业发展情况，总体单位总量是我国工业企业总数，总体标志总量是各工业企业职工人数的总和。此外，工业总产值、工资总额、产品产量和固定资产原值等都属总体标志总量。

需要注意的是，一个总量指标是总体单位总量还是总体标志总量不是固定不变的，而是随着研究目的和研究对象的不同而变化的。

2. 按反映的时间状况不同划分

总量指标可以分为时期指标与时点指标。时期指标是说明社会经济现象在一段时期内发展变化的总结果。例如，国内生产总值、工资总额、人口出生数等都是时期指标。时点指标是说明社会经济现象在某一时刻的数量状况。例如，我国的人口数、土地面积、固定资产原值等都是时点指标。

时期指标和时点指标的区别在于：

(1) 指标的数值大小与时期长短（或时间间隔）有无关系。时期指标数值大小与时期的长短成正比关系，而时点指标的数值大小与时间间隔长短无直接关系；

(2) 指标数值是否是连续登记的。时期指标的数值是连续登记的结果，而时点指标的数值是间断计数的结果；

(3) 指标的数值是否可以相加。可以相加的为时期指标，而时点指标一般不能简单相加。

时期指标与时点指标在经济上又常被称为流量与存量，二者之间有密切的关系。存量是以前流量的积累，存量的变动是流量的一种表现形式。有的流量有对应的存量，有的流量没有对应的存量。在进行国民经济统计时，国内生产总值（GDP）、总人口、年末国家外汇储备额、粮食产量、社会消费品零售总额、全社会固定资产投资、货物进出口总额等都属于总量指标。

四、总量指标的计量单位

总量指标数值的计算一般用直接计数、点数或测量等方法，逐步计算汇总得出的。在不能直接计算的少数情况下也可以采用估计推算的方法。总量指标在计算时是有一定的计量单位的，根据总量指标所反映现象的性质不同，其计量单位一般有实物单位、价值单位和劳动单位。

1. 实物单位

实物单位是根据事物的属性和特点而采用的计量单位，一般可分为自然单位、度量衡单位、标准实物单位、复合单位等。

自然单位是离散型数值的计量单位，是人们长期以来习惯使用形成的。例如，职工人数以“人”为单位，机床产量以“台”为单位，大牲畜以“头”为单位等。

度量衡单位是连续型数值的计量单位，需要用一定的计量器具或仪表来反映。例如，原油产量以“吨”为单位，天然气产量以“立方米”为单位等。

标准实物单位是将用途相同，但规格或含量不同的物品数量按某一标准折算而采用的计量单位。例如，能源按发热量折合为吨标准煤，各种粮食以水稻为标准进行折算等。

复合单位是两个单位以乘积形式构成的单位。例如，货物运输量以“吨公里”表示，发电量以“千瓦时”表示等。

在统计中，以实物单位计量的总量指标称为实物指标，它能反映产品的使用价值量或现象的具体内容，具体表明事物的规模和水平。其局限性在于，不同种类的实物有不同的使用价值，因而不能直接进行汇总，综合性较差。

2. 价值单位

价值单位是用货币来度量现象的一种计量单位。例如，以元、万元等表示工资总额、工业总产值等。用价值单位表示的总量指标称为价值指标，其特点是具有最广泛的综合性与概括能力，用于表明经济活动的总水平、总规模等。但是，价值指标也具有局限性，比较抽象与笼统，因此实际工作中往往需要与实物指标结合运用。

3. 劳动单位

劳动单位是用劳动时间表示的计量单位。例如，工日、工时等。用劳动单位表示的总量指标称为劳动量或工作量指标，主要用于评价劳动时间利用情况、计算劳动生产率、计算工时定额等。

五、总量指标应用时的可比性问题

总量指标的计算方法一般有直接计算法和间接计算法两种。直接计算法就是对调查所得的总体单位、总体单位诸标志值进行汇总。间接计算法主要根据各种关系或非全面调查资料推算总量指标。包括平衡关系推算法、抽样推算法、因素关系推算法、比例关系推算法、插值推算法等。

在应用总量指标时需要注意可比性问题：

（1）总体单位的差异程度；

（2）统计数字的计算范围和方法；

（3）计算价格的可比性；

（4）对比单位类型的可比性。

总量指标是综合指标中最重要、最基础的指标，但自身存在着局限性，可以用相对指标与平均指标来弥补其局限性。

第二节 相对指标

一、相对指标的概念

1. 定义

要对事物进行深入分析时，仅用总量指标是不够的，需要对总体组成和其各部分之间数量关系进行分析，这就要计算相对指标。相对指标也称相对数指标或统计相对数，它是两个有相互联系的统计指标的比值，反映现象之间的数量对比关系。例如，2020年居民消费价格比上年上涨2.5%，城镇登记失业率为4.2%，全年网上零售额比上年增长10.9%等都是相对指标。相对指标在社会经济领域广泛存在，利用相对指标进行对比分析是统计分析的基本方法。

2. 作用

相对指标的作用主要表现在以下方面：

（1）可以说明事物发生、发展的程度及相互联系的程度。例如，某企业上年销售收入1000万元，今年为1100万元，则今年销售收入增长了10%。

（2）可以使不能直接对比的现象变成能够对比的现象。例如，两个不同现象，一个增加100万吨，一个增加50万元，二者是不能直接比较的，如果告诉分别比上年增长8%与5%，就可判断出哪个增长的快了。

（3）可以把绝对指标之间的关系抽象化。例如，甲厂生产A产品，年计划9000吨，上半年已完成5850吨，乙厂生产B产品，年计划7000吨，上半年已完成4560吨。从绝对数上很难看出哪个厂生产计划完成得好，如果把两个厂上半年计划完成程度指标计算出来，通过对比相对指标就很容易得出结论。

3. 表现形式

相对指标有两种表现形式：有名数和无名数。

以有名数来表示的相对指标为强度相对指标，其计量单位一般由分子、分母的计量单位共同构成。例如，2018年全国人口密度为148人/平方公里，新加坡人口密度7953人/平方公里居世界首位。

多数相对指标采用无名数形式，如以系数、倍数、成数、百分数、千分数、百分点、番等表示。

系数和倍数是把对比基数定为1计算出来的相对数。当两个数值对比得出的数值较小时，常称为系数；如果对比得出的数值较大时，常称为倍数。

成数是将对比基数定为10计算出来的相对数。一成表示1/10，如粮食产量今年比去年增产三成即增产3/10。

百分数和千分数则把对比基数定为100和1000。百分数是相对数中最常用的一种表现形式，如计划完成程度相对数、结构相对数等都用百分数表示。当对比的分子数值比分母数值小很多时，宜用千分数表示，例如人口出生率、死亡率等。

百分点是指不同时期以百分数形式表示的相对指标的变动幅度。例如，2019 年户籍人口城镇化率为 44.38%（2018 年为 43.37%），比上年末提高 1.01 个百分点。

番是按几何级数计算的。翻一番，就是指增加了 100%，是原来的 2 倍；翻两番，就是增加了 300%，是原来的 4 倍；翻三番，就是增加了 700%，是原来的 8 倍。

二、相对指标的种类

按相对指标的作用和计算方法不同，常用的相对指标可以分为计划完成程度相对指标、结构相对指标、比例相对指标、比较相对指标、强度相对指标和动态相对指标。

1. 计划完成程度相对指标

也称计划完成程度指标、计划完成百分比，通常以百分数表示，用来检查、监督计划的执行情况。它是用某一实际完成的指标数值与计划指标数值对比，说明计划的完成程度。即：

$$\text{计划完成程度相对指标}=\frac{\text{实际完成的指标数值}}{\text{计划指标数值}}\times 100\% \tag{4-1}$$

计划完成程度相对指标的特点是：一是对比数为同一总体；二是分子分母不能互换；三是计算结果视指标性质而定。对于正指标，指标表现为越高越好，其值≥1 表示完成或超额完成计划；对于逆指标，指标表现为越低越好，其值≤1 表示完成或超额完成计划。

由于计划任务下达的表现形式不同，计划完成程度相对指标计算的方法也不同。

（1）总量指标计划完成程度的计算

计算总量指标计划完成程度一般用上述公式，即用实际完成数值与计划数值直接对比。但在检查长期计划完成情况时，由于计划指标有两种制定的方法，在计算计划完成程度相对指标时也有两种方法：水平法与累计法。

用水平法检查计划的执行情况时，是用计划期末实际达到的水平与计划规定期末应达到的水平之比。用公式表示为：

$$\text{计划完成程度相对指标}=\frac{\text{计划期末实际达到的水平}}{\text{计划期末的计划数}}\times 100\% \tag{4-2}$$

累计法是用五年计划期间累计完成数与五年计划规定的累计数之比。用公式表示为：

$$\text{计划完成程度相对指标}=\frac{\text{计划期内实际完成的累计数}}{\text{计划规定完成的工作总量}}\times 100\% \tag{4-3}$$

（2）相对指标计划完成程度的计算

① 两个总量指标对比的相对指标计划完成程度的计算，可以将实际完成的相对指标数值与计划规定的相对指标数值直接对比。例如，某企业某年计划商品流通费用率 5%，实际流通费用率 5.5%，则流通费用率计划完成程度相对指标为 5.5%/5% = 110%，说明该企业商品流通费用率差 10%没有完成计划。

② 以提高率或降低率表示的相对指标计划完成程度的计算，可以采用以下公式：

$$\text{计划完成程度相对指标}=\frac{1\pm\text{实际提高（降低）率}}{1\pm\text{计划提高（降低）率}}\times 100\% \tag{4-4}$$

例如，某企业产品产量计划规定今年比去年提高 5%，实际提高 8%，则计划完成程度相对指标为（1+8%）/（1+5%）= 102.9%。

（3）平均指标计划完成程度的计算

平均指标计划完成程度指标的计算方法与相对指标计划完成程度指标的计算相类似。例如，某企业今年计划劳动生产率比上年提高 5%，实际提高 10%，则计划完成程度相对指标是 110%/105% = 104.8%，即超额 4.8%完成计划。

2. 结构相对指标

要对总体内部的结构进行数量分析，就需要计算结构相对指标。结构相对指标也称结构相对数，它是在对总体按某一标志分组的基础上，用各组指标数值与总体指标数值对比求得的结果。结构相对指标也称为比重相对数，常用百分数表示。其计算公式为：

$$\text{结构相对指标}=\frac{\text{各组总量指标数值}}{\text{总体总量指标数值}}\times 100\% \tag{4-5}$$

结构相对指标的特点是：各部分计算结果<1；各部分比重之和 = 1；分子分母不能互换。例如，2020 年我国第一、二、三产业增加值在 GDP 中所占的比重分别为 7.7%、37.8%和 54.5%，就属于结构相对指标。

结构相对指标常用来反映总体的结构和分布情况，实际经济工作中的合格率、市场占有率、出勤率、设备利用率等都属于结构相对指标。

3. 比例相对指标

比例相对指标也称比例相对数，它是同一总体内不同组成部分指标数值的对比，用来说明总体内部的比例关系。计算公式为：

$$\text{比例相对指标}=\frac{\text{总体中某一部分指标数值}}{\text{总体中另一部分指标数值}}\times 100\% \tag{4-6}$$

比例相对指标的计算结果通常以百分数来表示，也可以用 1 : n、n : m 和连比的形式表示。例如，我国第五次人口普查得到我国人口性别比为 106.74 : 100.00，而第六次人口普查结果为 105.20 : 100.00，说明人口性别比下降了。为了统计工作的需要，比例相对指标有时还以连比的形式来表示总体中若干组的比例关系。例如我国 2020 年我国国内生产总值中，第一、二、三产业的比例关系为 1 : 4.9 : 7.1。

比例相对指标的特点是：分子、分母可互换；各部分之间比例之和不等于 100%。计算各种比例相对数，反映有关事物之间的比例关系，有助于认识客观事物是否按比例协调发展，参照有关标准，可以判断比例关系是否合理。

4. 比较相对指标

比较相对指标也称比较相对数，它是不同单位的同时期同类现象两个数值之比，说明现象发展的不均衡程度。计算公式为：

$$\text{比较相对指标}=\frac{\text{甲单位某一指标的数值}}{\text{乙单位同类指标的数值}}\times 100\% \tag{4-7}$$

比较相对指标通常用百分数或倍数来表示，也可以用系数来表示。计算比较相对指标时，可以用总量指标进行对比，也可以用相对指标、平均指标进行对比。

计算比较相对数应注意对比指标的可比性，比较基数的选择要根据资料的特点及研究目的而定。例如，甲企业某年产值为 70 亿元，乙企业为 50 亿元，前者的产值为后者的

1.4倍（70/50），而乙企业的产值为甲企业的71.4%（50/70）；根据《2018年中国统计年鉴》，我国人口密度148人/平方公里，排名世界第16位，世界人口密度58人/平方千米，我国人口密度是世界人口密度的2.6倍。

比较相对指标的特点是：用来对比的分子分母必须是同质现象；分子、分母可以互换。

比例相对指标和比较相对指标的区别在于：子项与母项的内容不同，比例相对指标是同一总体内、不同组成部分的指标数量的对比，而比较相对指标是同一时间同类指标在空间上的对比；说明问题不同，比例相对指标说明总体内部的比例关系，而比较相对指标说明现象发展的不均衡程度。

5. 强度相对指标

强度相对指标也称强度相对数，它是两个性质不同而有联系的总量指标的比值，用以说明现象的强度、密度和普遍程度。其计算公式为：

$$强度相对指标=\frac{某一现象的总量指标数值}{另一有联系现象的总量指标数值} \tag{4-8}$$

强度相对数是两个性质不同但有联系的总量指标数值之比，是用分子与分母原有单位组成的复合单位表示的。例如，人口密度的单位是“人/平方公里”，人均粮食产量的单位是“千克/人”等。

强度相对指标的特点是：分子与分母性质不同；有正指标和逆指标之分；与平均指标有本质的区别。

强度相对指标与平均指标的区别在于：

（1）在计算方法上，两者有明显的区别而又有相似之处。相似之处在于分子、分母存在依存关系，区别在于平均指标的分子和分母在任何情况下是不能颠倒过来计算的，而强度相对指标分子与分母可以互换。

（2）在“平均”的含义上，两者既有区别又有相似之处。相似之处在于两者都具有平均的意义，不同之处在于平均的范围上，平均指标只能在同质总体中进行平均，强度相对指标平均的范围更广一些，不受同质总体的限制。

（3）在表示方法上存在区别。平均数的计量单位与强度相对数的计量单位是有差别的。

强度相对指标是统计中重要的对比分析指标，可以反映国民经济和社会发展的基本情况，反映经济效益情况及反映生产条件和公共设施的配套情况。通过强度相对指标的比较，还可以反映国家、地区之间发展的差别。

6. 动态相对指标

动态相对指标也称动态相对数，它是表示同类事物在不同时间上的两个指标数值的对比，一般用百分数或倍数表示。计算公式为：

$$动态相对指标=\frac{报告期指标数值}{基期指标数值}\times 100\% \tag{4-9}$$

式中，报告期是指用来研究的时期，基期是指用来对比的时期。

例如，2020年我国国内生产总值是上年的102.3%，居民消费价格是上年的102.5%

等都是动态相对指标。有关动态相对指标的详细内容将在动态数列中加以介绍。

以上几种相对指标，属于同一总体内部之比的相对指标有计划完成程度相对指标、结构相对指标、比例相对指标和动态相对指标。属于两个总体之间对比的相对指标有比较相对指标和强度相对指标。

三、相对指标的计算原则

1. 可比性原则

相对指标是用对比的方法反映现象之间的联系程度及差异程度的，用来对比的两个指标是否可比是相对指标计算的前提。这种可比性表现在两个指标在含义、内容、范围、时间、空间和计算方法等口径方面是否协调一致，相互适应。如果违反可比性这一基本原则计算相对指标，就会失去其实际意义，导致不正确的结论。如果各时期的统计数字因行政区划、组织机构、隶属关系的变更，或因统计制度方法的改变不能直接对比，就应以报告期口径为准，调整基期的数字。许多用金额表示的价值指标由于受价格变动影响，各期数字进行对比时不能反映实际的发展变化程度，一般要按不变价格进行换算，以消除价格变动的影响。

2. 定性分析与定量分析相结合原则

事物之间的对比分析必须是同类型指标，只有通过统计分组才能确定被研究现象的同质总体，便于同类现象之间对比分析。同一种相对指标在不同地区或不同时间进行比较时也必须先对现象的性质进行分析，判断是否具有可比性。例如，将不识字人口数与全部人口数对比来计算文盲率是不合理的，应等于 15 岁以上不识字人口数除以 15 岁以上全部人口数。

3. 相对指标和总量指标结合运用原则

相对指标通过两个有联系的总量指标数值之比，来表明事物之间对比关系的程度，但不能反映事物在绝对量方面的差别。因此，在一般情况下，相对指标离开了据以形成对比关系的总量指标就不能深入地说明问题。相对指标把现象的绝对水平抽象化了，在分析时应把两者结合起来，从现象变化程度和绝对量变化两方面来反映现象的本质。

4. 各种相对指标综合应用原则

各种相对指标具体作用不同，都从不同侧面说明所研究的问题。为全面深入地说明现象及其发展规律，应根据统计研究目的，综合应用各种相对指标。例如，为研究工业生产情况，既要利用生产计划完成情况指标，又要计算生产发展的动态相对数和强度相对数；说明人口变动时，可以把人口增长速度、人口出生率、人口文化程度、人口的性别比等指标结合起来，全面认识和分析人口的情况；在分析生产计划执行情况时，有必要全面分析总产值计划、品种计划、劳动生产率计划和成本计划等完成情况。

此外，把几种相对指标结合起来应用可以比较、分析现象变动中的相互关系，更好地阐明现象之间的发展变化情况。由此可见，综合运用结构相对数、比较相对数、动态相对数等多种相对指标，有助于分析事物变动中的相互关系及结果。

第三节　数据集中趋势的描述——平均指标

一、平均指标的概念

统计规律表明，对绝大多数现象来说，较大或较小的统计数据出现的频率较小，多数统计数据总是密集分布在某个中心附近，是全部数据具有向中心聚集的态势，这就是统计数据的集中趋势。平均指标反映了总体的集中趋势，反映了总体的分布特征。

1. 平均指标的定义

“平均”是统计学中的关键词，是理解、掌握统计学课程的核心。平均一词，一方面指的是平均的思想，另一方面指的是平均的方法。因此，对平均一词的认识也有狭义和广义之分，狭义的平均是指通过计算得到反映事物一般数量水平的平均指标；广义的平均是指通过大量观察而得到对事物大体认识和对事物一般特征的把握，它是统计学的核心方法。

平均指标也称统计平均数，它是同质总体各单位某一数量标志值在一定条件下达到的一般水平。它把总体各单位数量标志表现的差异加以抽象化，用一个数值说明总体的一般水平。例如，把某月某企业职工的工资总额加以平均，得到职工的平均工资；把某班某次考试成绩加以平均，得到班级的平均成绩。

2. 平均指标的作用

平均指标是统计研究的一种重要方法，其作用主要表现在：

(1) 可以对同类现象在不同空间、不同时间上进行对比分析。例如，比较两个学校四级外语统考水平，不能用个别学生的成绩进行比较，也不能用总成绩，因为总成绩要受学生人数的影响。因此，只能用两个学校的平均成绩进行对比。

(2) 可以反映总体各单位变量分布的集中趋势。通常，标志值很大或很小的单位都比较少，而靠近平均数的单位数比较多，说明总体分布是从两边向中间集中的，其中心是平均数。因此，平均指标可以说明总体的集中趋势。

(3) 可以反映现象之间的依存关系。现象的发展变化是互相联系、互相影响的，可以通过平均指标的分析来反映这种依存关系。

(4) 利用平均指标可以进行数量上的推算和预测。在统计上常常利用部分单位的平均数去推算总体平均数。

3. 平均指标的种类

按计算和确定平均指标的方法不同，平均指标可以分为数值平均数和位置平均数。

数值平均数是根据分布数列中总体各单位的标志值及其分布次数计算而得的，包括算术平均数、调和平均数、几何平均数。

位置平均数是根据分布数列中总体各单位在总体中所处的特殊位置来确定的，包括众数和中位数。

二、算术平均数

算术平均数是总体标志总量与总体单位总量的比值。它是平均指标中最常用方法和最基本形式，会受到极端数值的影响。由于掌握的资料不同，可以采取两种方法计算算术平均数。

1. 简单算术平均数

根据未分组资料，把总体各单位标志值加总求和，除以总体单位数而求得的平均指标为简单算术平均数。其计算公式为：

$$\bar{x}=\frac{x_1+x_2+\cdots+x_n}{n}=\frac{\sum_{i=1}^{n}x_i}{n} \tag{4-10}$$

式中，$\bar{x}$ 为算术平均数，x_i 为各单位标志值，n 为总体单位数。

通常在不至于引起混淆的情况下，公式中的下标常常省去。

例如，某班组有 10 个人，某天生产产品的数量（件）分别为 12，14，17，18，21，23，25，28，30，33，则平均每人日产量为：

$$\bar{x}=\frac{\sum x}{n}=\frac{12+14+17+18+21+23+25+28+30+33}{10}=\frac{221}{10}=22.1(\text{件})$$

2. 加权算术平均数

根据分组资料计算算术平均数，可采用加权的方法。首先，用各组的变量乘以该组的次数，求出各组的标志总量；其次，将各组的标志总量相加，求出总体标志总量；再次，用总体标志总量除以总体单位数，得到加权算术平均数。其计算公式为：

$$\bar{x}=\frac{x_1f_1+x_2f_2+\cdots+x_nf_n}{f_1+f_2+\cdots+f_n}=\frac{\sum xf}{\sum f} \tag{4-11}$$

式中，f 为权数，表示各组标志值出现的次数；x 为总体各单位标志值。

权数的思想最早起源于我国春秋初期著名政治家管仲的治国思想，即治国时注重应用轻重之权。“权数”一词最早出现于《管子轻重 · 山权数篇》，是指权衡轻重的原则和方法，并不是现代统计科学中的权数。据史料记载，1812 年英国政治算术学家阿瑟 · 杨格在其著作《英国币值递增的研究》一书中首次提出用加权平均法计算物价指数，这被视为加权算术平均法的开端，同时也是现代统计权数的开端。权数首先在指数领域得到应用，随后在统计预测和多指标综合评价中也得到广泛的应用。

例如，某企业某组有 15 人，某产品的日销售量资料如表 4-1 所示，计算平均日销售量。

表 4-1　某小组日产量表

日销售量/台	人数/人	日销售量/台	人数/人
54	2	72	3
58	3	85	1
63	6	合计	15

$$平均日销售量=\frac{54\times2+58\times3+63\times6+72\times3+85\times1}{15}=\frac{961}{15}=64.1\text{（台）}$$

需要注意的是：

（1）加权算术平均数的大小不仅受到总体各单位标志值 x 的影响，而且受各标志值的权数 f 的影响。权数除了用频数表示之外，还可以用比重即频率的形式表示。即：

$$\bar{x}=x_1\frac{f_1}{\sum f}+x_2\frac{f_2}{\sum f}+\cdots+x_n\frac{f_n}{\sum f}=\sum\left(x\cdot\frac{f}{\sum f}\right) \tag{4-12}$$

（2）根据组距数列计算平均指标时，需要以各组的组中值作为变量值计算加权算术平均数。由于用组中值计算平均指标时假定各组内部标志值的分布是均匀的，因而计算出的平均数指标值不是一个准确的数值，而是一个近似值。组距越小，或组内单位分布越均匀，平均数就越接近实际。

（3）简单算术平均数是加权算术平均数的一个特例，是权数相等条件下的加权算术平均数。当各组的单位数相等时，或各组单位数所占比重相等时，权数对各组的作用是一样的，这时加权算术平均数与简单算术平均数是相等的。

（4）在计算加权算术平均数时，当研究的变量为比值变量时，会遇到权数的选择问题，其权数应该为比值变量的分母。

三、调和平均数

调和平均数是总体各单位标志值倒数的算数平均数的倒数，也称倒数平均数。调和平均数有两种计算方法：简单调和平均法和加权调和平均法。

1. 简单调和平均数

适合于未分组的资料。

$$\bar{x}_H=\frac{n}{\sum\frac{1}{x}} \tag{4-13}$$

其中：$\bar{x}_H$ 表示调和平均数，n 表示标志值项数，x 表示各标志值。

2. 加权调和平均数

适用于分组的资料。

$$\bar{x}_H=\frac{\sum m}{\sum\frac{m}{x}} \tag{4-14}$$

其中，m 为 x 与 f 的乘积。

3. 调和平均数的特点

（1）调和平均数易受极端数值的影响；

（2）当数列中有一标志值为 0，调和平均数无法计算。

在社会经济领域中，调和平均数经常作为算术平均数的变形使用。

$$\bar{x}_H = \frac{\sum m}{\sum \frac{m}{x}} = \frac{\sum xf}{\sum \frac{xf}{x}} = \frac{\sum xf}{\sum f}$$

可以看出，调和平均数只是算术平均数的一种变形，因为数据资料的不同，对于同一问题计算方法虽然不同，但是其内容相同，因此计算的结果也是一致的。

例如，两企业某种商品的资料如表 4-2 所示，计算两个企业该种商品的平均价格。

表 4-2 某种商品价格与销售额资料

名称	单价/（元/千克）	销售额/万元
甲	10.50	420
乙	12.50	360
合计	—	780

由于不知道销售量，不能直接用加权算术平均的方法计算平均价格。因此，可以销售额为权数，采用加权调和平均法来计算。

$$\text{平均价格} = \frac{420 + 360}{\frac{420}{10.50} + \frac{360}{12.50}} = \frac{780}{68.8} = 11.34(\text{元})$$

四、几何平均数

几何平均数是 n 个比率乘积的 n 次方根。常用于总量等于各个数据之积的现象求平均数，如发展速度的平均。几何平均分为简单几何平均数和加权几何平均数，计算公式分别如下：

$$G = \sqrt[n]{x_1 \cdot x_2 \cdot \cdots \cdot x_n} \tag{4-15}$$

$$G = \sqrt[f_1+f_2+\cdots+f_n]{x_1^{\ f_1} \cdot x_2^{\ f_2} \cdot \cdots \cdot x_n^{\ f_n}} \tag{4-16}$$

式中，G 表示几何平均数；x 表示变量值。

例如，某企业生产的产品产量 2017 年为 500 万吨，2018 年是 2017 年的 106%，2019 年是 2018 年的 109%，2020 年是 2019 年的 116%，计算各年的平均发展速度。

$$G = \sqrt[n]{x_1 \cdot x_2 \cdots x_n} = \sqrt[3]{106\% \times 109\% \times 116\%} = 110.25\%$$

需要注意几何平均数的应用特点是：

（1）反映现象的平均水平，即变量总水平是各个变量值的连乘积；

（2）各变量值不存在 0 或者负数；

（3）受极端值影响比算术平均数小。

几何平均数的其他内容将在动态数列中详细讲述。

五、众数

众数是总体中出现次数最多的标志值，一般用 M_0 表示。众数刻画了一组数据的多数水平，在统计实践中，可以用众数表明现象的一般水平。例如，要了解市场上某商品的价格水平，可用市场上最普遍的成交价格来反映。在不同情况下，确定众数的方法是不同的。

1. 未分组资料和单项数列确定众数

未分组资料和单项数列确定众数比较简单，只需找出出现次数最多的标志值即为众数。

例如，某企业某月产量资料见表 4-3，确定出产量的众数。

表 4-3　某企业月产量资料表

月产量/件	人数/人	月产量/件	人数/人
1850	8	2890	7
2210	12	3120	5
2340	18	合计	60
2670	10		

可以看到 2340 件对应的人数最多为 18 人，因此，产量的众数是 2340 件。

2. 组距数列确定众数

根据组距数列确定众数时，首先要确定众数组，即次数最多的组；其次，代入公式求得众数的近似值。计算公式为：

$$M_0 = L + \frac{\Delta_1}{\Delta_1 + \Delta_2} \cdot d \text{（下限公式）} \tag{4-17}$$

$$M_0 = U - \frac{\Delta_2}{\Delta_1 + \Delta_2} \cdot d \text{（上限公式）} \tag{4-18}$$

式中，M_0为众数，L为众数组的下限，U为众数组的上限，d为众数组的组距，Δ_1为众数组的次数与前一组次数之差，Δ_2为众数组的次数与后一组次数之差。用上限和下限公式，同一资料计算结果是一致的。

例如，某企业 400 名工人某月平均每人日产量资料如表 4-4 所示，求日产量的众数。

表 4-4　某车间平均日产量资料

平均每人日产量/件	工人数/人	平均每人日产量/件	工人数/人
60~70	20	90~100	120
70~80	100	合计	400
80~90	160		

由资料可以看出，最多的工人 160 人对应 80~90，则 80~90 为众数组，利用公式求众数 M_0。

用下限公式计算：

$$M_0 = 80 + \frac{160 - 100}{(160 - 100) + (160 - 120)} \times (90 - 80) = 86\text{(件)}$$

用上限公式计算：

$$M_0 = 90 - \frac{160 - 120}{(160 - 100) + (160 - 120)} \times (90 - 80) = 86\text{(件)}$$

可以看到，用下限公式和上限公式计算的结果是一致的。

众数也可以根据各组占总体的比重来确定，确定的方法与以频数为权数的组距数列相同。

众数作为一种位置平均数具有以下特点：

（1）众数不受资料极端数值的影响。

（2）当总体的分布没有明显的集中趋势而趋向均匀分布时，则不存在众数。

（3）存在双众数的情况。如果分配数列具有两个标志值出现的次数最多，称为双众数。

六、中位数

中位数是把总体各单位的标志值按大小顺序加以排列，处于数列中点位置的标志值就是中位数。中位数刻画了一组数据的中等水平，它把数列分成相等的两部分，一部分的标志值小于中位数，一部分的标志值大于中位数。中位数不受资料中极端数值的影响。在总体标志值差异很大的情况下，中位数具有较强的代表性。在研究社会居民收入水平时，用居民收入中位数比平均收入更能代表居民收入的一般水平。

1. 由未分组资料确定中位数

根据未分组资料确定中位数相对简单一些，首先将标志值按大小顺序排列，如果是奇数个单位，则以处于（n+1）/2 位置的标志值来确定中位数，如果是偶数个单位，则中位数是位次为 n/2 与（n/2+1）的两个标志值的平均数。

例如，某班组 10 个人，每人的日产量件数为：12，14，17，18，21，23，25，28，30，33，其中位数在 5、6 项之间，就是（21+23）/2＝22（件）。如果为 11 人，且第十一个人的日产量为 35 件，则中位数位置在第六项，即为 23 件。

2. 根据单项数列确定中位数

把资料经过分组编制成单项数列时，可以根据（$\sum f$+1）/2 或 $\sum f$/2 确定中位数的位次，再根据较小累计次数或较大累计次数方法将累计次数刚超过中位数位次的组确定为中位数组，该组的标志值即为中位数。

例如，以表 4-3 的资料为例，求其中位数。其计算表见表 4-5。

表 4-5　某企业月产量中位数计算表

月产量/件	人数/人	向上累计人数/人	向下累计人数/人
1850	8	8	60
2210	12	20	52
2340	18	38	40
2670	10	48	22
2890	7	55	12
3120	5	60	5
合计	60	—	—

中位数的位置在 60/2＝30，把家庭数自上而下累计（见表 4-5），到第三组时 38 已超过了 30，表示月产量的中位数是 2340。用向下累计法道理相同。

3. 根据组距数列确定中位数

把资料经过分组形成组距数列时，中位数的确定与单项数列相似，不同的是在确定出中位数所在位置后，还要利用公式计算中位数的近似值。其公式为：

$$M_e = L + \frac{\sum f/2 - S_{m-1}}{f_m} \cdot d \text{（下限公式）} \quad (4-19)$$

$$M_e = U - \frac{\sum f/2 - S_{m+1}}{f_m} \cdot d \text{（上限公式）} \quad (4-20)$$

式中，L 为中位数组的下限；U 为中位数组的上限；$\sum f$ 为总次数；S_{m-1} 为向上累计到中位数所在组前一组的次数；S_{m+1} 为向下累计到中位数组所在组后一组累计次数；f_m 为中位数组的次数；d 为中位数组的组距。

以表 4-3 中的资料为例，首先确定中位数组，由于 400/2=200，又由各组较小累计次数分别为 20，120，280，400（见表 4-6），可以知道中位数组在 80~90 一组中。

代入下限公式计算中位数：

$$M_e = 80 + \frac{400/2 - 120}{160} \times (90 - 80) = 85\text{（件）}$$

代入上限公式计算中位数：

$$M_e = 90 - \frac{400/2 - 120}{160} \times (90 - 80) = 85\text{（件）}$$

表 4-6　中位数计算表

平均每人日产量/件	工人数/人	向上累计人数	向下累计人数
60~70	20	20	400
70~80	100	120	380
80~90	160	280	280
90~100	120	400	120
合计	400	—	—

中位数作为一种位置平均数具有以下特点：

（1）中位数不受资料极端数值的影响。

（2）各单位标志值与中位数离差的绝对值之和为最小值。

（3）对某些不具有数学特点或不能用数字测定的现象，可用中位数求其一般水平。

在统计实践中，经常用众数与中位数来代替算术平均数，或与算术平均数同时使用来反映现象的一般水平。当现象总体包含有极大或极小标志值的单位时，尤其适合计算众数与中位数。因为极大或极小标志值会影响平均数的数值，但不会影响众数和中位数的数值。

七、平均数之间的关系

1. 算术平均数、几何平均数与调和平均数的关系

根据同一标志值数列计算且各标志值不等的情况下，则有：算术平均数>几何平均数>调和平均数。例如有 5 个变量值：3、4、5、6、7，计算得算术平均数为 5，几何平均数为

4.79，调和平均数为4.59。

当所有变量值都相等时，算术平均数=几何平均数=调和平均数。

2. 算术平均数、众数与中位数的关系

算术平均数、众数与中位数的数量关系由总体的次数分布所决定。

（1）正态分布的情况下，算术平均数=众数=中位数。

（2）右偏分布情况下，算术平均数>中位数>众数。

（3）左偏分布情况下，算术平均数<中位数<众数。

英国统计学家卡尔. 皮尔逊认为，在适度偏态情况下，三者之间存在近似的数量关系：平均数与中位数的距离是平均数与众数距离的1/3。由此可以得到以下三个关系式：

$$\bar{x} = \frac{3M_e - M_0}{2} \tag{4-21}$$

$$M_e = \frac{M_0 + 2\bar{x}}{3} \tag{4-22}$$

$$M_0 = 3M_e - 2\bar{x} \tag{4-23}$$

利用这些关系式，可以由已知的两个平均指标估计另外一个平均指标，并可以依据三者的数值大小，判断所研究的统计数据具体的分布形态。

例如，某企业一批产品直径的中位数为18厘米，其中直径最多的是19厘米，求这批产品直径的算术平均数。

$$\bar{x} = \frac{3M_e - M_0}{2} = \frac{3 \times 18 - 19}{2} = 17.5(\text{厘米})$$

八、应用平均指标需要注意的问题

1. 必须注意现象总体的同质性

同质性就是现象的各单位在被平均的标志上具有同类性。如果把存在本质差别的现象混合在一起计算，得到的平均指标不能真实反映总体的一般水平。

2. 用组平均数补充说明总平均数

总平均数只保证了总体各单位在某一方面性质的相同，而在其他一些性质上仍存在着差别，使总平均数不能充分显示总体的特征，这时就需要用组平均数来补充说明总平均数。

3. 注意极端数值的影响

算术平均数受总体内极端数值的影响较大。当总体内存在过大或过小的极端数值时，为正确反映总体的一般水平应予以剔除。例如，在文艺、体育比赛评分中，常常去掉一个最高分、一个最低分再进行平均，这种方法称为切尾平均法。

4. 在运用平均数分析时还应注意用分配数列补充说明平均数

平均数指说明现象的共性问题，为深入说明总体各单位的差异及分配情况，需要结合分配数列，分析平均数在数列中的位置及各单位在平均数上下的分配情况。

5. 把平均数与典型事例相结合

这样，既可反映总体一般水平，又可找出总体各单位存在的差异，以全面地认识现象。

第四节　数据离中趋势的描述——变异指标

一、变异指标的概念

1. 变异指标的定义

在测定统计数据分布的集中趋势后，还需要考虑数据远离其中心值的程度即离中趋势，则需要用到变异指标。

变异指标又称标志变动度指标，它是综合反映社会经济现象总体各单位标志值及其分布差异程度的指标。

对总体一般水平的认识可以借助平均指标，但是平均指标不能反映各单位之间的差异情况，它把各单位的差异抽象化了，而现象内部各单位的差异是客观存在的。例如某班统计学考试的平均分只反映该班学生成绩的一般水平，高分与低分的学生差异被掩盖了。而变异指标可以弥补平均数的不足，在统计分析中两者通常结合使用、互相补充。

2. 变异指标的作用

（1）变异指标可以反映总体各单位标志值分布的离中趋势

总体各单位标志值总是围绕着自身的平均值这一中心变动。平均指标可以反映总体各单位标志值的集中趋势，而标志变异指标可以反映总体各单位标志值的分散程度，对于变动中心来说就是反映标志值的离中趋势。

（2）变异指标可以说明平均指标的代表性

平均指标可以反映总体各单位标志值的一般水平，其代表性的高低取决于标志值的差异程度。一般地，标志变异指标愈大，平均指标的代表性愈小；而标志变异指标愈小，平均指标的代表性愈大。

（3）变异指标可以说明现象变动的均匀性或稳定性程度

标志变异指标愈大，说明现象的均衡性与稳定性愈差。

在统计中，常用的变异指标有全距、平均差、标准差和标志变异系数四种指标。指标计算方法不同，含义不同，应用的场合也不同。

二、全距

全距又称极差（R），它是总体各单位标志值中最大值与最小值之差。全距用来说明研究现象中各单位标志值变动的最大范围。全距越大，说明总体各单位标志值越分散，差异越大；反之则越小。

1. 未分组资料

$$R=\text{最大变量值}-\text{最小变量值} \tag{4-24}$$

2. 分组资料

$$R=\text{最高组的上限}-\text{最低组的下限} \tag{4-25}$$

对于组距数列，一般只对闭口组资料计算全距。利用全距进行产品质量检查及控制，可以及时发现问题，采取相应措施，以保证生产的正常进行。

例如，已知 10 个人日产量分别为 12，14，17，18，21，23，25，28，30，33（件），则全距 $R=33-12=21$（件）。又如，已知日产量最低组为 30~35，最高组为 70~75，则全距为 $75-30=45$。

全距的优点：说明总体中两个极端标志值的变异范围，计算方便，意义明确，具有一定的实用性。其缺点：受极端值影响很大，不能全面反映各单位标志值的差异程度。所以，在实际应用上有一定的局限性，常用来检查产品质量的稳定性和进行质量控制。

三、平均差

平均差是总体各单位的标志值与其算术平均数的离差绝对值的算术平均数。平均差比全距更能反映变量分布的离散程度。平均差越大，表明各标志值与算术平均数的差异程度越大，该算术平均数的代表性就越小；平均差越小，表明各标志值与算术平均数的差异程度越小，该算术平均数的代表性就越大。根据掌握的资料不同，平均差有两种计算方法。

1. 简单平均法

对于未分组资料，在计算平均差时宜采用简单算术平均法。计算公式为：

$$A \cdot D = \frac{\sum |x - \bar{x}|}{n} \tag{4-26}$$

以 8 个人的日产量资料为例，计算平均差见表 4-7。

$$\bar{x} = \frac{17 + 19 + 20 + 22 + 23 + 25 + 27 + 31}{8} = \frac{184}{8} = 23(\text{件})$$

$$A \cdot D = \frac{28}{8} = 3.5(\text{件})$$

表 4-7　日产量资料计算表

日产零件 x/件	$x-\bar{x}$	$\|x-\bar{x}\|$	日产零件 x/件	$x-\bar{x}$	$\|x-\bar{x}\|$
17	-6	6	25	2	2
19	-4	4	27	4	4
20	-3	3	31	8	8
22	-1	1	合计	—	28
23	0	0			

2. 加权平均法

对于分组资料，在计算平均差时应采用加权平均法。计算公式为：

$$A \cdot D = \frac{\sum |x - \bar{x}| \cdot f}{\sum f} \tag{4-27}$$

例如，某企业 400 名工人按日产量分组，资料见表 4-8。

表 4-8　日产量分组计算表

日产量/千克	工人数 f/人	组中值 x/千克	xf	$x-\bar{x}$	$\lvert x-\bar{x}\rvert f$
60~70	20	65	1300	−19.5	390
70~80	100	75	7500	−9.5	950
80~90	160	85	13600	+0.5	80
90~100	120	95	11400	+10.5	1260
合计	400	—	33800	—	2680

$$\bar{x}=\frac{\sum xf}{\sum f}=\frac{33800}{400}=84.5(\text{千克})$$

$$A\cdot D=\frac{\sum |x-\bar{x}|\cdot f}{\sum f}=\frac{2680}{400}=6.7(\text{千克})$$

平均差以算术平均数为中心，反映各变量值与算术平均数的平均差异程度。平均差的优点是：计算简便，意义明确，能反映各标志值的大小和程度。其缺点是：由于对每一个离差取绝对值，不适于数理统计中的数字处理，给应用带来一定的局限。

四、标准差

标准差又称均方差，是测定标志变动度的最主要指标。总体各单位的标志值对算术平均数离差的平方的算术平均数为方差 σ^2，其平方根就是均方差，用 σ 表示。它与平均差的含义基本相同，也表示总体各单位标志值对算术平均数的平均距离，只是在数学处理上有所不同。根据掌握的资料不同，标准差有两种计算方法：简单平均法和加权平均法。

1. 简单平均法

依未分组资料计算标准差可用简单平均法。

$$\sigma=\sqrt{\frac{\sum (x-\bar{x})^2}{n}} \tag{4-28}$$

计算标准差的步骤为：计算总体平均数；计算各单位标志值与算术平均数的离差；计算各单位标志值与算术平均数的离差平方和；计算离差平方的算术平均数；将计算结果开平方得标准差。

根据表 4-7 的资料，计算标准差如表 4-9 所示。

表 4-9　简单平均法计算标准差

日产零件 x/件	$x-\bar{x}$	$(x-\bar{x})^2$	日产零件 x/件	$x-\bar{x}$	$(x-\bar{x})^2$
17	−6	36	25	2	4
19	−4	16	27	4	16
20	−3	9	31	8	64
22	−1	1	合计	—	146
23	0	0			

$$\sigma = \sqrt{\frac{\sum (x - \bar{x})^2}{n}} = \sqrt{\frac{146}{8}} = 4.27(\text{件})$$

2. 加权平均法

根据分组资料计算标准差可以采用加权平均法，将各组标志值与算术平均数的离差平方乘以各组次数，然后除以总次数，再开平方就得到标准差。计算公式为：

$$\sigma = \sqrt{\frac{\sum (x - \bar{x})^2 f}{\sum f}} \tag{4-29}$$

加权平均法计算标准差的步骤与简单平均法基本相同。

以表 4-8 的资料为例，计算标准差的有关数据见表 4-10。

表 4-10 加权平均法计算标准差

日产量/千克	工人数 f/人	组中值 x/千克	$x - \bar{x}$	$(x - \bar{x})^2$	$(x - \bar{x})^2 f$
60~70	20	65	-19.5	380.25	7605
70~80	100	75	-9.5	90.25	9025
80~90	160	85	+0.5	0.25	40
90~100	120	95	+10.5	110.25	13230
合计	400	—	—	—	29900

$$\sigma = \sqrt{\frac{\sum (x - \bar{x})^2 f}{\sum f}} = \sqrt{\frac{29900}{400}} = 8.6(\text{千克})$$

3. 是非标志的标准差

在统计研究中，有些现象只表现为两种性质的差异，例如把产品分为合格品与不合格品、职工分出勤与缺勤两组。这种只表现为“是”与“否”或“有”与“无”两种属性的品质标志叫是非标志。将具有某种表现的单位数占全部单位的比重称为成数。

若具有某种属性的单位数为 N_1，不具有某种属性的单位数为 N_2，全部单位数为 N。用 p 代表具有某种属性的单位数占全部单位数的比重，即 $p = N_1/N$。是非标志的标准差为：

$$\sigma = \sqrt{p(1 - p)} \tag{4-30}$$

例如，一批产品 2000 件，经检验 1800 件合格，合格率 $p = 1800/2000 = 90\%$，则：

$$\sigma = \sqrt{p(1 - p)} = \sqrt{90\% \times 10\%} = 0.3$$

合格率 90%反映了产品质量的一般水平，标准差 0.3 反映了产品质量的变异程度。

关于标准差需要说明的是：

(1) 根据组距数列计算的标准差只是一个近似值。

(2) 一般情况下根据同一资料计算的标准差稍大于平均差。

(3) 均方差愈大，标志变动程度愈大；均方差愈小，标志变动程度愈小。

(4) 不仅具有平均差的优点，还弥补了平均差的不足，在统计实践中得到广泛的应用。

五、变异系数

全距、平均差和标准差与平均指标具有相同的计量单位，是反映总体各单位标志值变异的绝对指标。在对比分析不同水平的变量数列之间标志变异程度时，不能直接通过上述变异指标来比较其标志变动的程度，这时需要消除平均水平高低的影响，以反映不同水平变量数列的离散程度，就需要借助于变异系数指标。

变异系数也称离散系数、标志变动度系数，它是变异指标与算术平均数的比值。变异系数既可以用于比较不同现象总体同一标志的变异，也可以用于比较同一总体不同标志的变异。变异系数越小，说明现象分布的离散程度越小，平均数的代表性越大；反之，其代表性越小。

变异系数（V）包括全距系数、平均差系数和标准差系数三种。其中，全距与其平均数对比，得到全距系数或极差系数；平均差与平均数对比，得到平均差系数；最常用的是标准差系数，即标准差与平均数对比，用 V_σ 表示，计算公式如下：

$$V_\sigma = \frac{\sigma}{\bar{x}} \times 100\% \tag{4-31}$$

例如，甲、乙两个企业平均每人日产量分别为 60 件和 100 件，标准差分别为 2 件与 3 件，由于 2 小于 3，似乎甲企业的 60 件更具有代表性。如果计算一下变异系数指标，则甲企业 $V_\sigma = 2/60 = 3.3\%$，乙企业 $V_\sigma = 3/100 = 3\%$。可以看出，乙企业平均每人日产量的离散系数小于甲企业，平均日产量 100 件更具有代表性。

第五节　数据分布形态的描述——偏度与峰度

数据的分布特征除了描述其集中趋势与离中趋势外，还需要了解数据分布的形态，即反映数据分布左右是否对称、偏斜程度及陡峭程度等。数据分布的偏度与峰度就是对这些特征的描述。

一、偏度

在社会经济统计实践中，数据的分布往往不是服从对称分布，而是服从有偏的分布。偏度的概念由统计学家皮尔逊（Pearson）1895 年提出，是对数据分布对称性的测度。偏度通常有图 4-1 所示的几种情况。偏度的测定是通过计算偏态系数（S_k）来实现的。

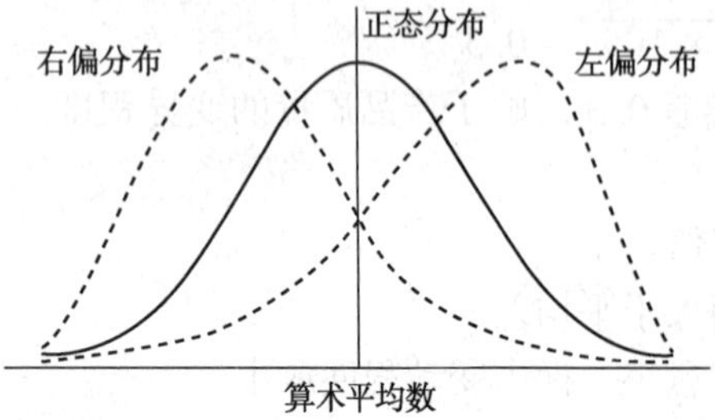

图 4-1　偏度示意图

1. 利用算术平均数与众数的离差来计算

$$S_k = \frac{\bar{x} - m_0}{\sigma} \times 100\% \tag{4-32}$$

一般地，偏态系数变动范围在（-3，3），偏态系数等于 0 时，分布形态与正态分布偏度相同；偏态系数为正值时，数据分布为正偏或右偏；偏度系数为负值时，数据分布为负偏或左偏。偏态系数绝对值越接近于3，表明数据分布偏斜程度越严重；越接近于0，表明数据分布的偏斜程度越轻。

2. 利用动差法来计算

动差法偏度系数是以三阶中心动差作为度量偏度的基本依据。

$$S_k = \frac{m_3}{\sigma^3} \tag{4-33}$$

当偏态系数大于0，表示数据分布为正偏或右偏；当偏态系数小于0，表示数据分布为负偏或左偏；当偏态系数等于0，表示数据分布为正态分布。偏态系数的绝对值越接近于0，表示数据分布的偏度越轻。

二、峰度

峰度的概念是统计学家皮尔逊（Pearson）1905年提出，是对数据分布扁平性或尖锐性的测度。峰度是以正态分布曲线为标准来衡量数据分布的集中程度与分布的尖陡程度。通常分三种情况：标准正态分布、尖峰分布、平峰分布。

当数据分布曲线较正态分布曲线更为隆起，更瘦更高的，称为尖峰分布；反之，当数据分布曲线较正态分布曲线更为平坦，更胖更矮的，称为平峰分布（见图4-2）。

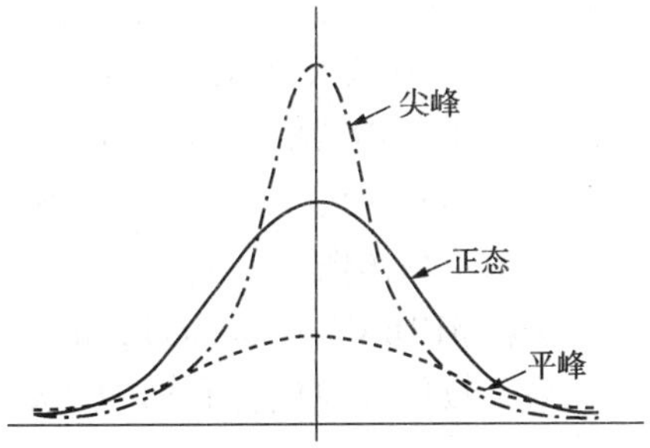

图4-2　峰度示意图

峰度的测定是通过计算峰度系数（K_u）来实现的。峰度系数的计算主要采用动差法，是用四阶中心距与标准差的四次方进行对比的结果。

$$K_u = \frac{m_4}{\sigma^4} \tag{4-34}$$

当峰度系数等于3时，数据分布为正态分布；峰度系数大于3时，比正态分布的高峰更加陡峭，为尖峰分布；峰度系数小于3时，比正态分布的高峰来得平些，为平峰分布。当峰度系数接近于1.8时，数据分布曲线趋向于水平线，表示各组分配的频数接近相同；当峰度系数在1.8以下时，数据分布曲线为U型分布，表示频数分布是中间少、两头多。

在实际工作中，常把上面的公式直接减去3，用峰度系数的正、负直观地显示数据分布曲线相对于正态分布曲线的陡峭程度。

第六节　利用 Excel 描述统计数据分布特征

一、统计函数的应用

Excel中内置函数有以下几种类型：常用函数、财务函数、日期和时间函数、数学和三角函数、统计函数、文本函数、查找与引用函数、数据库函数、逻辑函数、信息函数、工程函数等。

1. 输入函数

以等号“=”开始，然后输入函数的名称，再紧跟着一对括号，括号内为一或多个参数，参数之间要用逗号隔开，例如：“=SUM（A1：B10）”。

也可以使用函数向导插入函数：选择要插入函数的单元格，单击“插入函数”按钮“f_x”，出现“插入函数”对话框，选择相应函数，单击“确定”，弹出“函数参数”对话框——单击Number1文本框右侧的折叠按钮，用鼠标选择所需单元格区域——单击Number1文本框右侧的折叠按钮，返回“函数参数”对话框，单击“确定”按钮，结果显示在单元格中。

2. 常用的几种函数

（1）均值函数

① 算术平均数（AVERAGE）

求所有参数的算术平均数。语法：AVERAGE（number1，number2，……）

② 几何平均数（GEOMEAN）

语法：GEOMEAN（number1，number2，…）

其中：number1，number2，…为需要计算其平均值的1到30个参数。

③ 调和平均数（HARMEAN）

语法：HARMEAN（number1，number2，…）

其中：number1，number2，…为需要计算其平均值的1到30个参数。

（2）中位数函数

语法：MEDIAN（number1，number，…）

如果参数集合中包含有偶数个数字，MEDIAN（　　）将返回位于中间的两个数的平均值。

MEDIAN（1，2，3，4，5）等于3，MEDIAN（1，2，3，4，5，6）等于3.5即3与4的平均值。

（3）众数函数

语法：MODE（number1，number2，…）

如果数据集合中不含有重复的数据，则MODE（　　）函数返回错误值N/A。

MODE（{5.6，4，4，3，2，4}）等于4

或选定存放众数的位置——f_x——统计——MODE——数据范围——确定。

（4）数字项的个数

COUNT（单元格范围）——返回选定的单元格范围内数字项的个数；

COUNTA（单元格范围）——返回选定的单元格范围内非空项的个数。

（5）平均差（AVEDEV）

表达形式：=AVEDEV（number1，number2，…）

例如AVEDEV（4，5，6，7，5，4，3）等于1.020408。

（6）样本标准差（STDEV）

语法：STDEV（number1，number2，…）

其中：number1，number2，…为对应于构成总体样本的1到30个参数。

例如从某班学生成绩中随机抽取 5 个学生的成绩，求其标准差。

（7）总体标准差（STDEVP）

语法：STDEVP（number1，number2，…）

计算总体标准差使用整个总体的变量。如求某班全部学生成绩的总体标准差，确定放结果的单元格后，输入=STDEVP（B2：G2）确定即可。

（8）样本方差（VAR）

语法：VAR（number1，number2，…）

（9）总体方差（VARP）

语法：VAR（number1，number2，…）

二、相对数的计算

以图 4-3 中数据为例，计算全部可能的相对指标，并指出分别属于哪一种相对指数。

（1）计算男性人口在总人口中的比重：在 B6 单元格中输入计算相对指标的公式“=B4/B3”，确认以后，向右填充到 C6 单元格。

（2）计算女性人口在总人口中的比重：在 B7 单元格中输入计算相对指标的公式“=B5/B3”，确认以后，向右填充到 C7 单元格。

（3）计算性别比：在 B8 单元格中输入计算相对指标的公式“=B4/B5”，确认以后，向右填充到 C8 单元格。

（4）计算人口发展速度，方法为：在 C9 单元格中输入计算相对指标的公式“=C3/B3”。

（5）调整表格中计算结果的小数点。

计算结果如图 4-4 所示。在所计算的相对指标中，男性、女性人口占总人口比重为结构相对数；性别比为比例相对数；人口发展速度为动态相对数。

	A	B	C
1	我国人口数据		
2		2015年	2019年
3	人口总数(万人)	137462	140005
4	男	70414	71527
5	女	67048	68478

图 4-3　人口数据表

	A	B	C
1	我国人口数据		
2		2015年	2019年
3	人口总数(万人)	137462	140005
4	男	70414	71527
5	女	67048	68478
6	男性占总人口比重%	51.22%	51.09%
7	女性占总人口比重%	48.78%	48.91%
8	性别比	1.05020	1.04453
9	人口发展速度%	—	101.85%

图 4-4　相对指标计算

三、描述统计工具的应用

对于统计数据的一些常用统计量，比如均值、中位数、众数、标准差、峰度系数、偏度系数等，除了可以利用上述统计函数计算，还可以应用描述统计工具。描述统计分析工具用于生成数据源区域中数据的单变量统计分析报表，它可以同时计算出一组数据的多个常用统计量，提供有关数据集中趋势和离中趋势以及分布形态等方面的信息。以下题为例，用描述统计工具对数据进行分析。

以下是某班学生成绩，用Excel计算每科成绩的描述统计量（图4-5），具体步骤如下：

（1）在“工具”菜单中选择“文件——选项——加载项——分析工具库”命令，点击“转到”，出现“加载宏”对话框，在“加载宏”对话框中选择“分析工具库”，点击“确定”启动它（图4-6）。

	A	B	C	D	E
1	姓名	数学	英语	体育	合计
2	万方	90	85	91	266
3	常超	75	81	79	235
4	李明	67	71	78	216
5	吴凤	78	81	87	246
6	李媛媛	85	67	73	225
7	孙大鹏	90	87	80	257
8	王丽	78	84	63	225

图4-5

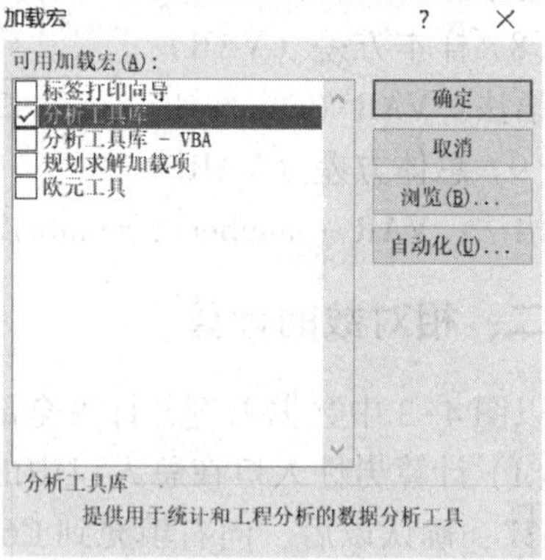

图4-6

（2）用鼠标点击工作表中待分析数据的任一单元格。

（3）选择“工具”菜单的“数据”子菜单。

（4）用鼠标选中“数据分析”工具中的“描述统计”选项，见图4-7。

（5）填写完“描述统计”对话框之后，按“确定”，描述统计量结果即从A15单元格输出，见图4-8。

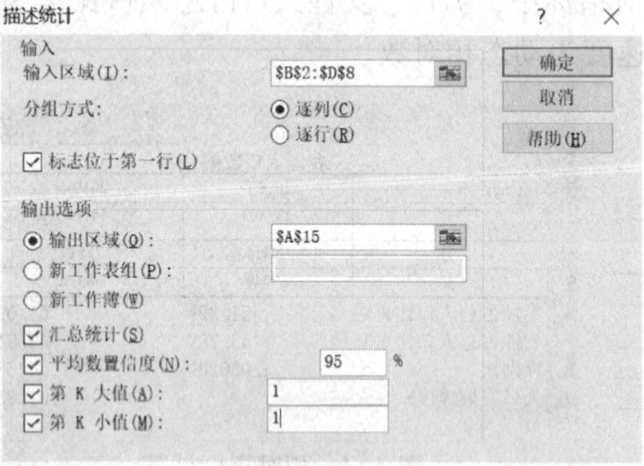

图4-7

15	90		85		91	
16						
17	平均	78.83333	平均	78.5	平均	76.66667
18	标准误差	3.260027	标准误差	3.180671	标准误差	3.29309
19	中位数	78	中位数	81	中位数	78.5
20	众数	78	众数	81	众数	#N/A
21	标准差	7.985403	标准差	7.79102	标准差	8.066391
22	方差	63.76667	方差	60.7	方差	65.06667
23	峰度	0.088527	峰度	-1.14559	峰度	1.458939
24	偏度	-0.05158	偏度	-0.71747	偏度	-0.82677
25	区域	23	区域	20	区域	24
26	最小值	67	最小值	67	最小值	63
27	最大值	90	最大值	87	最大值	87
28	求和	473	求和	471	求和	460
29	观测数	6	观测数	6	观测数	6
30	最大(1)	90	最大(1)	87	最大(1)	87
31	最小(1)	67	最小(1)	67	最小(1)	63
32	置信度(9	8.380167	置信度(9	8.176175	置信度(9	8.465158

图4-8　输出结果

汇总统计：结果有平均值、中位数、众数、标准偏差、方差、峰值、偏度、极差（全距）、最小值、最大值、总和、总个数和置信度等。

◇ 本章要点 ◇

本章共6节，主要内容有：

（1）总量指标的概念与种类。总量指标是说明社会经济现象发展的总规模、总水平或工作总量的指标。按反映总体内容不同，分为总体单位总量和总体标志总量；按反映时间状况不同，分为时期指标和时点指标。总量指标的计量单位包括：实物单位、价值单位和劳动单位。

(2) 相对指标的概念及种类。相对指标是两个有相互联系的统计指标的比值，反映现象之间的数量对比关系。其表现形式有两种：有名数与无名数。按作用和计算方法不同，相对指标分为计划完成程度相对数、结构相对指标、比例相对指标、比较相对指标、强度相对指标、动态相对指标等。

(3) 数据集中趋势的描述。平均指标是同质总体各单位某一数量标志值在一定条件下达到的一般水平。可分为算术平均数、调和平均数、几何平均数、众数和中位数。其中，前三种称为数值平均数，后两种称为位置平均数。算术数平均数、调和平均数和几何平均数在计算时都有简单法和加权法两种方法。众数是总体中出现次数最多的标志值。中位数是把总体各单位的标志值按大小顺序加以排列，处于数列中点位置的标志值就是中位数。已知条件不同，求众数和中位数的方法不同。

(4) 数据离中趋势的描述。变异指标是综合反映社会经济现象总体各单位标志值及其分布差异程度的指标。常用的变异指标有全距、平均差、标准差和标志变异系数。全距是总体各单位标志值中最大值与最小值之差。平均差是总体各单位的标志值与其算术平均数的离差绝对值的算术平均数，计算方法有简单平均法和加权平均法。标准差是总体各单位的标志值对算术平均数离差的平方的算术平均数的平方根。计算方法有简单平均法和加权平均法。变异系数是变异指标与算术平均数的比值，分为全距系数、平均差系数和标准差系数三种。最常用的是标准差系数。

(5) 数据分布形态的描述。偏度是对数据分布对称性的测度，偏度的测定是通过计算偏态系数来实现的。峰度是以正态分布曲线为标准来衡量数据分布的集中程度与分布的尖陡程度，峰度的测定是通过计算峰度系数来实现的。

(6) 利用 Excel 描述统计数据分布特征。Excel 中常用的统计量，如平均数、中位数、众数、标准差等，既可应用统计函数计算，也可使用描述统计工具。

◇ 知识点梳理 ◇

知识点	具体内容
时期指标	说明社会经济现象在一段时期内发展变化的总结果。
时点指标	时点指标是说明社会经济现象在某一时刻的数量状况。
计划完成程度指标	用某一实际完成的指标数值与计划指标数值对比，说明计划的完成程度。
结构相对指标	在对总体按某一标志分组的基础上，用各组指标数值与总体指标数值对比求得的结果。
比例相对指标	同一总体内不同组成部分指标数值的对比，用来说明总体内部的比例关系。
比较相对指标	不同单位的同时期同类现象两个数值之比，说明现象发展的不均衡程度。
强度相对指标	两个性质不同而有联系的总量指标的比值，用以说明现象的强度、密度和普遍程度。
动态相对指标	表示同类事物在不同时间上的两个指标数值的对比。
算术平均数	总体标志总量与总体单位总量的比值。
调和平均数	总体各单位标志值倒数的算数平均数的倒数。
几何平均数	n 个比率乘积的 n 次方根。

续表

知识点	具体内容
众数	总体中出现次数最多的标志值。
中位数	把总体各单位的标志值按大小顺序加以排列，处于数列中点位置的标志值。
全距	总体各单位标志值中最大值与最小值之差。
平均差	总体各单位的标志值与其算术平均数的离差绝对值的算术平均数。
标准差	总体各单位的标志值对算术平均数离差的平方的算术平均数的平方根。
变异系数	变异指标与算术平均数的比值。
偏度	对数据分布对称性的测度。
峰度	以正态分布曲线为标准来衡量数据分布的集中程度与分布的尖陡程度。

◇ 练习题 ◇

一、单项选择题

1. 总量指标数值的大小(　　)。

A. 随总体范围扩大而增长　　B. 随总体范围扩大而减少

C. 随总体范围缩小而增加　　D. 与总体范围大小无关

2. 下列指标中属于结构相对指标的是(　　)。

A. 产值计划完成程度　　B. 某产业增加值占国内生产总值的比重

C. 产值资金占用率　　D. 百元流动资金利税率

3. 标志变异指标是反映同质总体的(　　)。

A. 集中程度　　B. 离中程度　　C. 一般水平　　D. 变动程度

4. 如果需要研究的是整个工业企业职工的人员状况，则总体单位总量是(　　)。

A. 工业工业企业的个数之和　　B. 职工工资总额

C. 工业企业的职工人数之和　　D. 工业企业的总产值

5. 计划规定单耗降低3%，实际降低了4%，则计划完成程度为(　　)。

A. 98.97%　　B. 133.33%　　C. 66.67%　　D. 100.97%

6. 比较两个性质不同的变量数列的平均数代表性大小时，应该采用(　　)。

A. 标准差　　B. 平均差　　C. 标准差系数　　D. 全距

7. 分配数列中各组标志值都增加2倍，每组次数都减少1/2，中位数(　　)。

A. 不变　　B. 增加2倍　　C. 减少1/2　　D. 无法确定

8. 测定离中趋势最常用、最基本的指标是（　　）。

A. 方差　　B. 全距　　C. 标准差　　D. 平均差

9. 众数是由变量数列中(　　)。

A. 标志值大小决定的　　B. 极端数值决定的

C. 标志值平均水平决定的　　D. 标志值出现的次数多少决定的

10. 标准差与平均差的区别主要在于(　　)。

A. 意义不同　　B. 计算结果不同

C. 计算条件不同　　D. 对离差的数学处理方式不同

二、多项选择题

1. 下列指标中，属于强度相对指标的有(　　)。

A. 人均国内生产总值　　B. 人口密度

C. 人均钢产量　　D. 人均粮食产量

2. 下列指标属于时点指标的有(　　)。

A. 人口数　　B. 新出生人口　　C. 商品库存量　　D. 国内生产总值

3. 比较相对指标可用于(　　)。

A. 不同国家、地区和单位之间的比较　　B. 实际水平与标准水平或平均水平的比较

C. 实际水平与计划水平的比较　　D. 落后水平与先进水平的比较

4. 对比两计量单位不同的变量数列标志值的离散程度，应使用（　）。

A. 平均差　　B. 平均差系数　　C. 均方差系数　　D. 标准差

5. 根据标志值在总体中所处的特殊位置确定的平均指标有(　　)。

A. 众数　　B. 调和平均数　　C. 几何平均数　　D. 中位数

6. 加权算术平均数的大小(　　)。

A. 受各组次数大小的影响

B. 受各组标志值大小的影响

C. 受各组单位数占总体单位总数比重的影响

D. 与各组标志值大小无关

7. 下列指标属于强度相对指标的有(　　)。

A. 平均工资　　B. 人均年纯收入　　C. 人均 GNP　　D. 人均煤炭产量

8. 时期指标的特征是指标的数值(　　)。

A. 可连续计数　　B. 只能间断计数　　C. 可直接相加　　D. 与时期长短有关

9. 一组数据的分布特征可以从(　　)方面进行测度。

A. 集中趋势　　B. 离中趋势　　C. 分布偏度　　D. 分布峰度

10. 中位数是(　　)。

A. 由标志值在数列中所处位置决定的　　B. 根据标志值出现的次数决定的

C. 不受总体中极端数值的影响　　D. 总体一般水平的代表值

三、判断题

1. 总量指标数值大小不随总体范围大小而变化，而相对指标和平均指标数值大小随着总体范围的大小而变化。（　　）

2. 任何变量数列都存在众数。（　　）

3. 相对指标都是用无名数形式表现出来的。（　　）

4. 算术平均数和众数一样，受极端值影响比较大。（　　）

5. 标志变异指标的数值大小与平均数代表性大小成反比。（　　）

6. 用组中值代表组内变量值的一般水平有一定的假定性，即假定变量值在本组内的分布是均匀的。（　　）

7. 偏态系数可以说明数据分布的扁平与尖峰程度。（　　）

8. 权数对加权算术平均数的影响取决于作为权数的各组单位数的绝对数大小。（　　）

9. 若两数列的标准差相等而平均数不等，则平均数小的代表性大。 ( )

10. 如果算术平均数<中位数<众数，则变量分布为右偏分布。 ( )

四、填空题

1. 权数有两种表现形式，一种是频数形式，一种是( )。

2. 众数是变量数列中( )的标志值。

3. 是非标志的标准差是 ( )。

4. 各部分所占比重之和等于( )或( )。

5. 一组数据为3、3、1、5、13、12、11、9、7，则中位数是( )。

6. 某企业产值计划比上年提高8%，产值实际提高10%，则产值计划完成程度为( )。

7. 人均国内生产总值是( )指标，人口死亡率是( )指标。

8. 某企业12月末实有设备2250台属于( )指标，甲产品年销售额7500万元属于( )指标。

9. 调和平均数有两种计算方法：( )平均法和( )平均法。

10. 相对指标的表现形式概括地说有两种：( )形式和( )形式。

五、简答题

1. 什么是总量指标？总量指标有何作用？

2. 时期指标和时点指标各有什么特点？

3. 统计中常用的相对指标有几种？各有什么作用？

4. 强度相对指标与算术平均指标有何区别？

5. 什么是平均指标？它的特点和作用如何？

6. 什么是众数？有什么特点？试举例说明其应用。

7. 什么是中位数？有什么特点？试举例说明其应用。

8. 算术平均数、众数、中位数三者的数量关系说明变量分布具有什么样的特征？

9. 什么是变异指标？测定变异指标的常用方法有哪些？各有什么特点？

10. 如何反映数据分布的形态？

六、计算题（计算结果有小数保留到0.1，0.1%）

1. 某企业上年某产品的单位成本为850元，计划规定本年单位成本降低4%，而实际降低了5%。计算该产品本年单位成本降低计划完成程度指标。

2. 某公司计划在未来五年内累计生产某类机床16000台，其中，最后一年产量达到3600台，实际完成情况如下（附表4-1）：

附表4-1

时间	第1年	第2年	第3年	第4年				第5年			
				第一季	第二季	第三季	第四季	第一季	第二季	第三季	第四季
产量	3050	3200	3400	850	910	920	930	940	950	960	970

要求：

(1) 计算该公司五年累计计划完成程度；

(2) 计算该公司提前多少时间完成累计产量计划。

3. 某集团公司所属的三个企业上半年销售额资料如下（附表 4-2）：

附表 4-2

企业	第一季度实际销售额/万元	第二季度					第二季度为第一季度的百分比/%
		计划		实际		计划完成百分比/%	
		销售额/万元	比重/%	销售额/万元	比重/%		
编号	(1)	(2)	(3)	(4)	(5)	(6)	(7)
甲	1085.6	1237.8		1362.1			
乙	1419.2	1728.3				97.0	
丙	995.5			1152.4		106.0	
合计			100.0		100.0		

要求：

(1) 计算填空；

(2) 指出各栏是何种统计指标；

(3) 如果未完成计划的企业能完成计划，公司将增加多少销售额？

4. 某企业某日员工日产量、员工人数及比重资料如下，计算员工的平均日产量（附表 4-3）。

附表 4-3

每人日产量/件	20	25	28	30	32	35	37
员工人数/人	4	6	10	15	12	5	3
员工比重/%	7.3	10.9	18.2	27.3	21.8	9.1	5.4

5. 已知某地区各工业企业产值计划完成情况及计划产值资料如下（附表 4-4）：

附表 4-4

计划完成程度/%	企业个数/个	计划产值/万元
90 以下	6	150
90~100	22	330
100~110	55	1690
110~120	24	690
120 以上	3	120
合计	110	2980

要求：

(1) 计算该地区各企业产值计划的平均完成程度；

(2) 如果表中第 3 列所给资料不是计划产值而是实际产值，试计算产值计划平均完成程度；

(3) 说明两种情形下平均数的类型。

6. 某地甲、乙两个农贸市场三种主要蔬菜价格及销售额资料如附表 4-5 所示：

附表 4-5

品种	价格/（元/千克）	销售额/万元	
		甲市场	乙市场
A	3.7	90	50
B	4.6	65	85
C	5.2	35	55

试计算：

（1）分别计算甲、乙农贸市场的蔬菜平均价格；

（2）说明两个农贸市场蔬菜平均价格不同的具体原因。

7. 有 A、B 两个企业生产同类产品，职工人数和日产量的资料如附表 4-6 所示：

附表 4-6

A 企业		B 企业	
日产量/件	职工人数/人	日产量/件	职工人数/人
350	1	320	7
440	11	510	13
580	16	640	17
760	20	810	23
830	12	860	6
990	6	1160	4
合计	70	合计	70

要求：

（1）比较哪个企业的平均日产量高；

（2）计算两个企业的标准差和标准差系数；

（3）说明哪个企业平均日产量的代表性大。

8. 从某大学二年级学生期末统计学考试中随机抽取 30 人进行调查，结果如下：

65　90　67　80　74　70　88　85　82　75　55　64　50　65　78

66　86　89　95　73　96　76　82　94　48　61　93　88　76　84

要求：

（1）把以上数据将考试成绩等距分为 5 组，组距为 10，并编制统计表；

（2）根据分组后的数据计算学生的平均成绩；

（3）计算成绩的众数与中位数，并说明成绩的分布形态；

（4）计算全距、平均差、标准差、标准差系数；

（5）若 30 位学生会计学考试的平均成绩为 80 分，标准差为 10 分，比较哪门课程的平均成绩更有代表性？

9. 某高校学生参加英语四级考试的优秀率与合格率分别为 12%和 85%，分别计算优秀率与合格率的标准差。

10. 某地某种农作物的产量与播种面积的资料如附表 4-7 所示：

附表 4-7

亩产量/千克	500~600	600~700	700~800	800~900	900~1000	1000~1100	合计
播种面积/亩	15	28	65	50	40	22	220

要求：

(1) 测定其偏度与峰度；

(2) 并说明其分布形态。

◇ 实训与案例讨论题 ◇

一、实训题

某企业某月工人的日产量与人数资料如附表 4-8 所示：

附表 4-8

日产量/件	工人人数/人	日产量/件	工人人数/人
70 以下	50	100~110	110
70~80	90	110 以上	70
80~90	150	合计	650
90~100	180		

利用 Excel 完成下列任务：

(1) 计算算术平均数；

(2) 计算众数与中位数；

(3) 计算标准差与标准差系数；

(4) 计算偏度系数与峰度系数；

(5) 对日产量的分布特征进行综合分析。

二、案例讨论题

1. 某菜市场上某鱼摊大鲫鱼每条约重 0.4 千克，售价为 20 元/千克；小鲫鱼每条约重 0.25 千克，售价为 12 元/千克。某顾客向摊主提出大、小鲫鱼各买一条，一起称重，价格为 16 元/千克，摊主应允了。问这次买卖谁占便宜了？为什么？

2. 某企业职工月工资在 2000~6000 元之间，公司决定给企业全体职工增加工资，如果给每位职工增加工资 400 元，则：

(1) 全体职工月工资的平均值、众数、中位数将分别增加多少？

(2) 用全距、平均差、标准差分别衡量职工工资的差异程度，增加工资前后各个变异指标数值会有什么变化？

(3) 增加工资前后职工工资分布的偏度与峰度有无变化？

(4) 如果每位职工增加工资的幅度是各自薪金的 5%，上述三个问题的答案又有什么不同？

第五章　时间数列分析

本章的学习目的在于掌握时间数列的概念、种类及编制原则，时间数列的水平分析及速度分析的相关概念及指标计算方法，了解时间数列的变动分析，熟悉利用Excel进行时间数列分析的方法。

［引例］　**中国高等教育的发展**

近年来，随着社会对高级专门人才需求的迅速增长以及个人对接受高等教育就学机会的迫切需要，使得高等教育以前所未有的速度发展，从精英教育走向大众化教育。

根据国家统计局发布的数据，2019 年全国共有普通高等学校 2688 所，比上年增加 25 所，增长 0. 94%；普通高等学校在校学生数 3031. 5 万人，比上年增加 200. 5 万人，增长 7. 08%；招生 914. 9 万人，增加 123. 9 万人，增长 15. 66%；毕业 758. 5 万人，比上年增加 5. 2 万人，增长 0. 69%；普通高校生师比为 18，比上年增加 0. 4，增长 2. 27%；每十万人口高等学校平均在校生数 2857 人，比上年增加 1. 07 人，增长 0. 04%。可以看出，2015~2019 年这几项指标随时间的推移呈现增长的趋势。

表 5-1　2015~2019 年我国高等教育发展的有关数据表

指标	2015	2016	2017	2018	2019
普通高等学校学校数/所	2560	2596	2631	2663	2688
普通高等学校在校学生数/万人	2625. 3	2695. 8	2753. 6	2831. 0	3031. 5
普通高等学校招生数/万人	737. 8	748. 6	761. 5	791. 0	914. 9
普通高等学校毕业生数/万人	680. 9	704. 2	735. 8	753. 3	758. 5
普通高校生师比（教师人数=1）	17. 7	17. 1	17. 5	17. 6	18. 0
每十万人口高等学校平均在校生数/人	2524	2530	2576	2658	2857

数据来源：国家统计局网站，依据“年度数据”整理。

思考：根据以上资料，可以计算哪些指标以反映我国高等教育的发展情况。

第一节　时间数列分析的基本问题

一、时间数列的概念

1. 时间数列的定义

社会经济现象总是随着时间的推移而变化，从较长时间上观察现象的发展变化，可以更好地把握其发展规律。因此，在统计研究中，还需要对现象在不同时间上的发展进行动态分析。而要进行动态分析，首先要编制时间数列。

时间数列是将某一指标数值按时间先后顺序加以排列而形成的统计序列。它可以从动态上反映社会经济现象的数量发展变化，所以也称为动态数列或时间序列。例如表 5-1 中的几个指标按时间先后顺序排列就形成了时间数列。

2. 时间数列的构成要素

观察表 5-1，可以看出时间数列一般由两个基本要素构成：

一是现象所属的时间。例如，表 5-1 中时间为 2015~2019 年。在实践中，时间数列的时间单位长短视研究目的与现象的性质而定，常用的时间单位有年、季度、月或天，也有用年、旬、周、小时等为时间单位。

二是反映客观现象的统计指标数值。例如表 5-1 中各指标不同时间的指标数值。

3. 时间数列的作用

时间数列在统计和经济分析中具有重要的作用：

（1）可以描述社会经济现象变化的过程。

（2）说明社会经济现象发展的速度和趋势。

（3）研究社会经济现象发展变化的规律，对社会经济现象的发展进行预测。

总之，编制时间数列，对时间数列进行分析与研究，有助于了解现象的发展变化规律，是社会经济统计的重要分析方法。

二、时间数列的种类

时间数列按其指标表现形式不同，可以分为总量指标时间数列、相对指标时间数列和平均指标时间数列三种。其中，总量指标时间数列是基本数列，相对指标时间数列和平均指标时间数列是派生数列。

1. 总量指标时间数列

把总量指标在不同时间上的数值按时间先后顺序排列起来就形成了总量指标时间数列，也称绝对数时间数列。它是时间数列中最基本的表现形式，反映社会经济现象在不同时间达到的规模、水平或工作总量。根据总量指标反映社会经济现象的性质不同，又可分为时期数列与时点数列。

（1）时期数列

时期数列是指把时期指标按时间先后顺序排列形成的数列。数列中各时期指标值反映现象在一段时间内累计达到的总量。例如，表 5-1 中的普通高等学校招生数与毕业生数就是时期数列。

时期数列的特点是：数列中各个指标的数值具有可加性；具有连续统计的特点；数列中的各个指标数值大小与时期的长短有直接的联系，一般地时期越长，指标数值越大，时期越短，指标数值越小。

（2）时点数列

时点数列是指把时点指标按时间先后顺序排列形成的数列。数列中各时点指标值反映现象在某一时点或某一瞬间所达到的水平。例如，表 5-1 中的普通高等学校学校数与在校学生数就是时点数列。

时点数列的特点是：数列中各个指标数值不具有可加性；不具有连续统计的特点；数列中每个指标数值的大小与时间间隔长短没有直接的关系。所以，依据时期数列和时点数列计算其他各种指标时的方法是不同的。

2. 相对指标时间数列

把相对指标按时间先后顺序排列而形成的时间数列称为相对指标时间数列。它反映社会经济现象之间数量对比关系的发展变化过程。例如，表5-1中普通高校生师比、每十万人口高等学校平均在校生数就是相对指标时间数列。在相对指标时间数列中，由于各个指标的计算基础不同，因此各项指标值不能直接相加。

3. 平均指标时间数列

把平均指标按时间先后顺序排列形成的时间数列即为平均指标时间数列。它反映社会经济现象一般水平在不同时间上的发展变化情况。例如，把某企业各年的劳动生产率、职工平均工资排列起来就是平均指标时间数列。在平均指标时间数列中，各个指标的数值也是不能相加的。

三、编制时间数列的原则

编制时间数列是进行时间数列分析的基础。时间数列要能够正确地反映被研究现象的发展变化及其规律，保证时间数列中的各个指标数值的可比性，这是编制时间数列的基本原则。这种可比性具体表现在以下四方面：

1. 时间长短应该一致

时期数列的指标数值具有可加性，因此，指标数值的大小与指标包含的时间长短有直接的关系。一般情况下，要求时期数列中指标所包含的时期长短前后应一致，以便于进行对比分析。但是，在特殊研究目的下，也可以将时期不同的指标编制成动态数列。

对于时点数列，各指标数值间的时间间隔最好相等，这样便于分析对比，也便于进一步计算动态分析指标。例如，时间数列中都采用年末数据或年初数据，如果出现年初、年末数据混合的情况是不合适的。

2. 总体范围应该一致

总体范围包括空间范围与单位范围两个层面。在时间数列中，各指标所包含的总体范围前后应该一致。否则，必须将资料进行适当的调整，以求总体范围的统一，然后再作动态分析。例如，重庆市成为直辖市后，四川省历年统计资料所包括的总体范围就发生了变化，进行动态比较时就要进行相应的调整。

3. 计算方法应该统一

时间数列中各项指标的计算口径、计量单位、计算价格和计算方法等应该一致，否则不便于动态对比。如果有不同的，需要进行相应调整后再进行对比分析。例如。计算企业劳动生产率时，其分子产量可以采用实物产量指标，也可采用价值产量指标，价值产量指标的价格又有现行价格与不变价格之分，因此编制时间数列时要保证其可比性。

4. 经济内容应该相同

一般来说，只有同质的现象才能进行动态对比，才能表明现象发展变化的过程及趋势。因此，保证指标经济内容的一致性是十分必要的。如果经济内容发生了变化，就需要作出调整，以保证其可比性。

第二节 时间数列的水平分析

根据时间数列可以进行现象的动态分析。动态分析包括分析现象的发展水平和现象的发展速度。其中，水平分析是速度分析的基础，速度分析是水平分析的继续。时间数列水平分析的主要指标有发展水平、平均发展水平、增长量、平均增长量等。

一、发展水平

发展水平是借助时间数列对现象进行水平分析的常用指标。发展水平又称发展量，它是时间数列中每一项具体的指标数值，反映社会经济现象在不同时间上所达到的规模和发展的程度。发展水平既可以是总量指标（如工资总额、年末人数等）发展水平；也可以是相对指标（如人均粮食产量）或平均指标（如劳动生产率）发展水平。发展水平是计算其他时间数列分析指标的基础。

根据各发展水平在时间数列中所处的位置不同，可以分为：最初水平、最末水平。最初水平是指时间数列中第一项的水平，用 a_0 表示。最末水平是指时间数列中最后一项的水平，用 a_n 表示。

根据各发展水平在时间数列中作用不同，发展水平分为报告期水平、基期水平等。报告期水平是指所研究时期的发展水平，基期水平是指作为对比时期的发展水平。

需要注意的是：发展水平随着动态分析的目的、任务的改变而变动它的位置。例如，一个时间数列的最末水平，可能是另一个数列的最初水平；某一发展水平现在为报告期水平，将来可能是基期水平。

发展水平在文字上习惯用“增加到”“降低到”“增加为”“降低为”来表示。例如，某工业企业工业增加值由 2019 年的 1000 万元增加到 2020 年的 1310 万元，单位产品成本由 230 元/件降低到 216 元/件。

二、平均发展水平

平均发展水平是将不同时间的发展水平加以平均而得到的平均数，在统计上又称为序时平均数。它与一般平均数有共同之处，都是将各个变量值的差异抽象化了，但又有区别。平均发展水平平均的是现象在不同时期上的数量表现，是根据动态数列计算的，从动态上说明在某一时期内现象发展的一般水平，也称动态平均数。一般平均数是将总体各单位同一时间数量差异抽象化，是根据变量数列计算的，从静态上说明总体某个数量标志的一般水平，不反映现象随时间变动情况，也称静态平均数。

平均发展水平可以根据总量指标时间数列计算，也可以根据相对指标时间数列或平均指标时间数列计算。其中，根据总量指标时间数列计算序时平均数是最基本的方法。

1. 根据总量指标时间数列计算序时平均数

（1）根据时期数列计算

由于时期数列中各项指标值可以相加，因此根据时期数列计算平均发展水平可以采用简单算术平均法。其计算公式为：

$$\bar{a}=\frac{a_1+a_2+\cdots+a_n}{n}=\frac{\sum a}{n} \tag{5-1}$$

式中，$\bar{a}$ 表示序时平均数；a 表示数列中各个时期的发展水平；n 表示时期的项数。

（2）根据时点数列计算

由于掌握的时点资料齐备和详尽程度不同，依据时点数列计算序时平均数的方法也有所不同。

① 在持有现象逐日资料时，可以用简单算术平均法计算序时平均数。计算公式为：

$$\bar{a}=\frac{\sum a}{n} \tag{5-2}$$

② 如果资料每隔一段时期才有变动，则可以把每次资料持续不变的时间长度作为权数，用加权算术平均法计算序时平均数。计算公式为：

$$\bar{a}=\frac{\sum af}{\sum f} \tag{5-3}$$

例如，某厂工人人数 3 月 1 日为 258 人，3 月 11 日增加到 278 人，则 3 月份平均工人人数为：

$$\bar{a}=\frac{258\times 10+278\times 21}{31}=\frac{8418}{31}=272(\text{人})$$

③ 在许多情况下，只能每隔一定时期对现象登记一次，则组成时间间隔相等的间断时点数列。这时，可以采用“首尾折半法”计算序时平均数。计算时假定指标值在两个时点之间的变动是均匀的，先求两时点指标值的平均数，再根据这些平均数进行简单平均。计算公式为：

$$\bar{a}=\frac{a_1/2+a_2+\cdots+a_{n-1}+a_n/2}{n-1} \tag{5-4}$$

式中，n 为时点的项数。

例如，某企业某年第二季度职工人数为：3 月 31 日 435 人，4 月 30 日 452 人，5 月 31 日 462 人，6 月 30 日 576 人，试计算第二季度职工平均人数。

$$\bar{a}=\frac{435/2+452+462+576/2}{4-1}=473(\text{人})$$

④ 如果时点数列中各项指标数值的时间间隔不相等，则组成间隔不等的间断时点数列。这时，应采用以时间间隔为权数的加权算术平均法计算序时平均数。计算公式为：

$$\bar{a}=\frac{\frac{a_1+a_2}{2}\cdot f_1+\frac{a_2+a_3}{2}\cdot f_2+\cdots+\frac{a_{n-1}+a_n}{2}\cdot f_{n-1}}{f_1+f_2+\cdots+f_{n-1}} \tag{5-5}$$

式中，f 为时间间隔。

用这种方法计算的序时平均数具有一定的假定性：假定现象在各时点间的变动是均匀的。因此，时间间隔越大，其假定性越大，准确程度就越差。

例如，某企业上半年某产品库存量如表 5-2 所示，计算该产品上半年平均库存量。

表 5-2　某企业某产品上半年库存量统计表

时间	1 月 1 日	2 月 1 日	5 月 1 日	6 月 30 日
库存量/台	240	120	600	150

$$平均库存 = \frac{\frac{240+120}{2}\times 1+\frac{120+600}{2}\times 3+\frac{600+150}{2}\times 2}{1+3+2} = 335(台)$$

2. 根据相对指标或平均指标时间数列计算序时平均数

不论是相对指标时间数列，还是平均指标时间数列，都是由具有相互联系的两个总量指标动态数列对比构成的。计算序时平均数时，可以先分别计算出这两个总量指标动态数列的序时平均数，然后进行对比，求得相对指标时间数列或平均指标时间数列的序时平均数。用公式表示为：

$$\bar{c} = \frac{\bar{a}}{\bar{b}} \tag{5-6}$$

式中，$\bar{c}$ 为相对指标或平均指标时间数列的序时平均数；

$\bar{a}$ 为分子总量指标时间数列的序时平均数；

$\bar{b}$ 为分母总量指标时间数列的序时平均数。

例如，某企业第二季度职工人数资料见表 5-3，计算该企业第二季度生产工人在全部职工中所占的比重。

表 5-3　某企业第二季度职工人数统计表

指标	3 月 31 日	4 月 30 日	5 月 31 日	6 月 30 日
生产工人数 a/人	440	456	462	510
全部职工 b/人	588	592	600	640
生产工人占全部职工的比重 c/%	74.8	77.0	77.0	79.7

上述资料属于间隔相等的间断时点数列。要计算该企业第二季度生产工人在全部职工中所占的比重，首先要计算出第二季度生产工人与全部职工平均人数，然后再进行对比，才能求得。即：

$$\bar{c}=\frac{\bar{a}}{\bar{b}}=\frac{\frac{440/2+456+462+510/2}{4-1}}{\frac{588/2+592+600+640/2}{4-1}}=\frac{\frac{1393}{3}}{\frac{1806}{3}}=77.1\%$$

当已知两个时期数列构成的相对指标或平均指标动态数列时，序时平均数实际上就是两个时期数列的各个时期总量之比。

例如，已知某企业 2017~2020 年的计划产值与计划完成程度指标（表 5-4），计算该企业产值平均计划完成程度。

该企业产值平均完成程度为：

表 5-4　某企业 2017~2020 年计划完成情况统计表

指标	2017	2018	2019	2020
计划产值 b/万元	860	887	875	898
计划完成百分比 c/%	130	135	138	125

$$\bar{c}=\frac{\sum bc}{\sum b}=\frac{860\times 130\%+887\times 135\%+875\times 138\%+898\times 125\%}{860+887+875+898}=132\%$$

三、增长量

增长量是时间数列中报告期水平与基期水平之差，说明某种现象增长的绝对数量。其计算公式为：

$$增长量=报告期发展水平-基期发展水平 \tag{5-7}$$

增长量可以是正数，也可以是负数，表明现象在一定时期内增加或减少的绝对量。

由于比较时所用的基期不同，增长量又可以分为逐期增长量与累计增长量两种。

（1）逐期增长量

逐期增长量是报告期水平减去前一期水平，说明现象逐期增加的数量。可以表示为：

$$逐期增长量：a_1-a_0，a_2-a_1，a_3-a_2，\cdots，a_n-a_{n-1} \tag{5-8}$$

（2）累计增长量

累计增长量是报告期水平与某一固定期水平的差，说明现象在某一时期内的总增长量。可以表示为：

$$累计增长量：a_1-a_0，a_2-a_0，a_3-a_0，\cdots，a_n-a_0 \tag{5-9}$$

从上式可以看出，两种增长量之间具有一定的关系：一是逐期增长量的和等于相应的累计增长量；二是相邻的两个累计增长量之差等于相对应的逐期增长量。

在统计分析工作中，为了消除季节变动的影响，也常计算本期发展水平与去年同期水平对比的增减数量，称为年距增长量。

四、平均增长量

平均增长量是各个逐期增长量的平均数，用来说明某种现象在一定时期内平均每期增长的数量。计算平均增长量是将各个逐期增长量相加后除以其项数。由于各个逐期增长量的和等于累计增长量，因此也可以直接以累计增长量除以时间数列的项数减 1 求得。其计算公式为：

$$平均增长量=\frac{逐期增长量之和}{逐期增长量的项数}=\frac{累计增长量}{时间数列项数-1} \tag{5-10}$$

第三节　时间数列的速度分析

时间数列的速度分析指标主要包括发展速度、增长速度、平均发展速度与平均增长速度。

一、发展速度

发展速度是表明社会经济现象发展变动程度的动态相对指标。发展速度是根据两个不同时期发展水平对比求得的，说明报告期水平是基期水平的百分比或若干倍。其计算公式为：

$$发展速度=\frac{报告期水平}{基期水平} \tag{5-11}$$

发展速度一般用百分数表示，若大于100%，表示上升；若小于100%，表示下降。在评价社会经济现象发展状况时，要考虑指标的性质。一般来说，正指标大于100%为好，逆指标小于100%为好。

由于采用的基期不同，发展速度可以分为定基发展速度与环比发展速度。

（1）定基发展速度

定基发展速度是报告期水平与某一固定期水平之比，说明社会经济现象在一个较长时间内的变动程度。因此，有时也叫作“总速度”。用算式表示为：

$$定基发展速度：\frac{a_1}{a_0},\ \frac{a_2}{a_0},\ \frac{a_3}{a_0},\ \cdots,\ \frac{a_n}{a_0} \tag{5-12}$$

（2）环比发展速度

环比发展速度是报告期水平与前一期水平之比，说明报告期水平与前一期水平相比逐期发展变动的程度。如果计算的时间单位是一年，则该指标也可以称为“年速度”。用算式表示为：

$$环比发展速度：\frac{a_1}{a_0},\ \frac{a_2}{a_1},\ \frac{a_3}{a_2},\ \cdots,\ \frac{a_n}{a_{n-1}} \tag{5-13}$$

定基发展速度与环比发展速度均为正值，两者之间存在着一定的关系：一是环比发展速度的连乘积等于相应的定基发展速度；二是两个相邻时期的定基发展速度之商，等于相应的环比发展速度。根据以上的数量关系，可以对发展速度进行相互推算。

例如，某企业某产品产量2019年比2017年增长50%，2020年比2017年增长56%。试计算该企业2020年比2019年的产量发展速度。

当已知相邻时期的定基发展速度时，可以利用二者之商求出环比发展速度。即：

$$产量环比发展速度=\frac{156\%}{150\%}=104\%$$

二、增长速度

增长速度是反映社会经济现象增长程度的相对指标，它是由增长量与基期水平对比而得的，用以说明报告期水平比基期水平增加了若干倍或百分之几。用公式表示为：

$$增长速度 = \frac{报告期水平 - 基期水平}{基期水平} = \frac{增长量}{基期水平} = 发展速度 - 100\% \quad (5-14)$$

由于采用的基期不同，增长速度可以分为定基增长速度与环比增长速度两种。

(1) 定基增长速度

定基增长速度是报告期累计增长量与某一固定的基期水平之比，表明社会经济现象在较长时期内总的增长程度。其计算公式为：

$$定基增长速度 = \frac{累计增长量}{某一固定基期水平} = 定基发展速度 - 100\% \quad (5-15)$$

(2) 环比增长速度

环比增长速度是逐期增长量与前一期发展水平之比，表明社会经济现象逐期增长的程度。计算公式为：

$$环比增长速度 = \frac{逐期增长量}{前一期水平} = 环比发展速度 - 100\% \quad (5-16)$$

定基增长速度和环比增长速度是发展速度的派生指标，只反映增长部分的相对程度，取值可正可负。定基增长速度和环比增长速度之间不存在乘积的关系和商的关系。如果要由环比增长速度求定基增长速度，就必须将环比增长速度加 1 再连乘求出定基发展速度，并将所得的结果再减 1，才能求得定基增长速度。

以上各项指标的具体计算结果见表 5-5。

表 5-5　各种动态指标计算表

年份		2015 (a_0)	2016 (a_1)	2017 (a_2)	2018 (a_3)	2019 (a_4)	2020 (a_5)
产量/万吨		31800	35300	36600	45000	50000	57000
增长量/万吨	逐期	—	3500	1300	8400	5000	7000
	累计	—	3500	4800	13200	18200	25200
发展速度/%	环比	—	111.0	103.7	123.0	111.1	114.0
	定基	100.0	111.0	115.1	141.5	157.2	179.2
增长速度/%	环比	—	11.0	3.7	23.0	11.1	14.0
	定基	—	11.0	15.1	41.5	57.2	79.2

$$五年平均产量 = \frac{35300+36600+45000+50000+57000}{5} = \frac{223900}{5} = 44780\text{（万吨）}$$

$$五年平均增长量 = \frac{25200}{5} = 5040\text{(万吨)}$$

三、平均发展速度与平均增长速度

平均速度指标包括平均发展速度和平均增长速度两个指标。在对比不同发展阶段的发展速度，对比不同国家、地区或企业经济发展情况时，常用到平均速度指标。

1. 平均发展速度

平均发展速度是各个时期环比发展速度的平均数，说明社会经济现象在较长时期内速度变化的平均程度。平均发展速度是一种动态平均数，但是不能按计算序时平均数的方法来计算，通常采用两种方法计算平均发展速度。

（1）几何平均法

平均发展速度的几何平均法，也称水平法。用水平法计算平均发展速度的理论依据是，从最初水平出发，每期按照环比发展速度发展，就可以达到末期水平。计算公式为：

$$\overline{X}=\sqrt[n]{\frac{a_n}{a_0}} \tag{5-17}$$

由于各个环比发展速度的连乘积等于定基发展速度。因此，如果用 X 表示各期环比发展速度，则：

$$\overline{X}=\sqrt[n]{X_1\cdot X_2\cdot X_3\cdot\cdots\cdot X_n}=\sqrt[n]{\prod X} \tag{5-18}$$

式中，$\prod$ 为连乘符号。

在实际工作中使用哪个公式计算平均发展速度，则要根据掌握的资料来决定。以表 5-5的资料为例计算平均发展速度为：

$$\overline{X}=\sqrt[5]{\frac{57000}{31800}}=\sqrt[5]{1.79245}=112.3\%$$

若现象的发展过程划分为几个时期，已知各时期的平均发展速度，要求计算全过程的平均发展速度。此时，要以各时期的年数为权数，用加权几何平均法计算平均发展速度。计算公式为：

$$\overline{X}=\sqrt[\sum f]{X_1^{f_1}X_2^{f_2}\cdots X_n^{f_n}}=\sqrt[\sum f]{\prod X^f} \tag{5-19}$$

式中，f 代表各平均发展速度所代表的年数。

例如，某企业 2016~2018 年三年产值平均发展速度为 107%，2019~2020 年两年产值平均发展速度为 108.2%，则五年的平均发展速度为：

$$\overline{X}=\sqrt[5]{1.07^3\times1.082^2}=107.5\%$$

（2）方程法

方程法又称累计法，它是以各期发展水平的总和与基期水平之比为基础来计算平均发展速度的方法。通过解方程，求得的正根就是所要求的年平均发展速度。

$$\overline{X}+\overline{X}^2+\overline{X}^3+\cdots+\overline{X}^n=\frac{\sum a}{a_0} \tag{5-20}$$

由于解方程式比较复杂，因此，在实际工作中，都是根据事先编好的《平均增长速度查对表》来查找求解的。这种方法适用于各期发展水平上下波动比较大的经济现象。

以上两种方法可以根据计算对象的不同特点来加以选择。几何平均法侧重于考察最末一年的发展水平，不反映中间各项水平的变化，在经济发展情况比较平稳时运用这种方法比较合适。方程法侧重于考察全期各年发展水平的总和，能反映间隔期内中间各个时期的变化情况，适用于中间各期发展水平忽高忽低的情况。几何平均法是计算平均发展速度的常用方法。

不论运用哪种方法计算平均发展速度指标，都需要把这些指标与各时期的发展水平、发展速度等指标结合起来进行分析。

2. 平均增长速度

平均增长速度是时间数列中各个环比增长速度的平均数，说明社会经济现象在一个较长时期中逐年平均增长变化的程度。

平均增长速度不能根据各期环比增长速度来直接进行序时平均，因为各期环比增长速度的连乘积不等于总增长速度。在计算时需要依据与平均发展速度的关系来求得：

$$平均增长速度=平均发展速度-1\ （或\ 100\%） \tag{5-21}$$

以表 5-5 的资料为例计算平均增长速度：

$$平均增长速度=112.3\%-1=12.3\%$$

平均发展速度只能取正值，而平均增长速度则可正可负，负值表示现象逐期平均递减的程度，正值表明现象在一定发展阶段内逐期平均递增的程度。平均发展速度和平均增长速度是非常重要并应用广泛的动态分析指标。

四、速度指标分析应注意的问题

在实际工作中，人们常用速度指标来反映现象发展变化的程度，但有时也会出现误用的情况，在应用速度指标分析实际问题时应注意以下几方面的问题：

（1）结合基期水平进行分析

从数量关系上看，相同的报告期水平，基期水平低则速度就高；基期水平高则速度就低。因此高速度可能掩盖低水平，不能单纯就速度论速度，要把速度指标与基期水平结合进行分析。

（2）注意异常数据

当时间数列中发展水平有 0 或者负值时，不宜计算速度指标。假设某企业连续五年的利润额分别为 8 万元、5 万元、0 万元、-3 万元、10 万元，适宜直接用绝对数进行分析。

（3）总平均发展速度与分段平均速度及环比速度结合分析

在分析较长历史时期的动态资料时，需要用分段平均速度来补充说明总平均速度。因为总平均速度指标只能笼统地说明现象在较长时期内逐年平均发展或增长程度，无法反映现象发展过程的变化情况。因而有必要用分段平均速度补充说明总平均速度。例如，在资料中有几期增长速度快，又有几期增长速度慢，就需要分段进行研究，利用分段平均速度及环比速度补充说明总平均发展速度。

（4）将速度指标与水平指标结合分析

这样可以从相对变动与绝对变动方面综合全面认识现象的变化。两者结合最有代表性的指标是增长 1%的绝对值，用来补充增长速度的实际效果。其计算公式为：

$$增长\ 1\%的绝对值=\frac{逐期增长量}{环比增长速度\times100}=\frac{前期水平}{100} \tag{5-22}$$

以表 5-5 数据为例，2016~2020 年，各年增长 1%的绝对值分别是：318、353、366、450、500 万吨。

第四节　时间数列的变动分析

一、现象变动的趋势类型

1. 长期趋势

长期趋势就是现象在一段较长时间内，由于普遍的、持续的、决定性的因素作用，使发展水平沿一个方向逐渐向上或向下变动的趋势。如股票市场的“牛市”和“熊市”。

按变动方向不同，长期趋势有上升趋势、下降趋势和水平趋势三种；按变化的形态来分，长期趋势可分为线性长期趋势和非线性长期趋势两类。

2. 季节变动

季节变动是指现象受季节影响而发生的有规律的周期性波动。其特点是：在一年或更短时间内随着时序的更换，使现象呈周期重复的变化。例如，农产品的生产与销售有旺季、淡季等；铁路、航空等客运量在春运和旅游旺季呈现高峰。

3. 循环变动

循环变动是指现象在若干年呈现涨落相同、峰谷交替的周期性波动。例如，经济增长一般有复苏、繁荣、衰退、萧条的周期性变化。

4. 不规则变动

不规则变动是指没有规律可循的变动。它是时间数列中除了上述 3 种变动之外剩余的一种变动，又称剩余变动。不规则变动可分为随机扰动和异常变动两类。例如，现象由于受重大自然灾害、战乱等因素引起无周期性波动。

二、长期趋势测定

长期趋势是时间数列的主要类型，对长期趋势进行测定，可以认识现象发展变化的基本趋势和规律，是统计预测的重要依据。

1. 时距扩大法

时距扩大法是将时间序列的时间单位予以扩大，并将相应时间内的指标值加以合并，从而得到一个扩大了时距的时间序列。

作用：消除较小时距单位内偶然因素的影响，显示现象变动的基本趋势。

表 5-6　某企业各月销售额情况统计表

月份	1月	2月	3月	4月	5月	6月	7月	8月	9月	10月	11月	12月
销售额/万元	52	46	56	60	55	67	63	69	67	71	75	77

从表 5-6 可以看出，该企业各月的销售额起伏不定，趋势不明显，现将时距扩大为季度，整理后的数据见表 5-7，可以看出各季度销售额呈现出明显的上升趋势。

表 5-7 某企业各月销售额情况统计表

季度	第 1 季度	第 2 季度	第 3 季度	第 4 季度
销售额/万元	154	182	199	223

需要注意的是：

(1) 适用于时期数列，不适用于时点数列、相对数时间数列和平均数时间数列。

(2) 同一时间数列，扩大的时距应当一致，以便前后时距数据具有可比性。

(3) 时距跨度长短应视研究现象的具体特点而定，应逐步扩大，直到趋势方向清晰。

2. *移动平均法*

移动平均法是对时间数列各项数值，按一定时距进行逐期移动，计算出一系列序时平均数形成派生的平均数时间数列，达到对原序列进行修匀的目的，显示出原数列的长期趋势。

移动平均法测定长期趋势简单、灵活，有着较为广泛的应用。

3. *趋势模型法*

根据时间序列的数据特征，建立一个合适的趋势方程来描述时间序列的趋势变动，推算各时期的趋势值。主要包括：线性趋势方程、曲线趋势方程、指数曲线方程等。

三、季节变动测定

季节变动的“季节”泛指有规律的、按一定周期重复出现的变化，一般指周期长度在一年以内（半年、季、月、周、日）的周期变化。季节变动的测定可以为相关决策提供依据；有利于消除时间数列中季节变动的影响；便于进行其他因素分析。

测定季节变动的方法有很多，常用的方法有两种：一是不考虑长期趋势的影响，直接用原始序列资料测定季节变动；二是先剔除原始序列中的长期趋势，再测定季节变动。这两种方法都需要有连续多年的各月（季）等资料，以保证所求季节比率具有代表性。季节比率也称季节指数，它是用各月（季）的平均数除以总平均数而求得的，其意义是：如果没有季节变动，各月（季）的比率应该相同，为 100%；如果不同，就说明存在季节变动，季节比率大于 100%，说明其发展水平高于一般水平，属于“旺季”；季节比率小于 100%，说明其发展水平低于一般水平，属于“淡季”。

四、循环变动测定

循环变动往往存在一个较长时期里，其变动规律不固定，变动周期一般在一年以上，周期长短不一，有时多种不同长度的周期混杂在一起。分析循环变动的目的是研究其波动规律，分析引起循环变动的原因，对现象发展做出科学预测，为制定决策方案提供依据。

常用的循环变动测定方法有两种：直接法和剩余法。用直接法测定循环变动有两种方式：一是将每年各月（季）数值与上一年同期数值对比，所求得的相对数大体可消除季节变动和长期趋势；二是将每年各月（季）数值较上年同期增长部分除以前一年对应月份（季）数值，得出的相对数大体表示循环变动。直接法简单易行，但是存在一定局限性，实践中常用剩余法测定循环变动的程度。剩余法又称残余法，对各期时间数列资料用长期趋势和季节指数消除趋势变动和季节变动，得到反映循环变动与不规则变动的数列，再采用移动平均法消除不规则变动，得到剩余的变动数列可以反映数列循环变动特征。

第五节　利用 Excel 进行时间数列分析

用 Excel 计算动态指标，在熟练掌握动态指标计算公式的前提下，在相应单元格以“=”开头，输入相应公式。下面以 2013~2019 年大庆市国内生产总值列表为例（见图 5-1），计算水平指标（逐期增长量、累计增长量和平均增长量）和速度指标（定基发展速度、环比发展速度和平均发展速度）。

	A	B
1	年份	国内生产总值（亿元）
2	2013	4181.5
3	2014	4070
4	2015	2983.5
5	2016	2610
6	2017	2680.5
7	2018	2801.2
8	2019	2568.3

图 5-1　2013-2019 年大庆市国内生产总值

计算步骤如下：

（1）计算逐期增长量：在 C3 中输入公式：=B3-B2，并用鼠标拖曳将公式复制到 C3：C8 区域。

（2）计算累计增长量：在 D3 中输入公式：=B3- $B $2，并用鼠标拖曳公式复制到 D3：D8 区域。

（3）计算平均增长量（水平法）：在 C10 中输入公式：=（B8-B2）/6，按回车键，即可得到平均增长量。

（4）计算定基发展速度：在 E3 中输入公式：=B3/ $B $2，并用鼠标拖曳将公式复制到 E3：E8 区域。

（5）计算环比发展速度：在 F3 中输入公式：=B3/B2，并用鼠标拖曳将公式复制到 F3：F8 区域。

（6）计算平均发展速度（水平法）：选中 C11 单元格，单击“插入函数”按钮“f_x”，选择函数选项，出现插入函数对话框后，选择 GEOMEAN（返回几何平均值）函数，在数值区域中输入 F3：F8 即可。计算结果见图 5-2。

	A	B	C	D	E	F
1	年份	国内生产总值（亿元）	逐期增长量（亿元）	累计增长量（亿元）	定基发展速度（%）	环比发展速度（%）
2	2013	4181.5				
3	2014	4070	-111.50	-111.5	97.33	97.33
4	2015	2983.5	-1086.50	-1198	73.30	71.35
5	2016	2610	-373.50	-1571.5	87.48	62.42
6	2017	2680.5	70.50	-1501	102.70	64.10
7	2018	2801.2	120.70	-1380.3	104.50	66.99
8	2019	2568.3	-232.90	-1613.2	91.69	61.42
9						
10		平均增长量=	-268.87			
11		平均发展速度=	69.67			

图 5-2

◇ 本章要点 ◇

（1）时间数列分析的基本问题。时间数列是将某一指标数值按时间先后顺序加以排列而形成的统计序列。其构成基本要素：一是现象所属的时间，二是反映客观现象的统计指标数值。可分为总量指标时间数列、相对指标时间数列和平均指标时间数列三种。总量指标时间数列又分时期数列与时点数列。在编制时间数列时，要遵循可比原则。

(2) 时间数列的水平分析。①发展水平就是时间数列中每一项具体的指标数值。发展水平随着动态分析的目的、任务的改变而变动其位置。②平均发展水平是将不同时间的发展水平加以平均而得到的平均数。根据总量指标时间数列计算序时平均数有以下几种：时期数列计算序时平均数时采用简单算术平均法；对于连续的时点数列采用算术平均法；对于时间间隔相等的时点数列采用首尾折半法；对于间隔不等的时点数列采用加权算术平均法。根据相对指标或平均指标时间数列计算序时平均数时，可以先分别计算出这两个总量指标动态数列的序时平均数，然后进行对比，求得相对指标时间数列或平均指标时间数列的序时平均数。③增长量是报告期水平与基期水平之差，说明某种现象增长的绝对数量。可分为逐期增长量与累计增长量，二者存在和的关系和差的关系。④平均增长量是各个逐期增长量的平均数，可以将各个逐期增长量相加后除以其项数、也可以直接以累计增长量除以时间数列的项数减 1 求得。

(3) 时间数列的速度分析。①发展速度是两个不同时期发展水平对比求得的，说明报告期水平是基期水平的百分比或若干倍。分为定基发展速度与环比发展速度。二者存在乘积的关系与商的关系。②增长速度是由增长量与基期水平对比而得的，用以说明报告期水平比基期水平增加了若干倍或百分之几。可分为定基增长速度与环比增长速度，二者之间不存在关系。③平均发展速度是各个时期环比发展速度的平均数，说明社会经济现象在较长时期内速度变化的平均程度。可以用几何平均法和方程法求得。④平均增长速度是各个环比增长速度的平均数，说明社会经济现象在一个较长时期中逐年平均增长变化的程度，可以用平均发展速度减去 1 求得。

(4) 时间数列的变动分析。长期趋势测定的主要方法有时距扩大法、移动平均法、趋势模型法等；季节变动的测定有两种方法：不考虑长期趋势的影响，直接用原始序列资料测定季节变动；先剔除原始序列中的长期趋势，再测定季节变动；循环变动的测定有直接法和剩余法等两种方法。

(5) 利用 Excel 进行时间数列分析。用 Excel 计算动态指标，在相应单元格以“=”开头，输入发展水平指标及发展速度指标相应的计算公式。

◇ 知识点梳理 ◇

知识点	具体内容
时期数列	把时期指标按时间先后顺序排列形成的数列。
时点数列	把时点指标按时间先后顺序排列形成的数列。
相对指标时间数列	把相对指标按时间先后顺序排列而形成的数列。
平均指标时间数列	把平均指标按时间先后顺序排列形成的数列。
发展水平	时间数列中每一项具体的指标数值。
平均发展水平	将不同时间的发展水平加以平均而得到的平均数。
增长量	时间数列中报告期水平与基期水平之差。

续表

知识点	具体内容
平均增长量	各个逐期增长量的平均数。
发展速度	根据两个不同时期发展水平对比而求得。
增长速度	由增长量与基期水平对比而求得。
平均发展速度	各个时期环比发展速度的平均数。
平均增长速度	时间数列中各个环比增长速度的平均数。

◇ 练习题 ◇

一、单项选择题

1. 若无季节变动，则季节指数应该是(　　)。

A. 等于 0　　B. 等于 100%　　C. 大于 100%　　D. 小于 100%

2. 时间数列中所排列的指标数值(　　)。

A. 只能是绝对数

B. 只能是相对数

C. 只能是平均数

D. 可以是绝对数，也可以是相对数或平均数

3. 对时间数列进行动态分析的基础指标是(　　)。

A. 发展水平　　B. 平均发展水平

C. 发展速度　　D. 平均发展速度

4. 下面四个动态数列中，属时点数列的是(　　)。

A. 历年招生人数动态数列　　B. 历年增加在校生人数动态数列

C. 历年在校生人数动态数列　　D. 历年毕业生人数动态数列

5. 由时点数列计算序时平均数，其假定条件是研究现象在相邻两个时点之间的变动为(　　)的。

A. 连续　　B. 间断　　C. 稳定　　D. 均匀

6. 某企业在价格不变的条件下，某产品报告期销售量比基期销售量增长 10%，则报告期销售额比基期增长(　　)。

A. 1%　　B. 5%　　C. 10%　　D. 3%

7. 发展速度与增长速度的关系是(　　)。

A. 定基发展速度-1 等于环比增长速度

B. 环比增长速度的连乘积等于环比发展速度

C. 环比发展速度-1 等于环比增长速度

D. 定基增长速度的连乘积等于定基发展速度

8. 某企业产品产量年年增加 500 万吨，则其产量的环比增长速度(　　)。

A. 年年下降　　B. 年年增长　　C. 年年保持不变　　D. 无法做结论

9. 下列时间数列分析指标中不取负值的是(　　)。

A. 增长量　　B. 增长速度　　C. 发展速度　　D. 平均增长速度

10. 逐日登记资料的时点数列计算序时平均数应采用(　　)法。

A. 几何平均　　B. 首末折半　　C. 简单算术平均　　D. 加权序时平均

二、多项选择题

1. 下列等式中，正确的有(　　)。

A. 环比发展速度=环比增长速度+1　　B. 平均增长速度=平均发展速度-1

C. 增长速度=发展速度-1　　D. 定基发展速度=定基增长速度+1

2. 根据时间数列中不同时期的发展水平所求的平均数称为(　　)。

A. 序时平均数　　B. 算术平均数　　C. 调和平均数　　D. 平均发展水平

3. 构成时间数列的基本要素是(　　)。

A. 现象所属时间　　B. 标志

C. 指标名称　　D. 反映客观现象的统计指标数值

4. 编制时间数列的原则有(　　)。

A. 时间长短应一致　　B. 总体范围应一致

C. 计算方法应统一　　D. 指标经济内容应相同

5. 时间数列中，各项指标数值直接相加没有实际意义的有(　　)。

A. 相对数时间数列　　B. 时期数列

C. 时点数列　　D. 平均数时间数列

6. (　　)属于由两个时期数列对比构成的相对数或平均数动态数列。

A. 工业企业全员劳动生产率数列　　B. 百元产值利润率动态数列

C. 产品产量计划完成程度动态数列　　D. 某单位人员构成动态数列

7. 计算平均发展速度的方法有(　　)。

A. 几何法平均法　　B. 算术平均法　　C. 方程法　　D. 序时平均法

8. 用于分析时间数列现象发展水平的指标有(　　)。

A. 发展速度　　B. 发展水平　　C. 平均发展水平　　D. 平均发展速度

9. 某企业历年年末职工人数形成的数列是(　　)。

A. 时间数列　　B. 变量数列　　C. 时期数列　　D. 时点数列

10. 某企业今年某产品销售额为1000万元，上年为800万元，则(　　)。

A. 今年比上年增长125%　　B. 今年是上年的1.25倍

C. 今年比上年增长25%　　D. 今年比上年增加200万元

三、判断题

1. 两个相邻时期的定基发展速度的商，等于相应的环比发展速度。(　　)

2. 增长量指标的单位与原数列发展水平的单位是不相同的。(　　)

3. 编制时间数列的基本原则是保证数列中各个指标值具有可加性。(　　)

4. 定基发展速度等于其相应的各个环比发展速度的连乘积，所以定基增长速度也等于相应各个环比增长速度的连乘积。(　　)

5. 如果各期的逐期增长量相等，则各期的环比增长速度是逐年增加的。(　　)

6. 今年某月发展水平除以去年同期发展水平的指标是增长速度。(　　)

7. 发展速度的计算方法为报告期水平与基期水平的比值。　　（　　）
8. 累计增长量等于相应的各个逐期增长量之差。　　（　　）
9. 两个总量指标时间数列相对比得到的时间数列一定是相对数时间数列。　　（　　）
10. 时间数列的变动分析一般不包括循环变动和标志变动。　　（　　）

四、填空题

1. 根据采用的基期不同，增长量可以分为(　　)与(　　)。
2. 累计增长量等于相应的(　　)之和，两个相邻的(　　)之差等于相应时期的逐期增长量。
3. 平均发展速度是各个时期（　　）的平均数。
4. 由于采用的基期不同，发展速度可以分为（　　）和（　　）。
5. 按变动方向不同，长期趋势分为(　　)、(　　) 和水平趋势三种。

五、简答题

1. 时期数列和时点数列有哪些区别？
2. 进行现象的发展水平分析和速度分析时分别运用哪些指标？
3. 序时平均数与一般平均数有何异同？
4. 什么是平均发展速度？计算该指标水平法和累计法有什么区别？
5. 说明时间数列分析指标的下列关系：发展速度与增长速度、定基发展速度与环比发展速度、逐期增长量与累计增长量、平均发展速度与平均增长速度。
6. 测定长期趋势常用的方法有哪些？

六、计算题（计算结果有小数保留到0.01，0.01%）

1. 某企业资料见附表5-1，计算该企业第1季度、第2季度及上半年平均人数。

附表 5-1

月份	1	2	3	4	5	6	7
月初人数/人	1050	1100	1040	1150	1200	1170	1190

2. 某企业上年年末的工人人数为1180人，本年工人人数资料见附表5-2，计算该企业本年全年平均人数。

附表 5-2

月份	4	7	11	12
月末人数	1150	1310	1270	1210

3. 已知某企业第二季度的相关资料如附表5-3所示：

附表 5-3

项目	6月	7月	8月	9月	10月
工业增加值/万元	110.2	126.5	145.3	163.8	180.7
月末全员人数/人	90	95	98	100	102

计算：

(1) 该企业第二季度各月的劳动生产率；

(2) 该企业第二季度的月平均劳动生产率。

4. 某企业上半年各月实际工业总产值及总产值计划完成程度资料见附表5-4，计算该企业上半年平均每月总产值计划完成程度。

附表5-4

月份	1	2	3	4	5	6
实际工业总产值/万元	41.2	46.5	51.3	58.9	63.7	72.4
计划完成程度/%	105.2	99.1	97.8	104.5	107.6	103.3

5. 某厂下半年各月末工人数及比重资料如附表5-5所示，计算该企业下半年工人占全部职工人数的平均比重。

附表5-5

月份	6月	7月	8月	9月	10月	11月	12月
月末工人数/人	560	580	550	590	600	585	610
工人占全部职工的比重/%	86	80	84	82	90	87	85

6. 某地区某年社会商品零售总额资料如附表5-6所示：

附表5-6

年份	2015	2016	2017	2018	2019	2020
社会商品零售总额/亿元	4122	4699	5447	6118	8026	9685

计算该五年计划期间社会商品零售总额的：

(1) 逐期增长量和累计增长量；

(2) 定基发展速度和环比发展速度；

(3) 定基增长速度和环比增长速度；

(4) 增长1%的绝对值；

(5) 全期年平均增长量、年平均发展速度和年平均增长速度。

7. 某地区2015年底人口数为2000万人，假定以后每年以0.9%的增长率增长。又假定该地区2015年粮食产量为120亿斤，要求到2020年平均每人粮食达到900斤。试计算2020年的粮食产量应该达到多少？粮食产量每年平均增长速度如何？

8. 某工厂五年计划规定产量要增加一倍。第一年与第二年都增长15%，试测算后三年平均每年应增长百分之几，才能完成五年计划规定的任务？

9. 根据附表5-7中资料完成以下任务：

附表 5-7

指标	第一年	第二年	第三年	第四年	第五年	第六年	第七年
销售收入/万元		5650					
逐期增长量/万元	—	260					
累计增长量/万元	—				2580		
环比发展速度/%	—						
定基发展速度/%	100.00						
环比增长速度/%	—			6.56			
定基增长速度/%	—		11.75				98.80
增长1%的绝对值/万元	—						90

计算：

(1) 填入表中空白栏指标数值；

(2) 销售收入的年平均发展水平、年平均增长量和年平均增长速度；

(3) 指出超过平均增长速度的年份有哪些？

◇ 实训与案例讨论题 ◇

一、实训题

资料见附表 5-8，利用 Excel 计算各月的逐期增长量、累计增长量、环比发展速度、定基发展速度、环比增长速度、定基增长速度、增长 1%的绝对值。

附表 5-8

时间	1月	2月	3月	4月	5月	6月
工业增加值/万元	2435	2694	2963	3216	3472	3698

二、案例讨论题

按资金来源划分，我国全社会固定资产投资包括以下四方面，具体如附表 5-9 所示：

附表 5-9

	2010	2011	2012	2013	2014	2015	2016	2017
国家预算内资金/亿元	13012.8	14843.3	18958.7	22305.3	26745.4	30924.3	36211.7	38741.7
国内贷款/亿元	44020.8	46344.5	51593.5	59442.0	65221.0	61054.0	67200.3	72435.1
利用外资/亿元	4703.6	5062.0	4468.8	4319.4	4052.9	2854.5	2270.3	2146.3
自筹和其他资金/亿元	224042.0	279734.4	334654.7	405545.8	447461.2	489366.0	511251.2	526046.3

资料来源：国家统计局网站 http://www.stats.gov.cn

讨论：

(1) 根据表中数据，分别计算 2011~2017 年国家预算内资金、国内贷款、利用外资、自筹和其他资金的发展速度与增长速度；

(2) 研究国家预算内资金、国内贷款、利用外资、自筹和其他资金等变动规律；

(3) 分析 2011~2017 年我国全社会固定资产投资额发展变化基本态势。

第六章　统计指数分析

> 本章的学习目的是掌握统计指数的概念及分类、综合指数与平均指数的编制方法以及利用指数体系进行总量指标、平均指标变动的因素分析方法，熟悉几种常见的经济指数及利用 Excel 进行统计指数分析的方法。

［引例］　**居民消费价格变动情况**

2020 年 12 月份，全国居民消费价格同比上涨 0.2%。其中，城市上涨 0.2%，农村上涨 0.2%；食品价格上涨 1.2%，非食品价格持平；消费品价格上涨 0.2%，服务价格上涨 0.3%。

12 月份，全国居民消费价格环比上涨 0.7%。其中，城市上涨 0.7%，农村上涨 0.9%；食品价格上涨 2.8%，非食品价格上涨 0.1%；消费品价格上涨 1.2%，服务价格持平。

2020 年全年，全国居民消费价格比上年上涨 2.5%。具体见图 6-1。

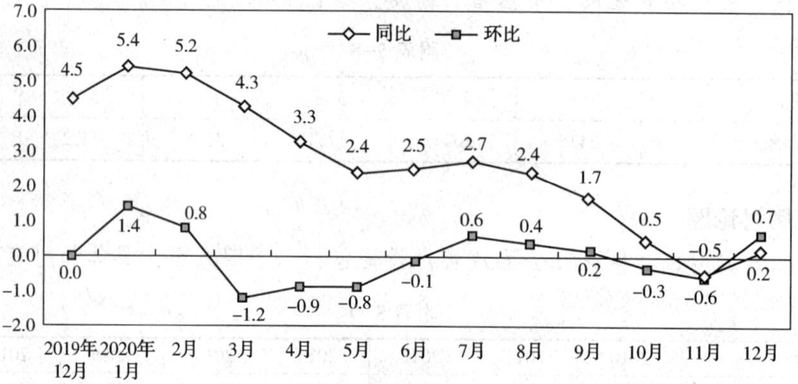

图 6-1　2020 年各月全国居民消费价格涨跌幅

一、各类商品及服务价格同比变动情况

12 月份，食品烟酒类价格同比上涨 1.4%，影响 CPI（居民消费价格指数）上涨约 0.44 个百分点。食品中，鲜菜价格上涨 6.5%，影响 CPI 上涨约 0.17 个百分点；鲜果价格上涨 6.5%，影响 CPI 上涨约 0.11 个百分点；水产品价格上涨 1.7%，影响 CPI 上涨约 0.03 个百分点；畜肉类价格上涨 0.6%，影响 CPI 上涨约 0.04 个百分点，其中猪肉价格下降 1.3%，影响 CPI 下降约 0.06 个百分点；蛋类价格下降 10.8%，影响 CPI 下降约 0.07 个百分点。

其他七大类价格三涨一平三降。其中，其他用品和服务、医疗保健、教育文化和娱乐价格分别上涨 2.2%、1.3%和 0.9%；生活用品及服务价格持平；交通和通信、居住、衣着价格分别下降 3.1%、0.6%和 0.1%。

二、各类商品及服务价格环比变动情况

12 月份，食品烟酒类价格环比上涨 2.0%，影响 CPI 上涨约 0.63 个百分点。食品中，鲜菜价格上涨 8.5%，影响 CPI 上涨约 0.22 个百分点；畜肉类价格上涨 4.3%，影响 CPI 上涨约 0.29 个百分点，其中猪肉价格上涨 6.5%，影响 CPI 上涨约 0.28 个百分点；鲜果价格上涨 3.5%，影响 CPI 上涨约 0.06 个百分点；蛋类价格上涨 2.4%，影响 CPI 上涨约 0.01 个百分点；水产品价格上涨 0.8%，影响 CPI 上涨约 0.01 个百分点。

其他七大类价格环比三涨两平两降。其中，交通和通信、居住、生活用品及服务价格分别上涨 0.9%、0.1%和 0.1%；衣着、医疗保健价格均持平；其他用品和服务、教育文化和娱乐价格分别下降 0.4%和 0.1%。具体见图 6-2。

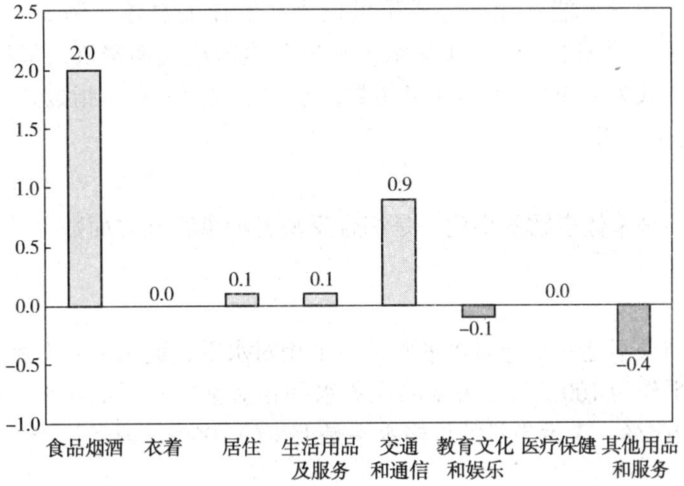

图 6-2　12 月份居民消费价格分类环比涨跌幅

（资料来源：国家统计局 2021.1.11）

居民消费价格指数（简称 CPI）是度量居民生活消费品和服务价格水平随着时间变动的相对数，综合反映居民购买的生活消费品和服务价格水平的变动情况。除了居民消费价格指数外，还有许多其他的指数，可以帮助人们理解某一时期或地区的经济状况与另一时期或地区的经济状况的比较分析。指数有什么作用？指数如何计算？这些问题的解答正是本章的主要内容。

第一节　统计指数的概念及种类

一、统计指数的概念

1. 统计指数的定义

统计指数（可简称为指数）起源于 18 世纪中期的欧洲，由于金银大量涌入欧洲，引起物价飞涨，带来社会不安，产生了反映物价变动的要求，这是物价指数产生的根源。最

初的物价指数是指一种商品的现有价格与原来价格的对比，以此反映其价格变动的程度。随着统计指数的应用和理论的不断发展，逐步扩展到工业生产、进出口贸易、工资、成本、股票证券等各个方面，例如有商品零售价格指数、居民消费价格指数、工业生产指数、股票价格指数等。

统计指数有广义和狭义之分。从广义来说，凡是用来反映所研究社会经济现象时间变动和空间对比状况的相对数，如动态相对数、比较相对数和计划完成程度相对数和发展速度指标，都可称为指数。例如，某地区 2020 年与 2019 年比，粮食总产量的发展速度 103.2%，可称为粮食产量指数。

从狭义来说，统计指数则是用来综合反映所研究复杂社会经济现象总体时间变动和空间对比状况的一种相对数。所谓复杂社会经济现象总体是指不同度量单位或性质各异的若干事物所组成的、数量不能直接加总或不可以直接对比的总体。例如，中华人民共和国 2020 年国民经济和社会发展统计公报显示，2020 年全国居民消费价格指数为 102.5%、农产品生产者价格指数为 115%等都是狭义指数。本章主要研究狭义指数。

2. 统计指数的性质

（1）综合性

指数反映的不是个体事物的变化，是综合反映各种事物某方面数量的总变动方向或程度的相对数。

（2）相对性

指数的计算结果不是一个绝对水平而是一个相对水平，通常用百分数表示，表明把作为对比基准的水平作为 100，所要考察的现象水平相对基准水平的比率。例如，某年全国零售物价指数为 105%，表示当年的价格水平是上年的 105%，或者说当年价格上涨了 5%。

（3）平均性

指数表示的综合变动是多种事物的平均变动，是各个个体事物某一数量变动的平均结果。

3. 统计指数的作用

统计指数在统计分析中具有非常重要的作用。

（1）综合反映复杂社会经济现象总体在时间和空间方面的变动方向和变动程度

这是统计指数最重要的作用。在社会经济现象中，大量存在着不能直接加总或不能直接对比的复杂总体，为了反映和研究它们的变动方向和变动程度，只能通过编制统计指数才能得到解决。

（2）分析和测定社会经济现象总体变动受各因素变动的影响

社会经济现象总体中包含着数量因素和质量因素，通过编制数量因素指数和质量因素指数，可以分析和测定各因素变动对总体变动的影响方向和影响程度。

（3）分析社会经济现象在较长时间内的发展变化趋势

利用指数数列可以进行现象的长期发展趋势分析，研究现象随着时间的变动而变化的规律，为更深入了解和掌握事物发展的本质提供依据。

二、统计指数的种类

为满足理论研究和实际应用的需要，可以从不同的角度对统计指数加以分类。

1. 按反映对象范围不同分类

统计指数可以分为个体指数和总指数。个体指数是反映个别现象变动的相对数。例如，某种产品的产量指数与价格指数都属于个体指数。

总指数是综合表明全部现象总体数量变动的相对数。例如，几种产品的产量指数和价格指数都属于总指数。指数方法主要研究的是总指数，按照编制方法不同，总指数通常有两种形式：综合指数和平均指数。

2. 按表明经济指标性质不同分类

统计指数可以分为数量指标指数和质量指标指数。数量指标指数是根据数量指标计算的，表明总体单位数、规模等数量指标的变动。例如，工业产品产量指数、商品销售量指数、职工人数指数等都是数量指标指数。数量指标指数的特点是指数化因素为数量指标。

质量指标指数是根据质量指标计算的，表明总体单位生产水平与工作质量等质量指标的变动。例如，价格指数、劳动生产率指数、单位成本指数等都是质量指标指数。质量指标指数的特点是指数化因素为质量指标。在统计指数的应用中，必须重视数量指标指数与质量指标指数的区别。

3. 按对比内容不同分类

统计指数可以分为动态指数和静态指数。动态指数也称时间指数，是用于说明现象在不同时间上对比的相对数，说明现象在不同时间上发展变化的情况。指数法主要研究动态指数，例如商品零售价格指数、股票价格指数、工业生产指数等都是动态指数。按采用的对比基期不同，动态指数可以分为定基指数与环比指数。定基指数是以某一固定时期为基期计算的指数，环比指数是以前一期为基期计算的指数。

静态指数是指数在实际应用中的扩展，包括空间指数和计划完成指数。例如，地区价格比较指数、能耗降低计划完成指数等。

例如，某种汽车上年价格为 22 万元，销售量为 10 万辆；本年价格为 20 万元，销售量为 12 万辆，则：

$$\text{个体价格指数}=20/22=90.91\% \quad（质量指标指数）$$

$$\text{个体销售量指数}=12/10=120\% \quad（数量指标指数）$$

$$\text{销售额指数}=(20\times12)/(22\times10)=240/220=109.09\%$$

第二节 综合指数

一、综合指数的概念

综合指数是两个总量指标对比形成的指数。当总量指标中包含两个或两个以上因素时，为了研究某个因素的变化对总量指标的影响，需要把被研究因素以外的其他因素固定下来，这样编制的指数就是综合指数。

综合指数的特点是先综合后对比，具体涉及指数化因素与同度量因素两个问题。指数化因素就是通过指数反映其变化或差异程度的因素。同度量因素就是将不同度量的事物转化为同度量事物的媒介因素。在解决同度量问题时，需要注意以下两点：

(1) 同度量因素的选择

同度量因素可以使不能直接相加的指标转化为可以直接相加的指标。例如，有甲、乙两种使用价值不同的产品，现在要反映两者产量的综合变动情况，需要计算两种产品的产量总指数。由于不能把两种产品的产量直接相加，因而需要把产量与价格相乘得到产值指标，这样就可以计算两种产品的产量总指数了。价格在这里就起了同度量的作用，称为同度量因素，而产量则为指数化指标。

(2) 同度量因素的固定期

确定同度量因素的固定期，可以使计算结果不受同度量因素变动的影响。例如，选择价格为同度量因素后，需要解决是选择报告期价格还是基期价格的问题。对于这个问题，有拉氏指数、派氏指数、固定权数指数等。

二、数量指标综合指数的编制

编制数量指标综合指数的一般原则是以基期的质量指标为同度量因素。也就是数量指标综合指数以质量指标为同度量因素，并且选择的是基期的质量指标为同度量因素。下面以产量（p）和价格（q）为例，说明数量指标综合指数的编制。

表 6-1　某企业产品产量与价格资料

名称	计量单位	产品产量		产品价格		工业总产值/元			
		q_0	q_1	p_0	p_1	p_0q_0	p_1q_1	p_0q_1	p_1q_0
甲	吨	400	500	150	150	60000	75000	75000	60000
乙	件	500	510	60	65	30000	33150	30600	32500
丙	台	40	44	4500	4510	180000	198440	198000	180400
合计	—	—	—	—	—	270000	306590	303600	272900

从表 6-1 可看到，几种产品报告期与基期产量是不同的，除甲产品外，其他两种产品的价格也发生了变动。这时，要反映几种产品总产量的变动情况，必须要消除不同时期价格变动的影响，也就是报告期与基期都采用同一个时期的价格作为同度量因素。

采用基期产品价格为同度量因素，则产品产量综合指数为：

$$\overline{K}_q=\frac{\sum p_0q_1}{\sum p_0q_0}=\frac{303600}{270000}=112.44\%$$

由于产量增加而增加的总产值为：

$$\sum p_0q_1-\sum p_0q_0=303600-270000=33600(\text{元})$$

采用报告期产品价格为同度量因素，则产品产量综合指数为：

$$\overline{K}_q=\frac{\sum p_1q_1}{\sum p_1q_0}=\frac{306590}{272900}=112.35\%$$

由于产量增加而增加的总产值为：

$$\sum p_1q_1-\sum p_1q_0=306590-272900=33690(\text{元})$$

第一个指数是采用基期价格为同度量因素，表明在价格不变的情况下，由于各种产品产量增加使三种产品产量综合上升了12.44%。第二个指数是采用报告期价格为同度量因素，它不仅包含了产量的变动，同时也包含了价格水平的变动。因此，采用报告期价格作为同度量因素计算产量综合指数是不合适的。这样，计算数量指标指数的一般原则就是以基期的质量指标为同度量因素。但是，这一原则也不能机械运用，在统计指数的实际应用中根据不同的目的和任务也可采用其他编制综合指数的方法。

三、质量指标综合指数的编制

编制质量指标综合指数的一般原则是以报告期的数量指标为同度量因素。也就是质量指标指数要以数量指标为同度量因素，并且选择的是报告期的数量指标为同度量因素。

还是以表6-1的资料为例，来说明产品价格综合指数的编制。由于三种产品的使用价值不同，不能直接相加，可以用价格乘以产量变成总产值，产量此时就是同度量因素。

采用基期产品产量为同度量因素，则产品价格综合指数为：

$$\bar{K}_p = \frac{\sum p_1 q_0}{\sum p_0 q_0} = \frac{272900}{270000} = 101.07\%$$

由于价格提高而增加的总产值为：

$$\sum p_1 q_0 - \sum p_0 q_0 = 272900 - 270000 = 2900(\text{元})$$

若以报告期产量为同度量因素，则产品价格综合指数为：

$$\bar{K}_p = \frac{\sum p_1 q_1}{\sum p_0 q_1} = \frac{306590}{303600} = 100.98\%$$

由于价格提高而增加的总产值为：

$$\sum p_1 q_1 - \sum p_0 q_1 = 306590 - 303600 = 2990(\text{元})$$

两个指数由于采用的同度量因素不同，其结果也不同。第一个指数是以基期产量来计算产值的，产值提高额没有现实的经济意义。第二个指数是以报告期产量来计算产值的，反映报告期生产情况受价格因素的影响程度。因此，编制质量指标综合指数的一般原则是以报告期的数量指标为同度量因素。

需要注意的是这一原则也不能机械运用，一定要结合统计研究目的来选择同度量因素的时期。例如在编制工业生产指数时，采用不变价格为同度量因素来测定工业产品产量的变动程度。

第三节　平均指数

一、平均指数的概念

平均指数是计算总指数的另一种形式，它是先计算出各种产品或商品的数量指标或质量指标的个体指数，然后对个体指数加权平均而计算出的总指数。其特点是先对比后综合。

平均指数与综合指数是计算总指数的两种形式，它们之间既有区别，又有联系。

平均指数与综合指数的区别在于：综合指数是通过同度量因素，先计算总体总量，再进行对比，即先综合后对比，而平均指数是在个体指数的基础上计算总指数，即先对比后综合；综合指数在计算时需要有一一对应的全面的实际资料，而平均指数则既适用于全面的资料，又适用于非全面的资料；综合指数除了表明复杂总体的变动方向和程度外，还可以进行因素分析，而平均指数则不能对现象进行因素分析。

平均指数与综合指数的联系在于：在一定条件下，综合指数可以变形为平均指数的形式。由于这种变形关系的存在，当掌握的资料不能直接用综合指数形式计算时，则可计算平均指数。此时，平均指数与其相对应的综合指数具有完全相同的经济意义和计算结果。

由于平均的形式不同，平均指数有算术平均指数和调和平均指数两种形式。其中，最常用的是算术平均指数。

二、算术平均指数

算术平均指数是以算术平均数的形式计算的指数。现以表 6-2 的资料为例，说明其编制方法。

表 6-2　某企业产品销售量和基期销售额资料

产品名称	计量单位	销售量基期 q_0	销售量报告期 q_1	基期销售额/元	个体销售量指数/%
甲	件	100	120	4400	120
乙	台	500	800	42500	160
丙	吨	600	500	13200	83
合计	—	—	—	60100	—

当已知个体销售量指数和基期的销售额时，则有

$$k_q = \frac{q_1}{q_0}$$

把 $q_1 = k_q q_0$ 代入销售量综合指数的公式中：

$$\overline{K}_q = \frac{\sum p_0 q_1}{\sum p_0 q_0} = \frac{\sum k_q p_0 q_0}{\sum p_0 q_0} \tag{6-1}$$

该指数是综合指数的变形，它是以 $p_0 q_0$ 为权数计算的加权平均指数。如果已知个体指数和综合指数分母的数值，就可以用加权算术平均指数的公式计算总指数。以表 6-2 中的数据为例，计算销售量总指数。

$$\overline{K}_q = \frac{\sum k_q p_0 q_0}{\sum p_0 q_0} = \frac{1.2 \times 4000 + 1.6 \times 42500 + 0.83 \times 13200}{60100} = \frac{84236}{60100} = 140.2\%$$

销售额增加的数值 = 84236 − 60100 = 24136（元）

计算结果表明，该企业三种产品的销售量报告期比基期平均增长了40.2%，由于销售量增加而增加的销售额为24136元。

三、调和平均指数

调和平均指数是以调和平均数的形式计算的总指数。它是以个体指数为变量，以报告期的总值资料为权数，对个体指数加权平均而计算的质量指标指数。

当已知个体价格指数和报告期的销售额时，有：

$$k_p = \frac{p_1}{p_0}$$

代入价格综合指数的公式中：

$$\overline{K}_p = \frac{\sum p_1 q_1}{\sum p_0 q_1} = \frac{\sum p_1 q_1}{\sum \frac{1}{k_p} p_1 q_1} \qquad (6-2)$$

这个公式就是以综合指数变形编制的加权平均数质量指标指数。如果掌握了个体指数和综合指数的分子资料，就可以用加权调和平均指数的公式计算总指数。

若表6-2中已知三种产品的报告期销售额为：4600元，4300元，13900元，个体价格指数分别为：1.28，1.10，0.98，试计算价格总指数。

$$\overline{K}_p = \frac{\sum p_1 q_1}{\sum \frac{1}{k_p} p_1 q_1} = \frac{4600 + 4300 + 13900}{\frac{4600}{1.28} + \frac{4300}{1.10} + \frac{13900}{0.98}} = \frac{22800}{21687} = 105.1\%$$

$$销售额的增加值 = 22800 - 21687 = 1113(元)$$

计算结果表明，该企业三种产品的价格报告期比基期平均增长了5.1%，由于价格提高而增加的销售额为1113元。

第四节　指数体系与因素分析

一、指数体系的概念

现象之间是相互联系、相互制约的，一种现象的变动，往往会受到两个或更多因素共同变动的影响。在进行因素分析时，需要利用指数体系来进行分析。

1. 指数体系的定义

指数体系的概念有广义和狭义两种。从广义上看，指数体系是指由若干个经济上具有一定联系的指数所组成的一个整体。例如，反映工业经济总体的变动情况，可以利用工业劳动生产率指数、工业成本指数等从不同方面反映工业经济总体的变动情况，这一系列指数就构成了一个工业经济指数体系。

从狭义上看，指数体系是指经济上具有一定联系，且具有一定数量对等关系的三个或三个以上指数所组成的一个整体。

例如：

总成本=产量×单位成本

商品销售额=商品销售量×商品价格

总产值=产品产量×价格

等式的左边是对象指标，等式右边是它的两个因素。静态上这种数量关系在动态上同样存在，因此有：

总成本指数=产量指数×单位成本指数

商品销售额指数=商品销售量指数×商品价格指数

总产值指数=产品产量指数×价格指数

由此，指数体系是由三个或三个以上具有内在本质联系的统计指数所组成的整体。它们之间不仅存在以上这种相对数上的数量关系，也具有绝对数上的数量关系。

作为因素分析法基础的指数体系主要是指狭义的指数体系，这也是本章研究的主要内容。

2. 指数体系的作用

（1）对现象进行因素分析

即利用指数体系从绝对数与相对数两方面进行因素分析，说明现象总变化中各因素的影响方向和程度。

（2）用于指数的推算

利用指数体系中各个指数之间的数量关系，由已知的统计指数推算未知的指数。例如，已知价格上涨5%，产量提高4%，则产值指数=产量指数×价格指数=105%×104%=109.2%，说明产值提高了9.2%。

3. 指数体系构建的原则

（1）各个指数之间保持等式关系，以便于从相对数与绝对数两方面进行因素分析。

（2）进行多因素分析时，必须分清指标属于数量指标还是质量指标。

（3）按数量指数与质量指标的编制原则构建指数体系。

二、因素分析法的种类

因素分析法是利用指数体系，从相对数与绝对数两方面分析各个因素对现象综合变动情况的影响程度与绝对效果。现象之间存在着普遍联系与相互作用，这是因素分析的客观基础。例如，企业产值增加受两个因素的影响：一是产品产量的增加，二是产品价格的提高。两个因素影响程度和影响大小分别是多少，利用因素分析法就可以解决这一问题。

因素分析法可以从不同的角度加以分类：

（1）按照分析对象的特点不同，因素分析法可以分为简单现象因素分析和复杂现象因素分析。

（2）按照分析指标的表现形式不同，因素分析法可以分为总量指标变动因素分析和平均指标、相对指标变动因素分析。

（3）按照影响因素的多少不同，因素分析法可以分为两因素分析和多因素分析。其中，最基本的因素分析是两因素分析。

因素分析法的具体步骤主要有：

（1）确定各影响因素之间的相互关系，构建指数体系。

（2）选用合适的指数形式，计算反映总体总变动和各影响因素变动的指数。

（3）从绝对数与相对数两方面对各影响因素进行分析。

三、总量指标变动的两因素分析

1. 简单现象

因素分析法的对象可以是简单现象，也可以是复杂现象。在简单现象的条件下，总量指标的变动可以从总体单位数和总平均水平两因素的影响进行分析。

例如，某企业总产值、职工人数与劳动生产率的资料见表 6-3，试利用指数体系分析总产值变动的原因。

表 6-3 企业总产值分析有关数据表

指标	基期	报告期
总产值/万元	12000	15150
职工人数 T/人	500	505
劳动生产率 Q/（万元/人）	24	30

$$总产值指数 = \frac{T_1Q_1}{T_0Q_0} = \frac{15150}{12000} = 126.3\%$$

$$总产值增加额 = T_1Q_1 - T_0Q_0 = 15150 - 12000 = 3150(万元)$$

分析总产值变动的原因：

（1）职工人数变动的影响：

$$职工人数指数 = \frac{T_1}{T_0} = \frac{505}{500} = 101\%$$

由于职工人数增加而增加的总产值：$(T_1 - T_0)Q_0 = (505 - 500) \times 24 = 120$(万元)

（2）劳动生产率变动的影响：

$$劳动生产率指数 = \frac{Q_1}{Q_0} = \frac{30}{24} = 125\%$$

由于劳动生产率提高而增加的总产值：$(Q_1 - Q_0)T_1 = (30 - 24) \times 505 = 3030$(万元)

（3）两个因素的综合影响：

$$126.3\% = 101\% \times 125\%$$

$$3150（万元） = 120 + 3030$$

计算结果表明，劳动生产率的提高是该企业总产值增加的主要原因，占产值增加额的 96.2%，由于职工人数增加引起的总产值增加占增加额的 3.8%。

2. 复杂现象

在对复杂现象总体进行总量指标变动的因素分析时，由于不能直接计算总体单位数和总平均水平两个指标，因而需要利用综合指数的形式，对由质量指标指数与数量指标指数组成的指数体系进行因素分析。

例如，利用表 6-4 中的资料，利用指数体系分析报告期销售额变动的原因。

表 6-4　某企业销售量与价格资料表

产品	计量单位	销售量		价格/元	
		基期 q_0	报告期 q_1	基期 p_0	报告期 p_1
甲	千克	8000	8800	10.0	10.5
乙	件	2000	2500	8.0	9.0
丙	件	10000	10500	6.0	6.5

$$\text{销售额指数} = \frac{\sum q_1p_1}{\sum q_0p_0} = \frac{8800 \times 10.5 + 2500 \times 9.0 + 10500 \times 6.5}{8000 \times 10.0 + 2000 \times 8.0 + 10000 \times 6.0} = \frac{183150}{156000} = 117.4\%$$

$$\text{增加销售额} = \sum q_1p_1 - \sum q_0p_0 = 183150 - 156000 = 27150(\text{元})$$

分析原因：

（1）销售量变动的影响：

$$\text{销售量指数} = \frac{\sum q_1p_0}{\sum q_0p_0} = \frac{8800 \times 10.0 + 2500 \times 8.0 + 10500 \times 6.0}{156000} = \frac{171000}{156000} = 109.6\%$$

$$\text{由于销售量变动增加的销售额} = \sum q_1p_0 - \sum q_0p_0 = 171000 - 156000 = 15000(\text{元})$$

（2）价格变动的影响：

$$\text{价格指数} = \frac{\sum q_1p_1}{\sum q_1p_0} = \frac{183150}{171000} = 107.1\%$$

$$\text{由于价格变动增加的销售额} = \sum q_1p_1 - \sum q_1p_0 = 183150 - 171000 = 12150(\text{元})$$

（3）二因素的综合影响：

$$117.4\% = 109.6\% \times 107.1\%$$

$$27150\ (\text{元}) = 15000 + 12150$$

三种产品销售量综合提高 9.6%，使销售额增加 15000 元，三种产品价格综合上涨 7.1%，使销售额增加 12150 元，两因素的共同作用使三种产品的销售额增长 17.4%，增加额为 27150 元。

四、总量指标变动的多因素分析

分析总量指标受三个或三个以上因素的影响就是多因素分析的内容。在进行多因素分析时，需要注意各因素指标是数量指标还是质量指标，并应遵循以下原则：

第一，研究某一因素变动时，假定只有这一因素变动，其他因素暂时固定不变。

第二，各因素的替换要连锁地逐一进行。

第三，在因素的排列上注意数量指标在前，质量指标在后。

例如，资料见表 6-5，分析报告期原材料费用总额变动的原因。

表 6-5 企业原材料费用总额分析有关数据

产品	单位	产量		单耗/千克		价格/元	
		q_0	q_1	m_0	m_1	p_0	p_1
甲	吨	100	150	9	10	110	120
乙	件	600	700	1.8	2	30	35
丙	套	400	500	5	6	60	70

原材料费用总额=产量×单耗×价格

原材料费用总额变动受三个因素的影响，按多因素分析应遵循的原则，因素的排列顺序是产量指标、单耗指标、价格指标。这里依据所给的资料，属于复杂现象的多因素分析。如果遇到简单现象的多因素分析，计算原理类似且过程相对简单些。本例题计算需要的有关数据计算结果见表 6-6。

表 6-6 原材料费用总额数据表

产品	原材料费用总额/万元			
	$q_0m_0p_0$	$q_1m_1p_1$	$q_1m_0p_0$	$q_1m_1p_0$
甲	9.9	18	14.85	16.5
乙	3.24	4.9	3.78	4.2
丙	12	21	15	18
合计	25.14	43.9	33.63	38.7

$$原材料费用总额指数=\frac{\sum q_1m_1p_1}{\sum q_0m_0p_0}=\frac{43.9}{25.14}=174.6\%$$

$$增加额=\sum q_1m_1p_1-\sum q_0m_0p_0=43.9-25.14=18.76(万元)$$

其中：

(1) 产量变动的影响：

$$产品产量指数=\frac{\sum q_1m_0p_0}{\sum q_0m_0p_0}=\frac{33.63}{25.14}=133.8\%$$

$$由于产量变动增加的原材料费用=\sum q_1m_0p_0-\sum q_0m_0p_0=33.63-25.14=8.49(万元)$$

(2) 单耗变动的影响：

$$单耗指数=\frac{\sum q_1m_1p_0}{\sum q_1m_0p_0}=\frac{38.7}{33.63}=115.1\%$$

$$由于单耗变动增加的原材料费用=\sum q_1m_1p_0-\sum q_1m_0p_0=38.7-33.63=5.07(万元)$$

(3) 价格变动的影响：

$$价格指数 = \frac{\sum q_1 m_1 p_1}{\sum q_1 m_1 p_0} = \frac{43.9}{38.7} = 113.4\%$$

$$由于价格变动增加的原材料费用 = \sum q_1 m_1 p_1 - \sum q_1 m_1 p_0 = 43.9 - 38.7 = 5.2(万元)$$

（4）三个因素的综合影响：

$$174.6\% = 133.8\% \times 115.1\% \times 113.4\%$$

$$18.76（万元）= 8.49 + 5.07 + 5.2$$

可以看出，由于产量、单耗和价格分别提高 33.8%，15.1%和 13.4%，而使原材料费用总额分别增加 8.49 万元，5.07 万元和 5.2 万元，从而使报告期原材料费用总额比基期上升了 74.6%，增加了 18.76 万元。

五、平均指标变动的两因素分析

总体平均指标的变动受两个因素的影响：一是总体内部各部分的水平，二是各部分在总体中占的比重。总体平均指标变动的因素分析就是利用指数的原理，从数量上分析总体各部分水平和总体结构这两个影响因素对总体平均指标变动的影响程度及大小。在进行分析时，需要编制三个平均指标指数：可变构成指数、固定构成指数和结构影响指数。三个指数的关系是：

$$可变构成指数 = 固定构成指数 \times 结构影响指数 \tag{6-3}$$

以上三个指数分别简称为可变指数、固定指数和结构指数。可变指数是根据报告期和基期总体平均指标的实际水平对比计算的，反映总体各部分水平和总体结构两个因素变动的综合影响。

$$可变指数 = \frac{\sum x_1 f_1}{\sum f_1} : \frac{\sum x_0 f_0}{\sum f_0} \tag{6-4}$$

结构影响指数是将各部分水平固定在基期条件下计算出的总平均指标指数，反映总体结构变动对总体平均指标变动的影响。

$$结构指数 = \frac{\sum x_0 f_1}{\sum f_1} : \frac{\sum x_0 f_0}{\sum f_0} \tag{6-5}$$

固定构成指数是将总体构成固定在报告期计算出的总平均指标指数。它消除了总体结构变动的影响，反映了各部分水平变动对总体平均指标变动的影响。

$$固定指数 = \frac{\sum x_1 f_1}{\sum f_1} : \frac{\sum x_0 f_1}{\sum f_1} \tag{6-6}$$

以上三个指数在绝对数方面存在关系为：可变指数分子与分母的差等于固定指数分子与分母的差，再加上结构指数分子与分母的差。

现举例说明平均指标变动因素分析法的应用。相关数据资料见表 6-7，利用指数体系从绝对数与相对数两方面分析该企业平均单位成本的变动。

表 6-7　企业平均单位成本计算数据表

名称	单位成本/元		产量/件		总成本/元		
	z_0	z_1	q_0	q_1	z_0q_0	z_1q_1	z_0q_1
甲车间	10.0	9.0	300	1300	3000	11700	13000
乙车间	12.0	12.2	700	700	8400	8540	8400
企业	—	—	1000	2000	11400	20240	21400

企业平均单位成本的变动：

$$\text{可变指数} = \bar{z}_1 : \bar{z}_0 = \frac{20240}{2000} : \frac{11400}{1000} = \frac{10.12}{11.4} = 88.9\%$$

$$\text{单位成本降低额} = 10.12 - 11.4 = -1.28(\text{元})$$

其中：

（1）由于产量结构变动的影响：

$$\text{结构指数} = \frac{\sum z_0q_1}{\sum q_1} : \frac{\sum z_0q_0}{\sum q_0} = \frac{21400}{2000} : \frac{11400}{1000} = \frac{10.7}{11.4} = 93.9\%$$

$$\text{单位成本降低额} = 10.7 - 11.4 = -0.7(\text{元})$$

（2）由于两个车间单位成本变动的影响：

$$\text{固定指数} = \frac{\sum z_1q_1}{\sum q_1} : \frac{\sum z_0q_1}{\sum q_1} = \frac{20240}{2000} : \frac{21400}{2000} = \frac{10.12}{10.7} = 94.6\%$$

$$\text{单位成本降低额} = 10.12 - 10.7 = -0.58(\text{元})$$

（3）二因素的综合影响：

相对数：$94.6\% \times 93.9\% = 88.9\%$

绝对数：$-0.7 + (-0.58) = -1.28$（元）

由计算结果可知，由于产量结构变动使企业单位成本下降 6.1%，降低额 0.7 元，由于两车间单位成本变动使企业单位成本下降 5.4%，降低额 0.58 元。两者综合影响，使企业单位成本下降 11.1%，单位成本节约 1.28 元。

第五节　几种常见的经济指数

一、居民消费价格指数 CPI

消费价格指数（CPI）是各国普遍编制的一种指数，不同国家给予的名称并不一致，我国称为居民消费价格指数。它是用来反映一定时期内城乡居民购买生活消费品价格和服务项目价格变动趋势和程度的相对数。按照城市和农村不同的消费习惯，我国分别编制城市 CPI 和农村 CPI。全国 CPI 可由城市和农村 CPI 按照城乡居民消费支出金额加权得出。其按年度计算的变动率通常用来反映通货膨胀或紧缩的程度。CPI 及其分类指数是计算

GDP 以及资产、负债、消费、收入等实际价值的重要参考依据。

$$通货膨胀率=\frac{报告期居民消费价格指数-基期居民消费价格指数}{基期居民消费价格指数} \quad (6-7)$$

编制 CPI 指数时，不可能把所有的消费项目价格变动都包括在内，只能从中选择一定数量的消费项目作为代表品。我国的具体做法是：

首先，国家统计局和地方统计局分级确定用于计算 CPI 的商品和服务项目以及调查点。目前设置了食品、烟酒及用品、衣着、家庭设备用品及服务、医疗保健及个人用品、交通和通信、娱乐教育文化用品及服务、居住八大类 262 个基本分类。全国抽选约 500 个市县确定采集价格的调查点共 5 万个（包括食杂店、百货店、超市、便利店、专业市场、专卖店、购物中心以及农贸市场与服务消费单位等）。

其次，按“定人、定点、定时”的方式，统计部门的调查人员由调查网点采集价格。

最后，根据审核后原始价格资料计算单个商品或服务项目及 262 个基本分类的价格指数，依据各类别相应的权数，计算出类别价格指数及 CPI。其中的权数主要是根据全国城乡居民家庭各类商品和服务的消费支出详细比重确定的。

居民消费价格指数一般采用加权算术平均法计算。

$$\overline{K}_P=\frac{\sum kw}{w} \quad (6-8)$$

国家统计局公布的 CPI 数据有同比价格指数和环比价格指数。同比价格指数一般是指当年某月与上年同月相比较计算的价格指数，环比价格指数一般是指当年某月与上月相比较计算的价格指数。例如，2021 年 1 月份，全国居民消费价格同比下降 0. 3%，环比上涨 1. 0%，即为同比价格指数为 99. 7%，环比价格指数为 101%。

在具体使用 CPI 时注意：一是 CPI 不包含投资品和隐性收费，例如不包括房价、农业生产资料、没有明码标价的隐性收费项目等；二是 CPI 不是绝对价格，CPI 可以反映当前物价水平相对于过去某个时期上涨或下降的幅度，不是绝对价格的高低；三是 CPI 是一个平均数。使用 CPI 时，既要看价格总水平的变化，也要看其内部不同类别价格的变动，总水平上涨并不意味所有商品和服务项目价格的全面上涨，反之亦然。

二、工业生产者出厂价格指数 PPI

工业生产者出厂价格指数是反映一定时期内全部工业产品第一次出售时的出厂价格总水平的变动趋势和变动幅度的相对数。例如，我国 2020 年 PPI 整体先降后升，PPI 下降 1. 8%，降幅比上年扩大 1. 5 个百分点。分月看，年初受疫情等因素影响，2 月份起 PPI 环比和同比进入下降区间；6 月份起 PPI 环比止降转涨；12 月份 PPI 环比上涨 1. 1%，为 2017 年 1 月份以来最大涨幅。

PPI 是衡量工业产品出厂价格变动趋势和变动程度的指数，是反映某一时期生产领域价格变动情况的重要经济指标，也是制定有关经济政策和国民经济核算的重要依据。我国 PPI 的调查产品有 4000 多种，覆盖 39 个工业行业大类，涉及调查种类 186 个。一般情况下，PPI 出现较大增幅的情况下，会加大企业生产的成本，如果无法转接给市场消费者，则会使企业利润缩减，成本增加，业绩会明显下降。PPI 通常作为观察通货膨胀水平的重要指标。

PPI与CPI的关系在于：

(1) 两者存在一定的联系

CPI和PPI两者一般都用于衡量通货膨胀，是衡量宏观经济变化情况的重要指标；从产业链角度来看，PPI对CPI有一定影响。PPI属于反映生产环节价格水平的指标，而CPI反映消费环节的价格水平，具有上下游的关系，而生产会影响到消费。

(2) 两者存在一定的区别

PPI反映工业品价格变化，CPI反映消费品与服务的价格变化。整体价格水平的波动一般首先出现在生产领域，最后波及到消费品。CPI不仅包括消费品价格，还包括服务价格，对消费者影响更大。所以CPI与PPI在统计口径上并非严格对应关系，因此CPI与PPI变化出现不一致是可能的。

三、商品零售价格指数RPI

商品零售价格指数是反映一定时期内商品零售价格变动趋势和程度的相对数。编制商品零售价格指数的目的是掌握市场商品价格的变动状况，为研究市场流通、进行国民经济核算提供依据。

商品零售价格指数编制的思路是：

(1) 将所有零售商品区分为不同类别，在每一类中选择部分商品作为代表品。

(2) 选择部分地区作为代表区域，就所选定的代表品收集价格数据。

(3) 先计算该品种的平均价格，而后计算各单项商品零售价格指数和类别指数。

(4) 运用加权算术平均法综合计算出零售商品价格总指数。

RPI与CPI的区别在于：

(1) 所属领域不同。CPI属于消费领域的价格指数，RPI属于流通领域的价格指数。

(2) 含义不同。CPI是从买方角度观察居民生活消费品零售价格和服务项目收费变动情况；RPI是从卖方角度观察商品零售价格变动情况。

(3) 统计口径不同。CPI的调查范围是居民用于日常生活消费的商品和服务项目价格；RPI只反映商品而不反映非商品与服务价格。

(4) 权数来源不同。CPI的权数来源于居民用于各类商品和服务项目的消费支出额以及各种商品、服务项目的实际消费支出额的构成比重；RPI的权数来源于各类消费品零售额和各种消费品零售额的构成比重。

(5) 用途不同。CPI主要说明价格变动对居民生活的影响程度，分析货币购买力的强弱，是反映通货膨胀的重要指标；RPI主要说明市场商品价格的变动情况，分析供求关系，核算经济效益和规模。

四、股票价格指数

股票价格指数简称股价指数或股票指数。它是用来反映某一股票市场上多种股票价格变动趋势的一种相对数。股价指数可以按年、季、月来编制，由于股价涨跌迅速，一般要求编制日指数。它以某年某月某日的股价作为基期股价，称这日为基日。例如，香港恒生指数是以 1964 年 7 月 31 日为基日，上证综合指数是以 1990 年 12 月 19 日为基日，深证综合指数是以 1991 年 4 月 3 日为指数的基日。通常以基日股价为 100，把以后各日的股价同基日股价对比计算的指数为各日的股价指数。世界各国的主要证券市场都有自己的股票价格指数，例如，道·琼斯股票指数、金融时报股票价格指数、香港恒生指数、上证综合指数等。

股价指数编制时通常选择具有代表性的股票来编制股价指数。例如，香港恒生指数在编制时是从上市的股份公司中，选择最活跃的 33 家具有代表性的公司为计算指数的成分股，成分股的股票约占股票市场总值的 75%，成交额也占股票市场总数的八成。

股票价格指数的计算方法有很多，主要包括：

(1) 相对法。先计算各样本股票指数，再加总求总和的算术平均数。

(2) 综合法。先将样本股票的基期和报告期价格分别加总，然后相比求出股票指数。

(3) 加权法。根据各期样本股票的相对重要性予以加权，其权数可以是成交股数、股票发行量等。

股价指数可以记录股市每日的变动，反映股市的整体情况。根据股价指数绘制指数图，可以使股票投资者能直观地分析股价的走势和股市的发展情况。

第六节　利用 Excel 进行统计指数分析

一、总量指标的两因素分析

例 1，某工业企业生产几种使用价值和计量单位都不同的产品，报告期和基期总产值及有关资料如图 6-3 所示，请分析报告期和基期相比总产值变化的情况及原因。

	A	B	C	D	E	F	G	H	I
1	产品	计量	产品产量		出厂价格（元）		总产值（万元）		
2	名称	单位	基期	报告期	基期	报告期	基期	报告期	假设
3	甲	乙	q_0	q_1	p_0	p_1	p_0q_0	p_1q_1	p_0q_1
4	A	吨	6000	5000	110	100			
5	B	台	10000	12000	50	60			
6	C	件	40000	41000	20	22			
7	合计								

图 6-3　某企业有关情况

因素分析步骤如下：

(1) 计算各个 p_0q_0 和 $\sum p_0q_0$：在 G4 中输入 “=C4 * E4”，并用鼠标拖曳将公式复制到 G4：G6 区域。选定 G4：G6 区域，单击工具栏上的 “Σ” 按钮，在 G7 出现该列的求和值。

(2) 计算各个 p_1q_1 和 $\sum p_1q_1$：在 H4 中输入 “=D4 * F4”，并用鼠标拖曳将公式复制到 H4：H6 区域。选定 H4：H6 区域，单击工具栏上的 “Σ” 按钮，在 H7 出现该列的求和值。

(3) 计算各个 p_0q_1 和 $\sum p_0q_1$：在 I4 中输入 “=E4 * D4”，并用鼠标拖曳将公式复制到 I4：I6 区域。选定 I4：I6 区域，单击工具栏上的 “Σ” 按钮，在 I7 出现该列的求和值。

（4）计算总产值指数：在 B9 中输入“= H7/G7”，即求得总产值指数。

（5）计算产量总指数：在 B10 中输入“= I7/G7”，即得产量总指数。

（6）计算价格总指数：在 B11 中输入“= H7/I7”即求得价格总指数。

（7）同理，可以进行绝对数分析。具体过程略，分析结果见图 6-4。

	A	B	C	D	E	F	G	H	I
1	产品	计量	产品产量		出厂价格（元）		总产值（万元）		
2	名称	单位	基期	报告期	基期	报告期	基期	报告期	假设
3	甲	乙	q_0	q_1	p_0	p_1	p_0q_0	p_1q_1	p_0q_1
4	A	吨	6000	5000	110	100	660000	500000	550000
5	B	台	10000	12000	50	60	500000	720000	600000
6	C	件	40000	41000	20	22	800000	902000	820000
7	合计						1960000	2122000	1970000
8									
9	总产值指数：	1.082653	绝对数：	162000					
10	产量指数：	1.005102	绝对数：	10000					
11	价格指数：	1.077157	绝对数：	152000					

图 6-4　总量指标变动的两因素分析结果

二、平均指标的两因素分析

例 2，某厂工人人数和每周平均工资如图 6-5 所示：

	A	B	C	D	E
1	项目	平均人数（人）		平均工资（元）	
2		基期 T_0	报告期 T_1	基期 X_0	报告期 X_1
3	老工人	550	600	1100	1250
4	新工人	100	300	600	700

图 6-5　某厂工人相关资料

需要计算可变构成指数、结构影响指数和固定构成指数，并从绝对数和相对数两方面分析职工总平均工资变动的原因。具体步骤如下：

（1）在相应单元格中计算各个 T_0X_0、T_1X_1、T_1X_0 和 $\sum T_0X_0$、$\sum T_1X_1$、$\sum T_1X_0$、$\sum T_0$、$\sum T_1$，结果如图 6-6 所示。

	A	B	C	D	E	F	G	H
1	项目	平均人数（人）		平均工资（元）				
2		基期 T_0	报告期 T_1	基期 X_0	报告期 X_1	T_0X_0	T_1X_1	X_0T_1
3	老工人	550	600	1100	1250	605000	750000	660000
4	新工人	100	300	600	700	60000	210000	180000
5	合计	650	900			665000	960000	840000

图 6-6　初步计算

（2）计算可变构成指数：在 B8 中输入“=（G5/C5）/（F5/B5）”，即求得可变构成指数；

（3）计算结构影响指数：在 B9 中输入“=（H5/C5）/（F5/B5）”，即得结构影响指数；

（4）计算固定构成指数：在 B10 中输入“=（G5/C5）/（H5/C5）”，即求得固定构成指数。

(5) 同理，可以进行绝对数分析。具体过程略，结果见图 6-7。

	A	B	C	D	E	F	G	H
1		平均人数（人）		平均工资（元）				
2	项目	基期 T_0	报告期 T_1	基期 X_0	报告期 X_1	T_0X_0	T_1X_1	X_0T_1
3								
4	老工人	550	600	1100	1250	605000	750000	660000
5	新工人	100	300	600	700	60000	210000	180000
6	合计	650	900			665000	960000	840000
7								
8	可变构成指数：	1.042607	绝对数：	43.58974				
9	结构影响指数：	0.912281	绝对数：	-89.7436				
10	固定构成指数：	1.142857	绝对数：	133.3333				

图 6-7　因素分析结果

◇ 本章要点 ◇

(1) 统计指数的概念及种类。可以从广义与狭义角度定义统计指数。按反映对象范围的不同，指数可以分为个体指数和总指数，而总指数通常包括综合指数和平均指数。按表明经济指标性质的不同，指数可以分为数量指标指数和质量指标指数。按对比内容不同，指数可以分为动态指数与静态指数。

(2) 综合指数。它是两个总量指标对比形成的指数。在编制综合指数时，首先要解决的是同度量因素问题：编制数量指标综合指数是以基期的质量指标为同度量因素，编制质量指标综合指数是以报告期的数量指标为同度量因素。

(3) 平均指数。它是先计算出各种产品或商品的数量指标或质量指标的个体指数，然后对个体指数加权平均而计算出的总指数。平均指数有算术平均指数和调和平均指数两种形式。平均指数与综合指数既有区别又有联系。

(4) 指数体系。其概念有广义和狭义两种。从广义上看，指数体系是指由若干个经济上具有一定联系的指数所组成的一个整体。从狭义上看，指数体系是指经济上具有一定的联系，并且具有一定数量对等关系的三个或三个以上指数所组成的一个整体。

(5) 因素分析法。它是利用指数体系，从相对数与绝对数两方面分析各个因素对现象综合变动情况的影响程度与绝对效果。按照分析对象的特点不同，可分为简单现象因素分析和复杂现象因素分析；按照分析指标的表现形式不同，可分为总量指标变动因素分析和平均指标、相对指标变动因素分析；按照影响因素的多少不同，可分为两因素分析和多因素分析。本章重点讲授总量指标变动的两因素及多因素分析，平均指标变动的两因素分析。

(6) 几种常见的经济指数。主要介绍居民消费价格指数 CPI、工业生产者出厂价格指数 PPI、商品零售价格指数 RPI 及股票价格指数。

(7) 利用 Excel 进行统计指数分析。利用 Excel 分别进行总量指标的两因素分析和平均指标的两因素分析。

◇ 知识点梳理 ◇

知识点	具体内容
统计指数	用来综合反映所研究复杂社会经济现象总体时间变动和空间对比状况的一种相对数。
个体指数	反映个别现象变动的相对数。
总指数	综合表明全部现象总体数量变动的相对数。
数量指标指数	根据数量指标计算的，表明总体单位数、规模等数量指标的变动。
质量指标指数	根据质量指标计算的，表明总体单位生产水平与工作质量等质量指标的变动。
动态指数	用于说明现象在不同时间上对比的相对数，说明现象在不同时间上发展变化的情况。
综合指数	是两个总量指标对比形成的指数。
同度量因素	就是将不同度量的事物转化为同度量事物的媒介因素。
平均指数	先计算数量指标或质量指标的个体指数，然后对个体指数加权平均而计算出的总指数。
指数体系	由三个或三个以上具有内在本质联系的统计指数所组成的整体。
因素分析法	利用指数体系从相对数与绝对数分析各因素对现象综合变动的影响程度与绝对效果。
消费价格指数	一定时期内城乡居民购买生活消费品价格和服务项目价格变动趋势和程度的相对数。
工业生产者出厂价格指数	一定时期内全部工业产品第一次出售时出厂价格总水平变动趋势和变动幅度的相对数。
商品零售价格指数	反映一定时期内商品零售价格变动趋势和程度的相对数。
股票价格指数	用来反映某一股票市场上多种股票价格变动趋势的一种相对数。

◇ 练习题 ◇

一、单项选择题

1. 下列指数哪个是数量指标指数(　　)。

A. 商品物价指数　　B. 单位产品成本指数
C. 平均工资指数　　D. 销售量指数

2. 综合指数是(　　)对比形成的指数。

A. 两个相对指标　B. 两个平均指标　C. 相邻个体指数　D. 两个总量指标

3. 平均指标指数是由两个(　　)对比形成的指数。

A. 平均指标　B. 平均数指数　C. 个体指数　D. 总量指标

4. 成本综合指数中的产量是(　　)。

A. 指数化指标　B. 同度量因素　C. 质量指标　D. 时点指标

5. 若销售量增加，销售额持平，则物价指数(　　)。

A. 降低　B. 增长　C. 不变　D. 无法确定

6. 统计指数分为个体指数与总指数，是按其(　　)不同划分的。

A. 反映对象范围　　B. 所表明指标性质
C. 对比基期　　D. 变动方向

7. 已知劳动生产率可变构成指数为 134.2%，结构影响指数为 96.3%，则固定构成指数为(　　)。

A. 139.36%　　B. 129.73%　　C. 71.76%　　D. 39.36%

8. 在分析总平均指标变动时，若各组单位数的比重没有变化，则结构影响指数的数值(　　)。

A. 等于100%　　B. 与固定构成指数的值一样

C. 等于0　　D. 与可变构成指数的值一样

9. 某工厂总生产费用今年比去年上升了50%，产量增加了25%，则单位成本提高了(　　)。

A. 25%　　B. 2%　　C. 75%　　D. 20%

10. 利用指数法进行多因素分析，各影响因素在排序时一般(　　)。

A. 数量指标在前，质量指标在后

B. 质量指标在前，数量指标在后

C. 有时数量指标在前，有时质量指标在前

D. 哪个指标在前都可以

二、多项选择题

1. 综合指数与平均数指数的区别与联系表现在(　　)。

A. 综合指数先综合后对比，平均数指数先对比后综合

B. 在运用资料的条件上不同

C. 在经济分析中的具体作用有所不同

D. 在一定权数条件下两类指数有变形关系

2. 指数的作用有(　　)。

A. 综合反映多种不同事物在数量上总的变动方向和程度

B. 可用来进行因素分析

C. 可以反映现象的一般水平

D. 是计算其它指标的基础

3. 编制综合指数的一般原则是(　　)。

A. 质量指标指数以报告期数量指标为同度量因素

B. 数量指标指数以报告期质量指标为同度量因素

C. 质量指标指数以基期数量指标为同度量因素

D. 数量指标指数以基期质量指标为同度量因素

4. 下列属于数量指标指数的有(　　)。

A. 劳动生产率指数　　B. 产品成本指数

C. 职工人数指数　　D. 商品销售量指数

5. 平均指标指数体系是由（　）组成。

A. 结构影响指数　　B. 总指数

C. 可变构成指数　　D. 固定构成指数

6. 加权算术平均指数是一种(　　)。

A. 综合指数　　B. 平均指数　　C. 总指数　　D. 个体指数

7. 某企业某年两种不同产品的实际产量为计划产量的107%，这个指数是(　　)。

A. 总指数　　B. 个体指数　　C. 数量指标指数　　D. 质量指标指数

8. 职工平均工资上调8%，职工人数减少了10%，则(　　)。

A. 平均工资指数为108%　　B. 职工人数指数为90%

C. 工资总额少支付2.8%　　D. 工资总额减少2%

9. 同度量因素的作用有(　　)。

A. 媒介作用　　B. 权数作用　　C. 平衡作用　　D. 稳定作用

10. 某商场上期销售额为7800万元，本期销售额为8900万元，商品价格上涨10%，与上期相比，则(　　)。

A. 销售量指数为103.73%

B. 销售额指数为114.10%

C. 价格上涨使销售额增加了809.1万元

D. 销售量提高使销售额增加了290.9万元

三、判断题

1. 平均指数与平均指标指数的意义是相同的。(　　)

2. 在特定的权数条件下，综合指数与平均指数有变形关系。(　　)

3. 某地区零售物价指数为115.8%，则同样多的人民币比上年少买15.8%的商品。(　　)

4. 某企业今年3种不同产品的实际产量为计划产量的108.2%，这个指数是个体指数。(　　)

5. 综合指数的编制方法是先对比后综合。(　　)

6. 利用平均指标指数体系只能对平均指标的变动进行因素分析。(　　)

7. 在多因素综合指数中，数量化因素与质量化因素的确定是固定不变的。(　　)

8. 在指数体系中，指数之间的数量对等关系表现在总量指数等于它的因素指数的代数和。(　　)

9. 结构影响指数分子减分母的差额反映总体内部构成变化对平均数影响的绝对额。(　　)

10. 总体是由个体构成的，所以总指数就是个体指数之和。(　　)

四、填空题

1. 平均指数的特点是先(　　)后(　　)。

2. 总指数通常有两种形式，即(　　)和(　　)。

3. 在进行总量指标变动多因素分析时，因素指标的排列是（　　）在前，（　　）在后。

4. 可变构成指数等于（　　）和（　　）的连乘积。

5. （　　）和（　　）一般都用于衡量通货膨胀，是衡量宏观经济变化情况的重要指标。

五、简答题

1. 统计指数的主要作用是什么？它有哪些性质？

2. 举例说明什么是数量指标指数与质量指标指数。

3. 什么是同度量因素，它有何作用？

4. 什么是综合指数？它有何特点？

5. 平均指数与平均指标指数是否相同？

6. 什么是指数体系？它有什么作用？

7. 如何利用指数体系进行因素分析？

8. 我国居民消费价格指数是如何编制的？

六、计算题（计算结果有小数保留到 0.01，0.01%）

1. 某企业资料见附表 6-1，试计算产量总指数、单位成本总指数和价格总指数。

附表 6-1

产品名称	计量单位	产量 q		单位成本 z/元		价格 p/元	
		基期	报告期	基期	报告期	基期	报告期
甲	只	230	270	15	13	20	19
乙	件	320	390	13	12	19	18
丁	台	160	190	65	62	73	80

2. 根据附表 6-2 的资料，试编制产品物量总指数。

附表 6-2

产品名称	工业总产值/万元		个体物量指数
	基期 p_0q_0	报告期 p_1q_1	q_1/q_0（%）
甲	1900	2100	93
乙	1600	1900	100
丙	1100	1300	98

3. 某百货公司三种商品销售额及价格变动资料见附表 6-3，计算三种商品价格总指数和销售量总指数。

附表 6-3

产品名称	商品销售额/万元		价格变动率
	基期 p_0q_0	报告期 p_1q_1	p_1/p_0-100%（%）
甲	640	750	4
乙	510	530	0
丙	460	980	-6

4. 某地商品零售额基期为 10460 万元，报告期为 13750 万元，零售价格上涨 6.5%。计算商品零售额指数、零售价格指数和零售量指数，由于零售价格上涨居民多支出的金额是多少？

5. 某企业三种产品产量及价格资料见附表 6-4，利用指数体系从绝对数和相对数两方面分析产量和价格对总产值变动的影响。

附表 6-4

产品名称	单位	产量 p		价格 q（元）	
		基期	报告期	基期	报告期
甲	台	2300	2800	580	640
乙	吨	5300	4800	1100	1600
丙	件	1800	2100	260	290

6. 某企业职工人数与劳动生产率资料见附表 6-5，要求利用指数体系分析该企业平均劳动生产率变动的原因。

附表 6-5

车间	职工人数（人）T		劳动生产率 Q/（万元/人）	
	基期	报告期	基期	报告期
甲	220	200	42	47
乙	200	230	53	55
丙	140	180	60	63

7. 某公司所属三个企业生产某种产品，有关资料如附表 6-6 所示：

附表 6-6

企业名称	产量（千件）p		单位成本 z/元	
	基期	报告期	基期	报告期
甲	150	160	32	27
乙	110	110	24	24
丙	120	110	22	21

要求：

（1）利用指数体系分析总成本变动受单位产品成本和产量变动的影响；

（2）利用指数体系分析总平均单位成本变动受各企业成本水平和产量结构变动的影响。

8. 某厂原材料消耗见附表 6-7，利用指数体系分析该厂原材料费用总额变动的原因。

附表 6-7

名称	单位	产品产量 q		单耗 m/千克		价格 p/元	
		基期	报告期	基期	报告期	基期	报告期
甲	件	3400	3800	16	13	80	95
乙	台	600	630	24	22	170	190
丙	套	1100	1300	75	72	280	295

◇ 实训与案例讨论题 ◇

一、实训题

1. 某厂工人人数和平均工资资料见附表 6-8，利用 Excel 计算可变构成工资指数，并从绝对数和相对数两方面分析职工平均工资变动的原因。

附表 6-8

项目	平均人数/人		平均工资/元	
	基期 T_0	报告期 T_1	基期 X_0	报告期 X_1
老工人	500	600	6650	6740
新工人	100	300	4340	4620

2. 某工业企业生产几种使用价值和计量单位都不同的产品，有关资料见附表 6-9，请利用 Excel 进行相关计算，并从绝对数和相对数两方面分析销售额变动的原因。

附表 6-9

产品名称	计量单位	销售量		销售价格/元		销售额/万元		
		q_0	q_1	p_0	p_1	p_0q_0	p_1q_1	p_0q_1
A	吨	600	500	1150	1080			
B	台	1000	1200	540	620			
C	件	4000	4100	210	240			
合计	—	—	—	—	—			

二、案例讨论题

在国家统计局网站，查找城镇单位就业人员平均工资与城镇单位就业人员平均货币工资指数，讨论城镇单位就业人员平均工资变动趋势。联系城市居民消费价格指数变化，讨论城镇单位就业人员平均工资的合理性。

第七章 相关分析与回归分析

本章学习目的主要是掌握相关关系的概念及分类，相关关系的判断方法及回归分析的概念，回归分析与相关分析的区别与联系，一元回归模型的确定，利用 Excel 进行相关与回归分析的方法等。

［引例］ **子女身高与父母身高**

早在 19 世纪后期，英国生物学家 Galton 通过观察 1078 个家庭中父亲、母亲身高的平均值 x 和其中一个成年儿子身高 y，建立了关于父母身高与子女身高的线性方程：

$$y=33.73+0.516x$$

从方程可以看出，子女身高有向平均身高回归的倾向。时至今日，人类的物质生活和精神生活都已发生巨大的变化，父母身高与子女身高之间将呈现出什么样的关系呢？在现实生活中，我们都知道父母身高对子女身高是有影响的，但父亲与母亲的影响分别有多大？他们对儿子和女儿的影响程度是否相同？能否用定量的形式回答这个问题呢？如果可以利用回归方法，进一步揭示父亲身高、母亲身高与子女身高之间量化关系的秘密，将有助于那些关注自己后代身高的年轻父母们进行早期预测，同时也可为那些未婚青年男女在选择理想配偶时提供科学的参考依据。

为了问题的研究，要求所调查的家庭满足下列条件：（1）家庭中有一个或多个子女；（2）家庭成员身体健康，发育正常，无先天性和遗传性疾病，无残疾；（3）子女的年龄均在 23 岁（含 23 岁）以上。考虑到调查范围的广泛性，随机抽取机关干部、职员、工人、农民、城市居民、军人、大学生家庭，并选择一所全国招生的军队院校应届毕业生，他们来自全国各地，家庭背景相对复杂，这样使得样本更具代表性。在收回的 410 张（发放 460 张）调查表中，符合要求的有 290 个家庭，其中，有儿子 405 人，有女儿 270 人。

根据所收集的数据，应用二元回归分析方法，研究父亲身高、母亲身高与儿子或女儿身高的关系。设 x_1 为父亲身高，x_2 为母亲身高，y 为儿子或女儿身高。则父母身高与子女身高的回归模型为：

$$\hat{y}=b_0+b_1x_1+b_2x_2$$

若某一家庭父亲和母亲身高分别为 x_{10} 和 x_{20}，则子女身高的点估计为：

$$\hat{y}=b_0+b_1x_{10}+b_2x_{20}$$

可以对结果进行分析：分析父母身高对儿子身高的影响。在某种程度上，父母身高对子女身高有重要影响，且在不同时期子女身高有回归平均身高的趋势，即个子矮的父母，其子女身高未必低于自己，个子高的父母，其子女身高未必高于自己。

资料来源：来自于网络资料。

第一节 相关分析

一、相关分析的概念及内容

1. 相关分析的概念

在自然界和社会经济活动中，许多客观现象之间都存在互相联系、互相制约的关系。某一现象的发展变化，往往会影响其他现象的发展变化。这种联系及发展变化可以通过一定的数量关系反映出来。

相关分析就是研究两个或两个以上变量之间相关程度的大小以及用怎样的函数关系来表示的一种统计方法。它着重分析现象之间有无相关关系、相关的方向、相关的形态、相关的密切程度等。

2. 相关分析的内容

(1) 确定相关关系的存在、相关关系的形态及方向和相关关系的密切程度

只有对具有相关关系的现象进行研究才有价值。对于无相关关系的现象绝不能臆造这种关系，否则会造成虚假的关系，以至为经营决策带来风险。相关关系的形态、方向及密切程度均可以采用一定的方法来确定。

(2) 确定相关关系的数学表达式

在根据现象之间的相关关系配合直线方程或曲线方程时，可以先根据相关图、相关表判断现象是线性相关还是非线性相关，然后运用相关分析的方法确定出数学表达式。

(3) 确定因变量估计值的误差

根据得出的直线方程或曲线方程以及给出的自变量的若干数值，求得因变量相应的若干个估计值。对于估计值与实际值之间的误差，可以用估计标准误差指标来衡量其大小。

二、相关关系的概念及分类

1. 相关关系的定义

现象之间的相互依存关系可以通过一定数量关系反映出来，这种数量关系一般分为两类：一种是确定的关系，称函数关系，反映现象之间存在的严格依存关系；一种是不确定的关系，即相关关系。

相关关系是客观现象之间存在的非严格、不确定的互相依存关系。其特点是：现象之间存在数量上的依存关系，当一个现象数量上发生变化时，另一现象也发生相应的数量变化，但现象之间在数量上的关系又是不确定的，具有一定的随机性。例如，工人技术水平提高，可以使劳动生产率提高，但并不意味着做同样工作的同级工人都有同样高的劳动生产率。相关关系如果用图来表示，其对应点不完全落在一条曲线上（图 7-1）。

理解相关关系时注意把握两个要点：一是现象之间存在数量上的相互依存关系，如随着家庭收入的增加，其消费支出在增加；二是这种依存关系的具体关系值不是固定的。

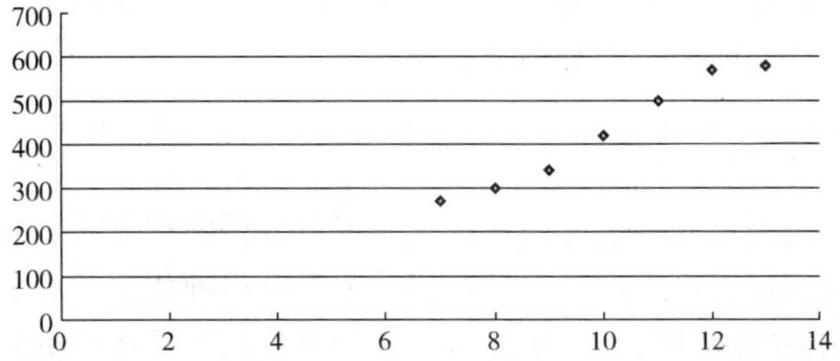

图 7-1 某企业月广告投入与月销售额的相关图

在统计实践中，有些函数关系由于存在误差或随机因素的干扰，常通过相关关系反映出来；在研究相关关系时，也常以函数关系式来反映相关关系的数量联系。

2. 相关关系的分类

相关关系可以从不同的角度进行分类。

(1) 按相关形式不同划分

相关关系可以分为线性相关和非线性相关。线性相关也称直线相关，是指当一个变量变动时，另一个变量也相应发生大致均等的变动。例如，人均消费水平与人均收入水平通常呈线性关系。非线性相关也称曲线相关，是指当一个变量变动时，另一个变量也相应地发生变动，但这种变动是不均等的。对于曲线相关，意味着两个相关现象的数据为一条曲线，如抛物线等。

(2) 按相关程度不同划分

相关关系可以分为不相关、完全相关和不完全相关。不相关是指两个变量的数量变化互相独立。例如，工人出勤率与棉花纤维强度、电视机销量与羽绒服销量等没有任何关系。完全相关是指一个变量的数量变化由另一个变量的数量变化唯一确定，此时的相关关系实际是函数关系。例如圆的面积完全取决于它的半径，这种情况下的相关关系就是函数关系。可以说，函数关系是相关关系的一种特殊情况。不完全相关是指两个变量之间的关系介于不相关和完全相关之间。在统计学中大多数的相关关系都属于不完全相关，它是相关分析研究的对象。

(3) 按相关方向不同划分

相关关系可以分为正相关和负相关。正相关是指两个变量之间的变化方向是一致的。例如，工人的劳动生产率随其技术水平的提高而提高，二者是正相关。负相关是指两个变量变化趋势相反。例如，随着劳动生产率的提高，产品的单位成本在下降，二者是负相关。

需要注意的是：许多现象正负相关的关系仅在一定范围内存在。例如，运动员的成绩随训练的运动量增加而提高，但是训练运动量增加到一定限度后，反而会使其成绩下降；通常情况下，随着降雨量的增加，谷物则长得越好，收成越多；但是降雨量超过一定范围，则谷物的收成会越少。

(4) 按影响因素数量不同划分

相关关系可以分为单相关和复相关。两个变量之间的相关关系称为单相关，也称简单相关。例如，在计件工资条件下，工人工资与产量之间的关系为单相关。三个或三个以上变量之间的相关关系称为复相关。例如，农作物的产量与施肥量、浇水量、投入劳动力人数、投入资本等因素之间的关系为复相关。

三、相关图表与相关系数

在统计学中，相关关系的测定可以有定性与定量分析两种方法。定性分析是依据研究者的知识与经验，对客观现象之间是否存在相关关系及何种相关关系作出判断，可以通过编制相关表、绘制相关图来判断。定量分析主要是通过相关系数分析来完成的。

1. 相关表

相关表是用以反映现象之间相关关系的统计表。在相关表中，以 x 为自变量，y 为因变量，在表格中把它们一一对应地排列起来，初步反映现象之间的相关形式、密切程度和相关方向。

相关表是统计表的一种，可分为简单相关表和分组相关表。简单相关表中的资料未经分组，只将自变量按照从小到大的顺序并配合因变量的值一一对应而平行排列。例如，通过表 7-1 的资料，可以发现随着产量的增加，单位成本有下降的趋势，说明两者之间存在着一定的依存关系。

表 7-1　简单相关表

产量/件	18	25	32	45	50	60	75	80
单位成本/元	16	15	15	14	14	13	12	12

如果原始资料很多，用简单相关表来表示现象之间的关系是很困难的。这时，需要将原始资料进行分组，然后编制相关表，这种表称为分组相关表。分组相关表可以分为单变量分组表和双变量分组表两种。表 7-2 就是一个单变量分组表。

表 7-2　单变量分组表　　百万元

企业编号	生产性固定资产价值	工业总产值
1	4	20
2	6	27
3	7	30
4	8	34
5	9	37
6	10	39
7	11	41

双变量分组表是对自变量和因变量都进行分组而制成的相关表。这种表形似棋盘，故又称棋盘式相关表。其编制步骤为：首先，分别确定自变量和因变量的组数；其次，按两个变量的组数设计棋盘型表格；最后，计算各组次数置于相对应的方格之中。例如，表7-3 就是双变量分组表。

表 7-3 双变量分组表

家庭月收入/元	家庭月支出/元					合计
	1000 以下	1000~2000	2000~3000	3000~4000	4000 以上	
2000 以下	3	3				6
2000~4000	2	5	6			13
4000~6000		5	8	2		15
6000~8000		1	2	5	1	9
8000~10000			1	1	2	4
10000 以上				1	2	3
合计	5	14	17	9	5	50

2. 相关图

相关图又称散布图或散点图，是利用直角坐标第一象限，将自变量置于横轴上，因变量置于纵轴上，将两个变量相对应的变量值用坐标点的形式描绘出来，以表明相关点分布的状况。相关图是进行相关和回归分析的重要分析工具。由相关图可以观察相关形式是线性还是非线性相关，相关方向是正还是负相关，还可以观察相关密切程度，为进一步分析指明方向。

以表 7-2 数据为例，绘制相关图见图 7-2。

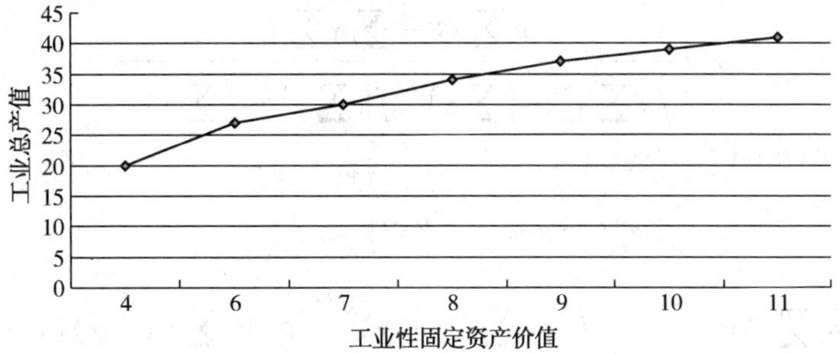

图 7-2 生产性固定资产价值与工业总产值的相关图

通过相关图可以发现：如果 y 对 x 存在线性函数关系时，所有的相关点都会分布在某一直线上；如果 y 与 x 存在线性相关关系时，相关点并不处在一条直线上，但是所有相关点的分布会呈现出某种趋势。

相关图通常有以下几种形式：强正相关、弱正相关、强负相关、弱负相关、非线性相关和不相关。图 7-2 就属于强正相关。

3. 相关系数

(1) 相关系数的定义

通过相关图与相关表只能大体上反映两个变量之间的相关情况，而要准确地表示相关的形式和程度则需要借助相关系数。相关系数是英国著名统计学家卡尔·皮尔逊提出来的，可以比较精确的计算和测定两个变量之间的相关程度。

相关系数是指在线性相关条件下，用来说明两个变量之间相关关系密切程度的统计分析指标。通常用 r 来表示。在相关关系中，单相关是基本的相关关系，它又有线性和非线性相关两种表现形式。其中线性相关系数的测定方法是其他相关系数测定方法的基础，下面着重研究线性单相关系数。

（2）相关系数的取值范围

相关系数的取值范围在-1 到+1 之间。其性质如下：

① 当 $r>0$ 时，表示 y 与 x 是正相关；$r<0$ 时为负相关。

② $r=0$ 时，表示 x 与 y 没有直线相关关系。

③ $|r|=1$ 时，表示 x 与 y 为完全线性相关。

④ r 越接近+1 或-1，表示 y 与 x 的相关关系越强；越接近于 0，表示相关关系越弱。

⑤ $|r|$ 在 0.3 以下，表示 x 与 y 相关关系极弱，认为无直线相关关系；在 0.3~0.5 之间为低度直线相关，在 0.5~0.8 之间为显著相关，大于等于 0.8 为高度相关。

（3）相关系数的计算

相关系数的计算公式为：

$$r=\frac{\sum(x-\bar{x})(y-\bar{y})}{\sqrt{\sum(x-\bar{x})^2\sum(y-\bar{y})^2}} \tag{7-1}$$

上式是将各个离差相乘来计算相关系数的，因此把这一公式叫做“积差法”相关系数公式。利用这一公式计算 r 相当繁琐，人们利用代数推演的方法得到了许多相关系数的简化公式。

$$r=\frac{n\sum xy-\sum x\sum y}{\sqrt{n\sum x^2-\left(\sum x\right)^2}\sqrt{n\sum y^2-\left(\sum y\right)^2}} \tag{7-2}$$

$$r=\frac{\overline{xy}-\bar{x}\bar{y}}{\sigma_x\sigma_y} \tag{7-3}$$

如果令

$$l_{xx}=\sum(x-\bar{x})^2 \qquad l_{yy}=\sum(y-\bar{y})^2 \qquad l_{xy}=\sum(x-\bar{x})(y-\bar{y})$$

则以协方差形式计算的相关系数可以表示为：

$$r=\frac{l_{xy}}{\sqrt{l_{xx}l_{yy}}} \tag{7-4}$$

例如，某产品单位成本与产量的资料见表 7-4，计算其 r 值。

表 7-4 相关系数计算表

序号	产量 x/千件	单位成本 y/元	xy	x^2	y^2
1	60	18	1080	3600	324
2	90	15	1350	8100	225
3	100	14	1400	10000	196
4	120	12	1440	14400	144
5	140	10	1400	19600	100
6	170	8	1360	28900	64
合计	680	77	8030	84600	1053

$$r=\frac{n\sum xy-\sum x\sum y}{\sqrt{n\sum x^2-\left(\sum x\right)^2}\sqrt{n\sum y^2-\left(\sum y\right)^2}}=\frac{6\times 8030-680\times 77}{\sqrt{6\times 84600-680^2}\sqrt{6\times 1053-77^2}}=-0.997$$

可以看出两现象的相关关系为高度负相关。

根据分组资料计算相关系数时，需要采用加权法。公式为：

$$r=\frac{\sum(x-\bar{x})(y-\bar{y})f}{\sqrt{\sum(x-\bar{x})^2f\sum(y-\bar{y})^2f}} \tag{7-5}$$

$$r=\frac{(\sum f)(\sum xyf)-(\sum xf)(\sum yf)}{\sqrt{(\sum f)(\sum x^2f)-(\sum xf)^2}\sqrt{(\sum f)(\sum y^2f)-(\sum yf)^2}} \tag{7-6}$$

根据表7-5中的资料，计算其相关系数。

表7-5　相关系数计算表

工人看管织机台数 x	时劳动生产率 y/米	工人数 f	xf	yf	x^2f	xyf	y^2f
6	14	10	60	140	360	840	1960
8	17	14	112	238	896	1904	4046
10	22	21	210	462	2100	4620	10164
12	25	30	360	750	4320	9000	18750
14	32	33	462	1056	6468	14784	33792
16	37	32	512	1184	8192	18944	43808
18	42	21	378	882	6804	15876	37044
合计	—	161	2094	4712	29140	65968	149564

代入计算公式，计算 r 值：

$$r=\frac{(\sum f)(\sum xyf)-(\sum xf)(\sum yf)}{\sqrt{(\sum f)(\sum x^2f)-(\sum xf)^2}\sqrt{(\sum f)(\sum y^2f)-(\sum yf)^2}}$$

$$=\frac{161\times 65968-2094\times 4712}{\sqrt{161\times 29140-2094^2}\sqrt{161\times 149564-4712^2}}=\frac{753920}{758709.74}=0.994$$

说明两个现象之间存在高度正相关的关系。

第二节　回归分析

一、回归分析的概念

1. 回归分析的定义

由于相关关系不能说明一个现象发生一定量的变化时，另一个变量将会发生多大的变化，即它不能说明两个变量之间的一般数值关系。因此，需要利用回归分析作进一步的说明。

1877 年，英国生物学家 F · 高尔顿在研究遗传学中，发现具有高个双亲的子女和具有矮个双亲的子女，其身高将回复到人的平均身高，他把这一现象称为“回归”，建立的数学公式称为回归方程。实际上回归方程的真正涵义是关系方程或估计方程，由于历史的原因，至今仍用回归方程这一提法。

回归分析是通过对具有相关关系的两个或两个以上变量之间数量变化的一般关系进行测定，确立一个相应的数学表达式，以便由已知量来推测未知量，为估算和预测提供重要的方法。

回归分析的一般步骤为：将变量分为自变量和因变量；找出合适的数学方程式描述变量之间的关系；估计模型的参数，得出回归方程，进行有关检验并进行适当的预测。

2. 回归分析的种类

（1）按自变量的个数不同分类

回归分析包括一元回归和多元回归。其中，只有一个自变量的回归分析叫一元回归（也称简单回归）；有两个或两个以上自变量的回归叫多元回归（也称复回归）。

（2）按照回归曲线的形态不同分类

回归分析包括线性回归和非线性回归。线性回归中自变量与因变量之间呈线性关系。非线性回归中自变量与因变量之间呈非线性关系。其中，线性回归是最基本的形式，本节重点介绍一元线性回归。

3. 相关分析与回归分析的关系

（1）相关分析与回归分析的联系

① 相关分析与回归分析互相补充

相关分析依靠回归分析来表明变量间相关关系的具体形式，回归分析需要依靠相关分析来表明变量间的相关密切程度。

② 相关分析是回归分析的前提和基础

只有变量间存在高度相关时进行回归分析才有意义，对相关程度很低的两个变量进行回归分析是没有实际意义的。

③ 回归分析是相关分析的继续与深入

回归分析是建立在相关分析基础上的，对于有密切相关的两个变量建立数学关系式并进行预测。如果只有相关分析而缺少回归分析，就会降低相关分析的意义；如果只有回归分析而缺少相关分析，也会影响回归分析的可靠性。因此，只有把二者结合起来才能达到统计研究和分析的目的。

（2）相关分析与回归分析的区别

① 变量地位不同。相关分析研究的两个变量是对等关系的，而回归分析研究的两个变量不是对等关系的。

② 变量性质不同。相关分析的两个变量都是随机变量，而回归分析的因变量是随机变量，自变量是确定的。

③ 研究方法不同。相关分析对于两个变量只能计算出一个相关系数，而回归分析可以根据不同的目的分别建立两个不同的回归方程。

④ 所起作用不同

相关分析只能描述变量之间相关关系的密切程度及方向，不能由一个变量变化预测另一个变量的变化情况；回归分析可以揭示自变量对因变量的影响大小，并可根据回归方程进行预测。

由于相关分析与回归分析之间存在密切的关系，因此，在实际应用时往往要在相关分析的基础上进行回归分析。

二、一元线性回归分析

1. 一元线性回归模型的确定

一元线性回归模型又称简单直线回归模型，它是根据成对的两个变量的数据来配合直线方程，并依据自变量的变动推算因变量的发展趋势和水平。一元线性回归方程的模型为：

$$\hat{y} = a + bx \tag{7-7}$$

式中，$\hat{y}$ 为 y 的估计值；a 为直线在 y 轴的截距；b 为直线的斜率，称为 y 对 x 的回归系数，它表明 x 每变动一个单位时，使 y 平均变动的数量。当 $b>0$ 时表示 x 与 y 正相关；当 $b<0$ 时表示 x 与 y 负相关。

一元线性回归方程应用的条件是：两个变量之间确实存在着显著的直线相关关系。如果两个变量之间没有相关关系或相关程度不显著，配合的回归模型就无法表明两个变量之间的依存关系。

一元线性回归方程中的待定系数 a 和 b 的估计有多种不同的方法，应用最广泛的是最小平方法。根据未分组资料配合回归直线模型时，依最小平方法的原理，得到标准方程式：

$$\begin{cases} na + b\sum x = \sum y \\ a\sum x + b\sum x^2 = \sum xy \end{cases} \tag{7-8}$$

这里数学推导过程省略，求得待定系数 a 和 b 为：

$$b = \frac{n\sum xy - \sum x \sum y}{n\sum x^2 - (\sum x)^2} \tag{7-9}$$

$$a = \frac{\sum y}{n} - b\frac{\sum x}{n} = \bar{y} - b\bar{x} \tag{7-10}$$

以表 7-4 的资料为例，配合直线方程：

$$b = \frac{6 \times 8030 - 680 \times 77}{6 \times 84600 - 680^2} = \frac{-4180}{45200} = -0.092$$

$$a = \frac{77}{6} + 0.092 \times \frac{680}{6} = 23.26$$

则：

$$\hat{y} = 23.26 - 0.092x$$

当产量为 190 千件时，单位成本为：

$$\hat{y} = 23.26 - 0.092 \times 190 = 5.78(\text{元})$$

在根据分组资料配合回归直线模型时，待定参数 a 和 b 的计算公式为：

$$b = \frac{(\sum f)(\sum xyf) - (\sum xf)(\sum yf)}{(\sum f)(\sum x^2 f) - (\sum xf)^2} \tag{7-11}$$

$$a = \bar{y} - b\bar{x} = \frac{\sum yf}{\sum f} - b\frac{\sum xf}{\sum f} \tag{7-12}$$

根据表 7-5 中的资料，试配合趋势方程，并预测工人看管织机台数为 20 台时，时劳动生产率为多少？

把有关数据代入公式：

$$b = \frac{161 \times 65968 - 2094 \times 4712}{161 \times 29140 - 2094^2} = 2.458$$

$$a = \frac{4712}{161} - 2.458 \times \frac{2094}{161} = -2.7$$

将 a、b 的数值代入回归模型，得到：

$$\hat{y} = -2.7 + 2.458x$$

当 $x=20$ 台时，时劳动生产率的估计值为：

$$\hat{y} = -2.7 + 2.458 \times 20 = 46.46(\text{米})$$

2. 估计标准误差

回归方程的一个重要作用在于根据自变量的值推算因变量的可能值，这个可能值也称估计值、理论值或平均值。它与真正的实际值可能一致，也可能不一致。因而，就产生了估计值的代表性问题。将一系列的 $\hat{y}$ 与 y 值加以比较，可以发现其中存在着一系列离差，有的是正差，有的是负差。回归方程的代表性一般是通过估计标准误差指标来反映的。

估计标准误差是用来说明回归方程代表性大小的统计分析指标，简称为估计标准误或估计标准差。估计标准误差的计算原理与标准差基本相同。估计标准误差小，说明回归方程的准确性高，代表性大；反之，说明回归方程的准确性差，代表性小。其基本计算公式为：

$$S_y = \sqrt{\frac{\sum (y - \hat{y})^2}{n}} \tag{7-13}$$

式中，S_y为估计标准误差；n 为数据的项数。

当实际观察值比较多且数值较大时，根据上述公式计算估计标准误差十分麻烦，这时可以采用简化公式来计算：

对于未分组资料：

$$S_y = \sqrt{\frac{\sum y^2 - a\sum y - b\sum xy}{n}} \tag{7-14}$$

对于分组资料：

$$S_y = \sqrt{\frac{\sum y^2 f - a\sum yf - b\sum xyf}{\sum f}} \tag{7-15}$$

估计标准误差是分析回归误差的一个重要尺度，它和相关系数之间存在着密切的关系。即：

$$S_y = \sigma_y\sqrt{1 - r^2} \tag{7-16}$$

可以看出，r 与 S_y的变化方向是相反的。r 越大，S_y越小，回归方程的代表性较大；r 越小，S_y越大，回归方程的代表性较小。

现以表 7-4 的资料为例，用简化公式计算估计标准误差 S_y。

$$S_y = \sqrt{\frac{1053 - 23.26 \times 77 + 0.092 \times 8030}{6}} = 0.35(\text{元})$$

由计算结果可见，若以 5.78 元来估计实际单位成本，平均来说，将发生 0.35 元的误差。

当分析的资料为分组资料时，表 7-5 的资料，计算误差为：

$$S_y = \sqrt{\frac{149564 + 2.7 \times 4712 - 2.458 \times 65968}{161}} = \sqrt{\frac{137.056}{161}} = 0.92(\text{米})$$

对于针对某一问题的回归方程进行的检验主要有 F 检验、显著性检验等，这里具体方法略。进行预测时可以有点预测、区间预测两种方法。点预测就是直接带入 x 的值，得到的 y 值就是预测值。根据表 7-4、表 7-5 中的资料，进行点预测的结果为 5.78 元、46.46 米。考虑到预测误差，可以进行区间预测。根据表 7-4 中的资料，进行区间预测的结果为 5.78-0.35，5.78+0.35，即单位成本在 5.43~6.13 元之间；同理，时劳动生产率的区间预测结果在 45.54~47.38 米之间。

三、多元线性回归分析

社会经济现象是复杂多变的，影响因素可能不是一个而是多个，这时需要研究一个因变量受几个自变量变动的影响，称为多元回归，常用方法为多元线性回归。

1. 多元线性回归方程

多元线性回归方程是用于表达一个因变量与多个自变量之间线性相关关系及其规律性的一种数学模型。当研究的因变量 y 受多个自变量 x_1，x_2，…，x_n影响，且其关系为线性相关关系时，线性回归方程的表达式为：

$$\hat{y} = a + b_1x_1 + b_2x_2 + \cdots + b_nx_n \tag{7-17}$$

就确定多元线性回归方程的方法来说，多元线性回归分析与一元线性回归分析一样，同样使用最小平方法，只是多元线性回归分析更复杂、繁琐，计算量更大，往往需要用计算机来完成。其中，$\hat{y}$ 为复回归估计值；x_1，x_2，…，x_n为自变量；b_1，b_2，…，b_n分别为因变量 y 对自变量 x_1，x_2，…，x_n的回归系数。a，b_1，b_2，…，b_n由以下方程组解出：

$$\begin{cases}\sum y = na + b_1\sum x_1 + b_2\sum x_2 + \cdots + b_n\sum x_n \\ \sum x_1 y = a\sum x_1 + b_1\sum x_1^2 + b_2\sum x_1x_2 + \cdots + b_n\sum x_1x_n \\ \vdots \qquad\qquad\qquad \vdots \\ \sum x_n y = a\sum x_n + b_1\sum x_nx_1 + b_2\sum x_nx_2 + \cdots + b_n\sum x_n^2\end{cases} \tag{7-18}$$

多元线性回归中最简单的模型是二元线性回归。二元线性回归的模型与求解方程为：

$$\hat{y} = a + b_1x_1 + b_2x_2 \tag{7-19}$$

$$\begin{cases}\sum y = na + b_1\sum x_1 + b_2\sum x_2 \\ \sum x_1 y = a\sum x_1 + b_1\sum x_1^2 + b_2\sum x_1x_2 \\ \sum x_2 y = a\sum x_2 + b_1\sum x_1x_2 + b_2\sum x_2^2\end{cases} \tag{7-20}$$

某公司有关资料见表 7-6，以工作时间（小时）为因变量，分别以距离（米）与业务次数（次）为自变量，配合二元线性回归方程。

表 7-6　某公司相关数据表

员工编号	工作时间 y	行驶距离 x_1	业务次数 x_2	x_1y	x_2y	x_1x_2	x_1^2	x_2^2
1	9.3	100	4	930	37.2	400	10000	16
2	4.8	50	3	240	14.4	150	2500	9
3	8.9	100	4	890	35.6	400	10000	16
4	6.5	100	2	650	13	200	10000	4
5	4.2	50	2	210	8.4	100	2500	4
6	6.2	80	2	496	12.4	160	6400	4
7	7.4	75	3	555	22.2	225	5625	9
8	6	65	4	390	24	260	4225	16
9	7.6	90	3	684	22.8	270	8100	9
10	6.1	90	2	549	12.2	180	8100	4
合计	67	800	29	5594	202.2	2345	67450	91

代入公式，得方程组如下：

$$\begin{cases}67 = 10a + 800b_1 + 29b_2 \\ 5594 = 800a + 67450b_1 + 2345b_2 \\ 202.2 = 29a + 2345b_1 + 91b_2\end{cases}$$

解方程得：$a=-0.8687$，$b_1=0.0611$，$b_2=0.9234$

因此二元线性回归方程为：

$$\hat{y} = -0.8687 + 0.0611x_1 + 0.9234x_2$$

若第 11 个员工行驶距离为 110，业务次数为 4 次，则工作时间为：

$$-0.8687+0.0611\times110+0.9234\times4=9.5\text{（小时）}$$

2. 多元回归估计平均误差

多元线性回归依然是用估计标准误差说明回归方程的代表性大小，其计算公式为：

$$S_y = \sqrt{\frac{\sum (y-\hat{y})^2}{n-m-1}} \tag{7-21}$$

式中，n 为样本容量，即观察值组数，m 为自变量个数。

对于二元线性回归方程，其估计标准误差计算公式为：

$$S_y = \sqrt{\frac{\sum (y-\hat{y})^2}{n-3}} \tag{7-22}$$

$$S_y = \sqrt{\frac{\sum y^2 - b_0\sum y - b_1\sum x_1y - b_2\sum x_2y}{n-3}} \tag{7-23}$$

3. 复相关系数

复相关系数是测定三个或三以上变量之间关系密切程度的指标，用 R 来表示，其计算公式为：

$$R = \sqrt{\frac{\sum (\hat{y}-\bar{y})^2}{\sum (y-\bar{y})^2}} \tag{7-24}$$

复相关系数 R 与一元线性回归相关系数 r 的意义相同。当 $R=1$ 时，$\hat{y}=y$，说明回归方程与样本数据完全拟合没有误差，三个变量间成函数关系。当 $R=0$ 时，$\hat{y}=\bar{y}$，说明方程丝毫未能解释 y 的变异。因此，R 越接近 1，说明回归效果越好。对于二元线性回归，R 可按下式计算：

$$R = \sqrt{\frac{b_0\sum y + b_1\sum x_1y + b_2\sum x_2y - n(\bar{y})^2}{\sum y^2 - n(\bar{y})^2}} \tag{7-25}$$

式中，y 是因变量的实测值，即样本数值；$\bar{y}$ 是因变量样本平均值；x_1、x_2 是自变量样本值；n 是样本单位数即观察数值组数；b_0 是回归方程中的常数项；b_1、b_2 是回归系数。

四、非线性回归分析

在实际工作中，有时两个变量之间的相关关系并非线性关系，而是呈现出某种非线性的曲线关系。这时，就必须考虑根据恰当的曲线类型为两个变量配合一条相应的曲线。

在社会经济现象中，常用的曲线类型有指数曲线、双曲线、幂函数曲线、S 型曲线、抛物线模型、对数曲线模型等。对于这些非线性问题，可以通过变量的变换将其化成线性回归问题，然后应用线性回归分析方法来解决非线性回归问题。

1. 指数曲线模型

$$y = ab^x$$

两边取对数得：

$$\lg y = \lg a + x\lg b$$

令 $y' = \lg y$，$a' = \lg a$，$b' = \lg b$，则有：

$$y' = a' + b'x$$

2. 双曲线模型

$$\frac{1}{y} = a + \frac{1}{x}b$$

令 $y' = \frac{1}{y}$, $x' = \frac{1}{x}$ ，则有：

$$y' = a + bx'$$

3. 幂函数曲线模型

$$y = ax^b$$

两边取对数得：

$$\lg y = \lg a + b\lg x$$

令 $y' = \lg y$, $a' = \lg a$, $x' = \lg x$ ，则有：

$$y' = a' + bx'$$

4. S 型模型

$$y = \frac{1}{a + be^{-x}}$$

令 $y' = \frac{1}{y}$, $x' = e^{-x}$ ，则有：

$$y' = a + bx'$$

5. 抛物线模型

$$y = a + bx + cx^2$$

令 $x_1=x$，$x_2=x^2$，则有：

$$y' = a + bx_1 + cx_2$$

6. 对数曲线模型

$$y = a + b\lg x$$

令 $x'=\lg x$。则有：

$$y' = a + bx'$$

五、应用相关分析与回归分析时需要注意的问题

1. 定性分析与定量分析相结合

这是正确运用相关分析与回归分析的必要前提。因为定性分析可以判断现象之间是否存在相关关系，如果把没有内在关系的现象硬性地进行相关分析，会导致虚假的相关关系，据以进行推算预测，结果也将是错误的。要做好定性分析，必须熟悉所研究的领域，有足够的知识和经验。

2. 相关分析与回归分析相结合

相关分析是回归分析的基础与前提，回归分析是相关分析的继续与深入，在具体应用时它们常常互相补充，才能对数据进行深入、透彻的分析。

3. 具体问题要具体分析

回归方程是根据一定的统计资料计算得来的，当条件发生变化时，不能机械照搬，而

要具体问题具体分析，并采用大量观察法观察经济现象，以消除偶然因素的影响。

4. 注意现象质的界限

在进行相关分析与回归分析时，要注意现象质的界限以及相关关系作用的范围，超出这一范围，分析结果就会发生错误。例如，农作物产量与施肥量在一定范围具有正相关关系，根据回归方程进行预测时只适宜用内插法，而不宜用外推法预测。

5. 对回归方程中参数的有效性进行检验

在回归分析中对计算出的参数的有效性要进行显著性检验，以判断回归预测的有效性。

6. 考虑社会经济现象的复杂性

影响社会经济现象的因素很多，在应用回归分析与相关分析时要注意社会经济现象的复杂性，分析自然技术、政治、经济、道德、心理等因素的影响，使分析结果能正确反映现象的实际情况。

7. 选择误差小的回归方程

在研究实际问题时，有的现象并不是十分明显地表现为直线或曲线趋势。因此，为保证分析结果的准确，在回归分析时，对于同一个资料可以配合多种回归方程，比较计算出来的估计标准误差，选择误差小的方程为最合适方程。

第三节 利用 Excel 进行相关与回归分析

用下面的例子说明用 Excel 进行相关和回归分析的过程。

例：某公司所属 8 个企业的产品销售资料见表 7-7。

表 7-7 销售情况表

企业编号	产品销售额/万元	销售利润/万元
1	170	8.1
2	220	12.5
3	390	18.0
4	430	22.0
5	480	26.5
6	650	40.0
7	980	64.0
8	1500	69.0

要求：

(1) 计算产品销售额与利润额之间的相关系数；

(2) 确定利润额对产品销售额的直线回归方程。

具体步骤如下：

一、相关分析

首先把有关数据输入 Excel 的单元格中，见图 7-3。

	A	B	C
1	企业编号	产品销售额（万元）	销售利润（万元）
2	1	170	8.1
3	2	220	12.5
4	3	390	18
5	4	430	22
6	5	480	26.5
7	6	650	40
8	7	980	64
9	8	1500	69

图 7-3

用 Excel 进行相关分析有两种方法，一是利用相关系数函数，另一种是利用相关分析宏。

1. 利用函数计算相关系数

在 Excel 中，提供了两个计算两个变量之间相关系数的方法，CORREL 函数和 PERSON 函数，这两个函数是等价的，这里介绍用 PERSON 函数计算相关系数。

（1）单击任一个空白单元格，单击插入菜单，选择函数选项，打开粘贴函数对话框，在函数分类中选择统计，在函数名中选择 PERSON，单击确定后，出现 PERSON 对话框。

（2）在 array1 中输入 B2：B9，在 array2 中输入 C2：C9，即可在对话框下方显示出计算结果为 0.9613。如图 7-4 所示。

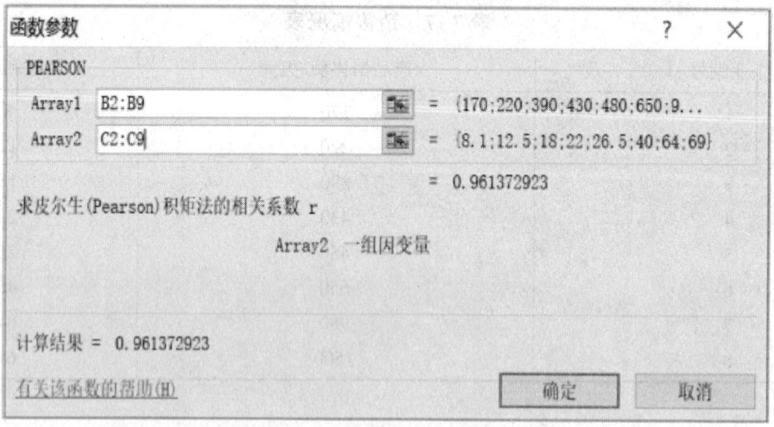

图 7-4

2. 用相关分析宏计算相关系数

（1）单击菜单中“数据”选项，选择“数据分析”，在数据分析选项中选择相关系数，弹出相关系数对话框，如图 7-5 所示。

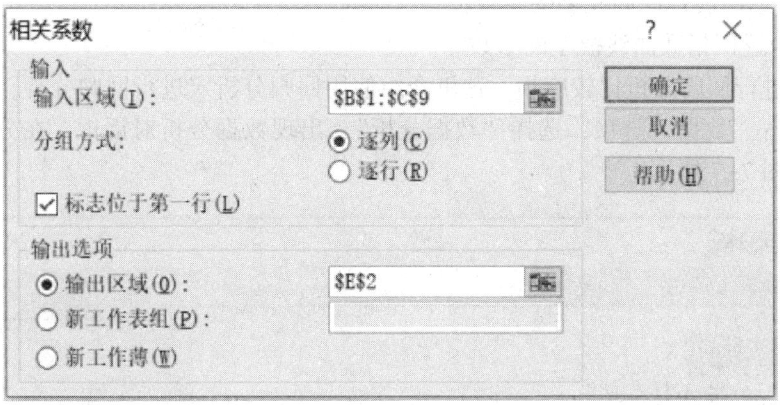

图 7-5

（2）在输入区域输入 B1：C9，分组方式选择逐列，选择标志位于第一行，在输出区域中输入 E2，单击确定，得输出结果见图 7-6。

	A	B	C	D	E	F	G
1	企业编号	产品销售额（万元）	销售利润（万元）				
2	1	170	8.1			产品销售额（万元）	销售利润（万元）
3	2	220	12.5		产品销售额（万元）	1	
4	3	390	18		销售利润（万元）	0.96137292	1
5	4	430	22				
6	5	480	26.5				
7	6	650	40				
8	7	980	64				
9	8	1500	69				

图 7-6

在上面的输出结果中，产品销售额与利润额之间的相关系数为 0.9613，与利用函数计算的结果完全相同。

二、回归分析

Excel 进行回归分析同样分函数和回归分析宏两种形式，其提供了 9 个函数用于建立回归模型和进行预测。这 9 个函数分别是：

INTERCEPT 返回线性回归模型的截距；

SLOPE 返回线性回归模型的斜率；

RSQ 返回线性回归模型的判定系数；

FORECAST 返回一元线性回归模型的预测值；

STEYX 计算估计的标准误；

TREND 计算线性回归线的趋势值；

GROWTH 返回指数曲线的趋势值；

LINEST 返回线性回归模型的参数；

LOGEST 返回指数曲线模型的参数。

用函数进行回归分析比较麻烦，这里介绍使用回归分析宏进行回归分析。

（1）单击“数据”选项，选择“数据分析”，出现数据分析对话框，在分析工具中选择回归，如图 7-7 所示。

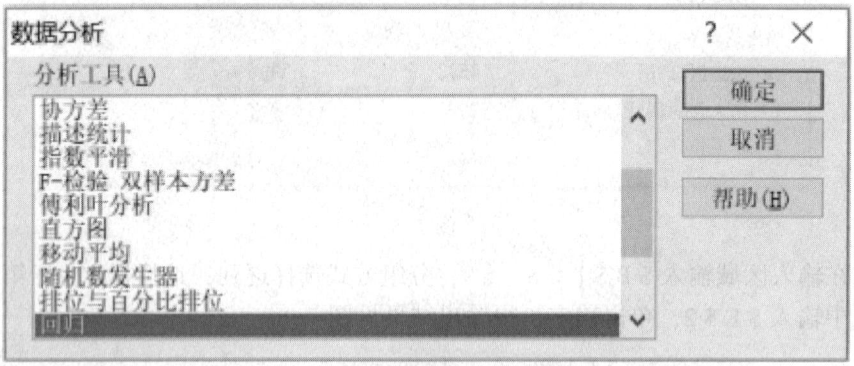

图 7-7

（2）单击确定按钮，弹出回归对话框，在 Y 值输入区域输入＄C＄2：＄C＄9，在 X 值输入区域输入＄B＄2：＄B＄9，在输出选项选择新工作表组，如图 7-8 所示。

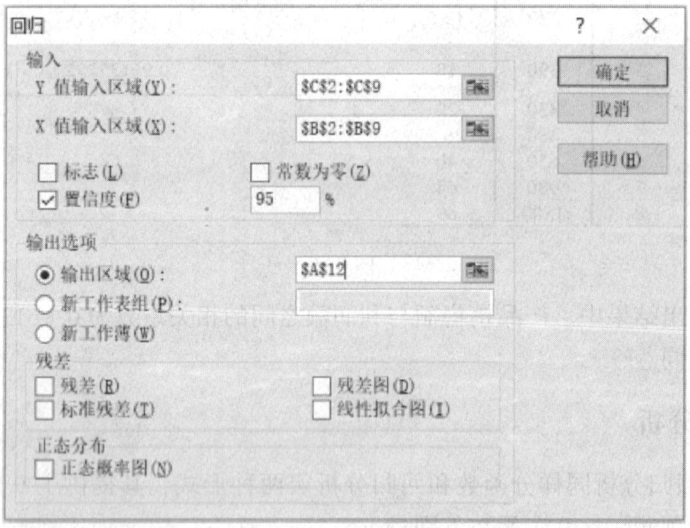

图 7-8

（3）单击确定按钮，得回归分析结果如图 7-9 所示。

在上面的输出结果中，第一部分为汇总统计，Multiple R 指复相关系数，R Square 指判定系数，Adjusted R 指调整的判定系数，标准误差指估计的标准误差，观测值指样本容量；第二部分为方差分析，df 指自由度，SS 指平方和，MS 指均方，F 指 F 统计量，Significance F 指 p 值；第三部分包括：Intercept 指截距，Coefficient 指系数，t Stat 指 T 统计量等。

12	SUMMARY OUTPUT								
13									
14	回归统计								
15	Multiple	0.961373							
16	R Square	0.924238							
17	Adjusted	0.911611							
18	标准误差	6.865254							
19	观测值	8							
20									
21	方差分析								
22		df	SS	MS	F	gnificance F			
23	回归分析	1	3449.818	3449.818	73.1952679	0.0001399			
24	残差	6	282.7903	47.13171					
25	总计	7	3732.609						
26									
27		Coefficien	标准误差	t Stat	P-value	Lower 95%	Upper 95%	下限 95.0%	上限 95.0%
28	Intercep	2.317646	4.283408	0.541075	0.60794329	-8.163477	12.798768	-8.163477	12.7987684
29	X Variab	0.050116	0.005858	8.555423	0.00013994	0.0357824	0.0644495	0.0357824	0.06444946

图 7-9

◇ 本章要点 ◇

（1）相关分析的概念及内容。相关分析就是研究两个或两个以上变量之间相关程度的大小以及用怎样的函数关系来表示的一种统计方法。

（2）相关关系的概念及种类。相关关系是客观现象之间存在的非严格、不确定的互相依存关系。按相关形式的不同，可分为线性相关和非线性相关；按相关程度的不同，可分为不相关、完全相关和不完全相关；按相关方向的不同，可分为正相关和负相关；按影响因素数量的不同，可分为单相关和复相关。

（3）相关图表与相关系数。相关表是用以反映现象之间相关关系的统计表。相关图是利用直角坐标第一象限，将自变量置于横轴上，因变量置于纵轴上，将两个变量相对应的变量值用坐标点的形式描绘出来，以表明相关点分布的状况。

相关系数是指在线性相关条件下，用来说明两个变量之间相关关系密切程度的统计分析指标。通常用 r 来表示，取值范围在-1 到+1 之间。$r>0$ 表示正相关，$r<0$ 为负相关，$r=0$ 表示没有直线相关关系。r 越接近+1 或-1，表示 y 与 x 的相关关系越强，越接近于 0，表示相关关系越弱。r 的绝对值=1 时，表示 x 与 y 为完全线性相关；r 的绝对值在 0.3 以下，表示无直线相关关系；r 的绝对值在 0.3～0.5 之间为低度直线相关，r 的绝对值在 0.5～0.8 之间为显著相关，r 的绝对值 0.8 以上为高度相关。可以用积差法、简捷法、协方差公式计算相关系数。

（4）回归分析的概念。回归分析是通过对具有相关关系的两个或两个以上变量之间数量变化的一般关系进行测定，确立一个相应的数学表达式，以便由已知量来推测未知量，为估算和预测提供重要的方法。相关分析与回归分析之间具有密切的关系，又存在着区别。按自变量的个数不同，回归分析包括一元回归和多元回归；按照回归曲线的形态不同，回归分析包括线性回归和非线性回归。

（5）一元线性回归分析。一元线性回归模型又称简单直线回归模型，它是根据成对的两个变量的数据，来配合直线方程，并依据自变量的变动推算因变量的发展趋势和水平。一元线性回归方程应用的条件是：两个变量之间确实存在着显著的直线相关关系。

估计标准误差是用来说明回归方程代表性大小的统计分析指标。估计标准误差小，说明回归方程的准确性高，代表性大；反之，说明回归方程的准确性差，代表性小。

(6) 多元线性回归方程。多元线性回归方程是用于表达一个因变量与多个自变量之间线性相关关系及其规律性的一种数学模型。多元线性回归中最简单的模型是二元线性回归。

(7) 非线性回归分析。非线性回归分析常用的曲线类型有指数曲线、双曲线、幂函数曲线、S型曲线、抛物线模型、对数曲线模型等。对于这些非线性问题，可以通过变量的变换将其化成线性回归问题，然后应用线性回归分析方法来解决非线性回归问题。

(8) 用 Excel 进行相关与回归分析。用 Excel 进行相关分析有两种方法，一是利用相关系数函数，另一种是利用相关分析宏；用 Excel 进行回归分析分函数和回归分析宏两种形式，其提供了 9 个函数用于建立回归模型和进行预测。

◇ 知识点梳理 ◇

知识点	具体内容
相关分析	研究两个或两个以上变量之间相关程度的大小以及用怎样的函数关系来表示的一种统计方法。
相关关系	客观现象之间存在的非严格、不确定的互相依存关系。
线性相关	当一个变量变动时，另一个变量也相应发生大致均等的变动。
非线性相关	当一个变量变动时，另一个变量也相应地发生变动，但这种变动是不均等的。
不完全相关	两个变量之间的关系介于不相关和完全相关之间。
正相关	两个变量之间的变化方向是一致的。
负相关	指两个变量之间的变化趋势是相反的。
单相关	两个变量之间的相关关系。
相关表	用以反映现象之间相关关系的统计表。
相关图	利用直角坐标第一象限，将自变量置于横轴上，因变量置于纵轴上，将两个变量相对应的变量值用坐标点的形式描绘出来，以表明相关点分布的状况。
相关系数	在线性相关条件下，用来说明两个变量之间相关关系密切程度的统计分析指标。
回归分析	通过对具有相关关系的两个或两个以上变量之间数量变化的一般关系进行测定，确立一个相应的数学表达式，以便由已知量来推测未知量，为估算和预测提供重要的方法。
一元线性回归模型	根据成对两个变量的数据配合直线方程，并依据自变量的变动推算因变量的发展趋势和水平。
估计标准误差	用来说明回归方程代表性大小的统计分析指标。
多元线性回归方程	用于表达一个因变量与多个自变量之间线性相关关系及其规律性的一种数学模型。

◇ 练习题 ◇

一、单项选择题

1. 现象之间相关依存关系的程度越低，则相关系数(　　)。

A. 越接近于0　　B. 越接近于-1　　C. 越接近于1　　D. 越接近于0.5

2. 如果两个变量之间的相关系数为1，则这两个变量存在(　　)关系。

A. 负相关　　B. 正相关　　C. 完全相关　　D. 不完全相关

3. 两个变量之间的相关关系为(　　)。

A. 单相关　　B. 复相关　　C. 无相关　　D. 负相关

4. 相关分析中要求两个变量是(　　)。

A. 都是非随机的　　B. 都是随机的　　C. 都非给定的　　D. 以上3个都对

5. 从变量之间相关的表现形式看，可以分为(　　)。

A. 正相关和负相关　　B. 直线相关和曲线相关

C. 单相关和复相关　　D. 完全相关和无相关

6. 随着劳动成产率的提高，总成本在下降，则二者之间存在(　　)。

A. 无相关　　B. 负相关　　C. 正相关　　D. 无法判断

7. 直线回归方程中，若回归系数为负，则表明(　　)。

A. 现象正相关　　B. 现象负相关

C. 相关程度很弱　　D. 不能说明相关的方向和程度

8. 对直线趋势 $y=100+9x$，若 x 每增加一个单位，则 y 平均增加(　　)。

A. 100个单位　　B. 9个单位　　C. 109个单位　　D. 91个单位

9. 当所有观察值 y 都落在回归直线 $a+bx$ 上，则 x 与 y 之间的相关系数(　　)。

A. $r=1$　　B. $-1<r<0$　　C. $r=1$ 或 $r=-1$　　D. $0<r<1$

10. 判定现象之间相关关系密切程度的主要方法是(　　)。

A. 编制相关表　　B. 进行定性分析　　C. 绘制相关图　　D. 计算相关系数

二、多项选择题

1. 直线相关分析的特点有(　　)。

A. 相关系数的绝对值是介于0~1之间的数

B. 两变量只能算出一个相关系数

C. 相关系数有正负号

D. 两变量都是随机的

2. 一元线性回归分析中的回归系数 b 可以表示为(　　)。

A. 两变量之间相关的密切程度

B. 当自变量增减一个单位时，因变量平均增减的量

C. 两变量之间相关的方向

D. 当因变量增减一个单位时，自变量平均增减的量

3. 依据变量之间相关程度的不同，相关关系可以分为(　　)。

A. 直线相关　　B. 曲线相关　　C. 完全相关　　D. 不相关

4. 当两个变量完全相关时，则相关系数为(　　)。

A. 0　　B. 1　　C. 0.5　　D. −1

5. 下列现象属于相关关系的是(　　)。

A. 家庭收入越多，则消费也增加

B. 圆的半径越长，则圆面积也越大

C. 一般地说，施肥量增加，农作物收获率也增加

D. 体积随温度升高而膨胀，随压力加大而收缩

6. 在直线回归方程中(　　)。

A. 在两个变量中须确定自变量和因变量　B. 回归系数只能取正值

C. 要求两个变量都是随机变量　D. 要求因变量是随机的，自变量是确定的

7. 相关系数与回归系数(　　)。

A. 回归系数大于零，则相关系数大于零　B. 回归系数小于零，则相关系数小于零

C. 回归系数大于零，则相关系数小于零　D. 回归系数小于零，则相关系数大于零

8. 下列关系中属于正相关的有(　　)。

A. 物价水平与商品需求量　B. 施肥量与亩产量

C. 单位产品成本与原材料的消耗量　D. 产品产量与单位产品成本

9. 在线性相关和回归分析中(　　)。

A. 根据同一资料，相关系数只能计算一个

B. 根据同一资料，相关系数可以计算两个

C. 根据同一资料，回归方程随自变量与因变量的确定不同，可能配合两个

D. 回归方程和相关系数均与自变量和因变量的确定无关

10. 可以用来判断现象之间相关方向的指标有(　　)。

A. 估计标准误差　B. 相关系数

C. 回归系数　D. 两个变量的协方差

三、判断题

1. 回归系数 b 和相关系数 r 都可以用来判断现象之间相关的密切程度。(　　)

2. 物价上涨、销售量下降，则物价与销售量之间存在负相关关系。(　　)

3. 相关关系与函数关系都属于完全确定性的依存关系。(　　)

4. 在回归分析中，要求对应的两个变量是对等关系。(　　)

5. 回归分析和相关分析一样，分析的两个变量都一定是随机变量。(　　)

6. 当 $r=0$ 时，说明变量之间不存在任何相关关系。(　　)

7. 相关的两个变量只能计算出一个相关系数。(　　)

8. 两个变量之间的相关关系称为正相关。(　　)

9. 回归系数 b 和相关系数 r 的符号可以相同，也可以不同。(　　)

10. 在直线回归分析中，估计标准差的值越大，则直线回归方程的精确性越低。(　　)

四、填空题

1. 按相关形式不同，相关关系可以分(　　)与(　　)。

2. 相关表是统计表的一种，可分为(　　)和(　　)。

3. 相关图又称(　　)或(　　)，是进行相关和回归分析的重要分析工具。

4. 相关系数的取值范围在(　　)和(　　)之间。

5. 按照回归曲线的形态不同，回归分析分为(　　)和(　　)。

6. 当回归系数 $b>0$ 时，表示 x 与 y (　　)；当 $b<0$ 时表示 x 与 y (　　)。

五、简答题

1. 什么是相关关系？相关关系与函数关系有何区别？

2. 怎样判断现象之间有无相关关系?
3. 什么是相关系数?相关系数不同取值有什么含义?
4. 相关分析与回归分析有何区别与联系?
5. 直线回归方程中的参数 a 与 b 的几何含义与经济含义是什么?
6. 什么是估计标准误差?估计标准误差有什么作用?

六、计算题(计算结果有小数保留到0.01,0.01%)

1. 某企业某种产品产量与单位成本资料如附表7-1所示:

附表7-1

月份	1	2	3	4	5	6
产量/千件	20	30	40	30	40	50
单位成本/(元/件)	93	92	91	92	89	88

要求:

(1)计算相关系数,说明相关程度;

(2)确定单位成本对产量的直线回归方程,指出产量每增加1千件时,单位成本平均下降多少元?

(3)如果产量65元/千件时,单位成本应为多少?

(4)计算估计标准误差。

2. 某企业对所属的5个企业进行调查,以研究产品销售额 x(万元)与销售利润 y(万元)之间的关系,计算结果如下:$\sum x=238$,$\sum y=16$,$\sum x^2=9842$,$\sum y^2=38.9$,$\sum xy=632$。

要求:

(1)计算产品销售额与销售利润之间的相关系数;

(2)建立销售利润对销售额的直线回归方程。

3. 两个变量 x 和 y 的观察值如附表7-2所示:

附表7-2

x_i	5	3	8	6	2	1
y_i	20	25	16	18	27	28

要求:

(1)根据以上数据绘制散点图,从所绘制的散点图中可以看出两个变量之间是什么关系?

(2)计算相关系数;

(3)用公式计算 a 和 b,建立估计回归方程,并预测当 $x=9$ 时 y 的值。

4. 一公司认为商品销售额与人口数及月人均收入有关,六个地区的有关资料如附表7-3所示:

附表 7-3

地区	销售额 y/万元	人口数 x_1/万人	月人均收入 x_2/百元
1	560	210	12
2	640	240	13
3	720	270	15
4	1120	340	23
5	1310	380	28
6	1490	420	34

要求：

(1) 建立它们之间的数量关系

(2) 预测某地区人口为 480 万人、月人均收入为 39 百元时的销售额。

5. 某单位商品流通费用率与商品零售额资料如附表 7-4 所示：

附表 7-4

年份	商品流通费用率 y/%	商品零售额 x/万元
1	7.7	10.3
2	6.5	11.8
3	6.1	13.1
4	5.5	15.1
5	5.2	16.6
6	5	19.1
7	4.6	22.1
8	4.4	25.2
9	4.2	28.6
10	4.1	32.2

要求：

(1) 绘制散点图，判断两者的关系；

(2) 建立曲线模型，预测当下年的商品零售额达到 36.9 万元时，其流通费用率为多少？

◇ 实训与案例讨论题 ◇

一、实训题

有 10 家商店的相关资料见附表 7-5：

附表 7-5

商店编号	每人月平均销售额 x/千元	利润率 y/%
1	6	12
2	5	10
3	8	18
4	1	3
5	4	8
6	7	16
7	6	12
8	3	6
9	3	7
10	7	17

要求利用 Excel 完成以下任务：

(1) 计算每人月平均销售额与利润率的相关系数，判断二者的相关程度；

(2) 求利润率 (y) 对每人月平均销售额的回归方程。

二、案例讨论题

人口平均预期寿命指同时出生的一批人若按照某一时期各个年龄死亡率水平度过一生平均能够存活的年数，是综合反映人们健康水平的基本指标。

根据 2010 年第六次全国人口普查详细汇总资料计算，我国人口平均预期寿命达到 74.83 岁，比 2000 年的 71.40 岁提高 3.43 岁（具体数据见下表）。分性别看，男性为 72.38 岁，比 2000 年提高 2.75 岁；女性为 77.37 岁，比 2000 年提高 4.04 岁。男女平均预期寿命之差与十年前相比，由 3.70 岁扩大到 4.99 岁。表明，在我国人口平均预期寿命不断提高的过程中，女性提高速度快于男性，并且两者之差也进一步扩大。这与世界其他国家平均预期寿命的变化规律是一致的（详见附表 7-6）。

附表 7-6

年份	合计	男	女	男女之差
1981	67.77	66.28	69.27	-2.99
1990	68.55	66.84	70.47	-3.63
2000	71.40	69.63	73.33	-3.70
2010	74.83	72.38	77.37	-4.99

2010 年世界人口的平均预期寿命为 69.6 岁，其中高收入国家及地区为 79.8 岁，中等收入国家及地区为 69.1 岁。可见，我国人口平均预期寿命不仅明显高于中等收入国家及地区，也大大高于世界平均水平，但比高收入国家及地区平均水平低 5 岁左右。从提高幅度看，2000~2010 年我国人口平均预期寿命提高 3.43 岁，比世界平均 2.4 岁提高快 1 岁左右。一般说来，平均预期寿命越高，提高速度越慢。但随着医药技术的发展和改善，一些平均预期寿命已处于较高水平的国家同期提高的速度也比较快，比如韩国提高 4.9 岁、新加坡 3.6 岁、巴西 3.0 岁、越南 2.9 岁、英国 2.7 岁、法国 2.4 岁、澳大利亚 2.5 岁、

德国2.1岁等（资料来源：国家统计局　国务院第六次全国人口普查领导小组办公室 2012.9.21）。

2015年我国人口平均预期寿命76.3岁，2019年为77.3岁，在世界卫生组织（WHO）公布的《世界各国人均寿命排名2019》中，中国位列第53位。影响人口平均预期寿命的因素很多，不仅有经济发展、医疗卫生、文教体育等发展水平，也有人口结构、自然环境及其他因素。

讨论：

(1) 人口平均预期寿命究竟与哪些因素密切相关？

(2) 如何找出不同地区寿命存在显著差异的主要影响因素？

(3) 如何根据各主要影响因素的变化对人口平均预期寿命进行预测？

第八章　抽样估计

> 本章的学习目的是理解抽样中的基本概念，掌握抽样误差的概念及计算、参数估计的相关方法，熟悉假设检验及利用 Excel 进行抽样估计的方法。

[引例]　全国住户调查样本轮换

全国住户调查是国家法定统计调查项目，采用国际通用的抽样调查方法，在全国随机抽取部分住户，通过入户调查的方式，了解居民家庭的收支与生活状况。所得的数据是国家制定有关民生政策的依据，对保障和改善人民生活、提高国家宏观调控和科学管理水平具有重要意义。为保证调查样本对全国居民家庭的代表性，住户调查需要定期更换全部或部分样本，也就是平常所说的“样本轮换”。2017 年是住户调查每五年一次的大样本轮换年，国家统计局在全国范围内重新抽选出所有调查小区和所有调查户，并在此基础上开展新一轮住户调查。就此，国家统计局副局长李晓超接受了中国信息报记者专访。

1. 记者：住户调查样本为什么要进行定期轮换？

答：住户调查采取的是抽样调查，要通过样本来推算总体，所以必须保证样本对总体的代表性。样本轮换就是定期从总体中抽选样本，换掉已经使用了较长时间、可能老化了的样本，从而确保样本更贴近总体实际。住户调查进行样本轮换，既是抽样理论的要求，也是客观实际变化的需要。一是可以反映城乡范围变化带来的影响。二是可以反映人口流动的影响。三是可以使样本结构更接近总体结构。四是可以避免调查户负担过重。所以说，住户调查样本轮换是防止样本老化、保证样本代表性和住户调查数据质量的必要举措。

2. 记者：此次样本轮换涉及范围有多广？要达成哪些目标？

答：本次样本轮换的实施范围是全国住户调查的所有样本，涉及全国 31 个省（自治区、直辖市）的 1800 多个县（市、区），要对近 200 万居民家庭进行摸底调查，并从中抽选出 16 万国家住户调查记账户，用于调查产生全国和分省居民收支统计数据。各地为满足生产分市县数据的需要，还将追加一些调查样本。同时，作为多主题抽样调查，住户调查的这套样本除主要用于收集住户收支与生活状况以外，还用于监测农村贫困状况、农民工规模和流向、退耕还林（草）效果、农村住户固定资产投资情况，所以本次样本轮换还涉及多个住户类调查项目。

本次样本轮换工作的主要目标就是抽选出符合精度设计要求、代表性较好的样本，最大程度兼顾国家、省、市、县各层级的数据需求，有效统筹各项住户类调查的需要。

3. 记者：新样本是怎么抽选出来的？如何保证新样本的代表性？

答：样本抽选分 4 个阶段：首先，收集全国近 70 万个村（居）委会的人口等信息，建立抽样框；其次，各地区分层随机抽选调查小区；然后，在抽中调查小区内开展建筑物清查和住宅摸底调查；最后，根据摸底数据，在调查小区内随机抽选出一定数量的住户作为调查户，开展后续记账和调查工作。

为了确保样本代表性，国家统计局在抽样方法设计，抽样框准备，各级样本的抽选、落实和评估等各环节，都进行了严格的质量控制，目的是既保证抽样方法的科学性，有效控制抽样误差，又充分考虑现实调查力量，努力减少调查误差。

在抽样方法设计上，国家统计局采用分层、多阶段、与人口规模成比例等国际通用的住户调查抽样方法，随机抽选出调查小区和调查户。同时，根据各地人口规模、居民收支差异程度，综合考虑调查经费、调查力量配置和调查组织方式等因素，科学测算和分配样本量，确保抽样结果能够达到设计精度要求。

在抽样框准备上，以最新年份的国家统计局《统计用区划代码和城乡划分代码库》为基础，匹配相关人口数据并进行现场核实更新，再补充采集有关经济发展指标作为排序变量，综合形成抽样框资料。

在样本的抽选和落实上，统一编制操作规程和抽样程序，确保样本随机抽选，避免人为干扰。各地严格按照要求，认真做好现场抽样各项工作，努力落实调查小区和调查户，千方百计提高开户成功率。同时，样本抽选和落实全程保留相关信息，为事后评估和校准样本代表性打牢基础。

对多级样本进行评估和校准。一是对分省住户调查现有县级调查网点进行评估和校准，确保调查区县对省级总体具有代表性。二是对抽中村级单位样本的分布随机性、相关指标估计差异等进行检验和评估，较好控制抽村阶段的误差。三是根据大样本住宅的摸底调查数据和其他相关数据，对最终落实住户与初次抽选以及与总体的差异进行评估，确保抽中住户在人群分布上与总体基本一致，能够较好代表总体。

资料来源：中国信息报　2017.9.20（选编）

请思考：我国住户调查的调查对象、调查内容、抽样方法、数据汇总方法等内容。

第一节　抽样分布

一、抽样中的基本概念

按照随机原则从总体中抽取一部分单位进行观察，并运用数理统计的原理，以被抽取的部分单位的数量特征为代表，对总体做出数量上的推断分析，就是抽样推断的一般意义。抽样推断会产生抽样误差，抽样误差可以计算并可以加以控制；在抽选部分单位时要遵循随机原则；和全面调查相比，可以节省人力、费用和时间且比较灵活。

抽样推断涉及的基本概念有：全及总体与样本总体、样本容量与样本个数、总体指标与样本指标、重复抽样与不重复抽样。

1. 全及总体与样本总体

(1) 全及总体

全及总体简称为总体，就是要调查研究对象的全体，它是由许多性质相同的调查单位组成的。总体所包含的总体单位的个数称为总体容量，通常用 N 来表示。区分总体属于变量总体还是属性总体很重要，因为总体不同研究的方法不同。

（2）样本总体

样本总体简称样本，就是按随机原则从总体中抽选出来的部分单位组成的整体。

对于同一个问题来说，总体是唯一的，而从一个总体中抽出的样本可以有多个，并且每次抽中的样本不是确定的，也不是唯一的，而是可变的。

2. 样本容量与样本个数

（1）样本容量

样本中包含的单位个数称为样本容量，一般用 n 来表示。一般地，样本单位数不少于30个的样本称为大样本，少于30个的样本称为小样本。样本容量大，样本误差会小，但调查费用会增加；反之，样本容量过小，又将导致抽样误差的增大，甚至失去抽样推断的价值。因此，在抽样设计中应根据调查目的确定合适的样本容量。

（2）样本个数

样本个数又称样本可能的数目，它是指从一个总体中可能抽取多少个样本。样本个数的多少与抽样方法有关。

3. 总体指标与样本指标

（1）总体指标

总体指标也称总体特征值，是根据总体各单位标志值或标志特征计算的、反映总体某种属性特征的综合指标。对于变量总体而言，常用的总体指标包括总体均值 $\overline{X}$、总体标准差 σ 和总体成数 P。

$$\overline{X} = \frac{\sum X}{N} \tag{8-1}$$

$$\overline{X} = \frac{\sum XF}{\sum F} \tag{8-2}$$

$$\sigma = \sqrt{\frac{\sum (X - \overline{X})^2}{N}} \tag{8-3}$$

$$\sigma = \sqrt{\frac{\sum (X - \overline{X})^2 F}{\sum F}} \tag{8-4}$$

此外，对于属性总体而言，由于各单位的标志不能用数量来表示，因而需要计算比重指标，称之为总体成数 P。总体成数就是总体中具有某种特点的单位所占的比重。如果用 N 表示总体单位数，N_1 表示总体中具有某种特点的单位数，N_2 表示总体中不具有某种特点的单位数，则总体成数的计算方法为：

$$P = \frac{N_1}{N} \tag{8-5}$$

总体成数的标准差为：

$$\sigma = \sqrt{P(1-P)} \tag{8-6}$$

（2）样本指标

由样本各个标志值计算的指标为样本指标。与总体指标相对应，常用的样本指标有样本均值、样本标准差和样本成数。样本均值是抽样总体各单位标志值的平均数。样本标准差 S 是指样本中根据各单位标志值计算的标准差。即：

$$\bar{x} = \frac{\sum x}{n} \tag{8-7}$$

$$\bar{x} = \frac{\sum xf}{\sum f} \tag{8-8}$$

$$S = \sqrt{\frac{\sum (x-\bar{x})^2}{n}} \tag{8-9}$$

$$S = \sqrt{\frac{\sum (x-\bar{x})^2 f}{\sum f}} \tag{8-10}$$

样本成数 p 是指样本中具有某一相同标志表现的单位数占样本容量的比重。样本中某一相同标志表现的单位数记为 n_1，则有：

$$p = \frac{n_1}{n} \tag{8-11}$$

样本成数的标准差为：

$$S = \sqrt{p(1-p)} \tag{8-12}$$

4. 重复抽样与不重复抽样

从抽样的方法上看，抽样调查包括重复抽样与不重复抽样两种方法。

（1）重复抽样

重复抽样也称回置抽样，它是指从总体 N 个单位中要抽取一个容量为 n 的样本，每次从总体中随机抽取一个总体单位，经调查登记后再放回总体，参加下一次抽选。在重复抽样中，样本个数是 N^n。由于每次在抽取样本单位时总体单位数都保持不变，因此，每一个总体单位被抽中的可能性是相同的，被抽中的概率为 $1/N$。

（2）不重复抽样

不重复抽样也称不回置抽样，是指从总体 N 个单位中要抽取一个容量为 n 的样本，每次从总体中随机抽取一个总体单位，经调查登记后不再放回总体中，而是从余下的总体单位中随机抽取下一个总体单位进行调查，直到抽选出第 n 个样本单位。在不重复抽样中，考虑抽样顺序情况下的样本个数为 $N!/(N-n)!$；不考虑抽样顺序情况下的样本个数为 $N!/[(N-n)!\,n!]$。在不重复抽样中，第一个单位被抽中机会为 $1/N$，第二个单位被抽中机会为 $1/(N-1)$，以此类推，总体中每个单位被抽中的机会是不相等的。

在相同样本容量的要求下，重复抽样的样本个数总是大于不重复抽样的样本个数。在计算抽样误差时，二者计算公式不同，误差大小也不同，不重复抽样的误差小于重复抽样的误差。

二、抽样分布

1. 重复抽样分布

(1) 样本均值的分布

设从总体中抽出的样本为（X_1，X_2，…，X_n），由于是重复抽样，每个 X_i（$i=1$，2，…，n）都是从总体中随机抽出的，都是与总体同分布的随机变量，并且 X_1，X_2，…，X_n 是相互独立的。因此，样本均值的期望值与方差分别是：

$$E(\bar{X}) = E\left(\frac{1}{n}\sum_{i=1}^{n} X_i\right) = \frac{1}{n}\sum_{i=1}^{n} E(X_i) \tag{8-13}$$

$$D(\bar{X}) = D\left(\frac{1}{n}\sum_{i=1}^{n} X_i\right) = \frac{1}{n^2}\sum_{i=1}^{n} D(X_i) = \frac{\sigma^2}{n} \tag{8-14}$$

由上可知，样本均值分布的中心与总体的分布中心完全相同，方差是总体分布方差的 $1/n$。因此，样本均值分布的集中趋势优于总体分布自身的集中趋势。由于样本均值能“集中”分布于总体均值附近，可以考虑用样本均值来估计总体均值。按经典统计学观点，总体均值是总体分布的一个参数，是常数；而样本均值是统计量，是个随机变量。用一个随机变量去估计一个常数难免有误差，如果这个随机变量的离散程度较大，这个误差还可能较严重；如果该随机变量的“集中”程度大，这个误差的严重性就会低一些。基于这样的考虑，可以用样本均值的标准差来反映样本均值与总体均值的平均误差程度，称为样本均值的抽样平均误差，有：

$$\mu_{\bar{x}} = \sqrt{D(\bar{X})} = \frac{\sigma}{\sqrt{n}} \tag{8-15}$$

(2) 样本比例的分布

对于属性总体而言，由于各单位的标志不能用数量来表示，因而需要计算比重指标，它是一种特殊的平均数。同理，样本比例 p 也是一个随机变量，是一种特殊的均值，利用样本均值分布性质的结论，即有样本比例的期望：

$$E(p) = E(\bar{X}) = P \tag{8-16}$$

2. 不重复抽样分布

(1) 样本均值的分布

在重复抽样与不重复抽样条件下，样本均值的期望值与方差无变化，但抽样平均误差不同。在不重复抽样条件下，样本均值分布的中心还是总体的中心，而抽样平均误差比重复抽样要小。

不重复抽样的平均误差比重复抽样小的原因是很直观的：不重复抽样排除了“每次抽出的都是极端值”的可能，这显然对降低抽样误差有利。

(2) 样本比例的分布

在重复抽样与不重复抽样条件下，样本比例的期望值与方差无变化，但抽样平均误差不同。在不重复抽样条件下，样本比例分布的中心还是总体的中心，而抽样平均误差比重复抽样要小。

由于样本比例是一个特殊的均值，不重复抽样也有如下性质：

$$E(p)=P \tag{8-17}$$

三、大数定律与中心极限定理

1. 大数定律

抽样推断的理论基础主要是大数定律与中心极限定理。

大数定律是指在随机试验中，每次出现的结果不同，但是大量重复试验出现的结果的平均值却几乎总是接近于某个确定的值。其原因是，在大量观察试验中，个别的、偶然的因素影响而产生的差异将会相互抵消，从而使现象的必然规律性显示出来。例如，观察个别或少数家庭的婴儿出生情况，发现有的生男，有的生女，没有一定的规律性，但是通过大量的观察就会发现男婴和女婴占婴儿总数的比重均会趋于50%。

大数定律有若干个表现形式，这里仅介绍其中常用的两个重要定律：

（1）切贝雪夫大数定律

设 X_1，X_2，…，X_n 是一列两两相互独立的随机变量，服从同一分布，且存在有限的数学期望 μ 和方差 σ^2，则对任意小的正数 ε，有：

$$\lim_{n\to\infty}P\left(\left|\frac{\sum X_i}{n}-\mu<\varepsilon\right|\right)=1 \tag{8-18}$$

该定律的含义是：当 n 很大，服从同一分布的随机变量 X_1，X_2，…，X_n 的算术平均数 $\sum X_i/n$ 将依概率接近于这些随机变量的数学期望。

将该定律应用于抽样调查有如下结论：随着样本容量 n 的增加，样本均值将接近于总体均值。这样为统计推断中依据样本均值估计总体均值提供了理论依据。

（2）贝努里大数定律

设 m 是 n 次独立试验中事件 A 发生的次数，且事件 A 在每次试验中发生的概率为 P，则对任意正数 ε，有：

$$\lim_{n\to\infty}P\left(\left|\frac{m}{n}-p<\varepsilon\right|\right)=1 \tag{8-19}$$

该定律是切贝雪夫大数定律的特例，其含义是，当 n 足够大时，事件 A 出现的频率将几乎接近于其发生的概率，即频率的稳定性。

在抽样调查中，用样本比例去估计总体比例，其理论依据即在于此。

2. 中心极限定理

大数定律揭示了大量随机变量的平均结果，但没有涉及随机变量的分布问题。而中心极限定理说明的是在一定条件下，大量独立随机变量的平均数是以正态分布为极限的。中心极限定理也有若干个表现形式，这里仅介绍最常用的辛钦中心极限定理。

设随机变量 X_1，X_2，…，X_n 相互独立，服从同一分布，且有有限的数学期望 $E(X)$

和方差σ^2，则随机变量$\overline{X}=\frac{\sum X_i}{n}$，在$n$无限增大时，服从参数为$E$（$X$）和$\frac{\sigma^2}{n}$的正态分布，即$n\to\infty$时，

$$\overline{X}\sim N(E(X),\ \frac{\sigma^2}{n}) \tag{8-20}$$

将该定理应用到抽样调查有这样一个结论：如果抽样总体的数学期望E（X）和方差σ^2是有限的，无论总体服从什么分布，从中抽取容量为n的样本时，只要n足够大，其样本均值的分布就趋于数学期望为E（X），方差为σ^2/n的正态分布。

对于比例指标，设总体比例是P，样本比例是p，由于E（p）$=P$，σ（p）$=\mu_p$，当样本容量充分大时，则p近似服从N（P，μ_p^2）。

第二节　抽样误差

一、抽样误差的概念

1. 抽样误差的定义

抽样调查的实质是用样本的指标去推断总体的指标，抽样误差是其中的关键问题。抽样误差是指由于随机抽样的偶然因素使样本各单位的结构不足以代表总体各单位的结构，从而引起抽样指标和总体指标之间的绝对离差。

抽样误差不同于登记性误差和系统性误差。登记性误差是指在调查和整理资料的过程中，由于主客观原因引起登记或计算错误而造成的误差，是所有统计调查都可能发生的误差。系统性误差是指在抽样时违背了随机性原则而造成的误差。登记性误差和系统性误差都可以采取一定的措施加以避免。抽样误差是指在没有登记性误差的前提下，又遵循了随机原则而产生的样本指标与被它估计的总体相应指标的差数。这种误差是不可以避免、难于消除的，但可以采取一定的方法加以控制。

2. 抽样误差的影响因素

抽样误差的大小主要受以下因素的影响：

（1）总体各单位标志值的差异程度

在其他因素相同的条件下，总体各单位标志值差异程度越大，抽样误差也越大；反之则越小。

（2）样本的单位数

在其他因素相同的条件下，样本单位数越多，抽样误差就越小；反之则越大。

（3）抽样的方法

抽样方法不同，抽样误差也不同。一般地，不重复抽样误差要小于重复抽样误差。

（4）抽样调查的组织方式

由于不同的抽样组织方式的误差计算方法不同，因而抽样误差也不同。例如整群抽样的误差往往大于简单随机抽样、类型抽样和等距抽样。

二、抽样平均误差

1. 抽样平均误差的概念

从同一个总体 N 个单位中随机抽取 n 个单位组成样本可以有不同的取法，因而有很多个样本，并且各样本指标是随机变量，它们与总体指标之间存在着误差。抽样平均误差就是全部可能的样本指标与总体指标离差平方和的平均数的平方根，实际是抽样平均数或抽样成数的标准差。

抽样平均数的标准差反映抽样平均数与总体平均数的平均误差程度，抽样成数的标准差反映抽样成数与总体成数的平均误差程度。如果抽样平均误差越大，则抽样误差的离散程度就越大，样本的代表性就越弱；反之，抽样平均误差越小，则抽样误差的离散程度就越小，样本的代表性就越强。

根据抽样平均误差的概念计算抽样平均误差时，由于总体平均数和总体成数是未知的，因此，无法采用标准差的形式计算抽样平均误差，但可以采用其他的方法计算抽样平均误差。

2. 抽样平均误差的计算

（1）重复抽样的抽样平均误差

① 抽样平均数的平均误差

在重复抽样的条件下，抽样平均数的平均误差与总体的变异程度及样本容量两因素有关，即：

$$\mu_{\bar{x}}=\frac{\sigma}{\sqrt{n}} \tag{8-21}$$

式中，$\mu_{\bar{x}}$抽样平均数的平均误差，σ 为总体数量标志的标准差，n 为样本容量。

② 抽样成数的平均误差

在重复抽样的情况下，成数的抽样平均误差的计算公式为：

$$\mu_p=\sqrt{\frac{p(1-p)}{n}} \tag{8-22}$$

式中，μ_p为抽样成数的平均误差，p（$1-p$）为总体是非标志的方差。

（2）不重复抽样的平均误差

① 抽样平均数的平均误差

在不重复抽样的情况下，平均数的抽样平均误差计算公式为：

$$\mu_{\bar{x}}=\sqrt{\frac{\sigma^2}{n}\left(\frac{N-n}{N-1}\right)} \tag{8-23}$$

当总体单位数 N 很大时，$N-1\approx N$，上式又可以写为：

$$\mu_{\bar{x}}=\sqrt{\frac{\sigma^2}{n}\left(1-\frac{n}{N}\right)} \tag{8-24}$$

可以看出，抽样平均数的平均误差与总体的标准差成正比，与样本单位数的平方根成反比。公式中总体标准差 σ 通常是未知的，一般可以用历史资料来估计或者用样本标准差 S 来代替 σ。

② 抽样成数的平均误差

在不重复抽样的情况下，成数抽样的平均误差为：

$$\mu_p = \sqrt{\frac{p(1-p)}{n}\left(\frac{N-n}{N-1}\right)} \tag{8-25}$$

当 N 很大时，上式可以写成：

$$\mu_p = \sqrt{\frac{p(1-p)}{n}\left(1-\frac{n}{N}\right)} \tag{8-26}$$

可以看出，在其他条件相同的情况下，不重复抽样的抽样平均误差小于重复抽样的抽样平均误差。在实际工作中，总体单位数一般很大，样本单位数相对较小，n/N 接近于 0，按重复抽样计算公式与不重复抽样计算公式计算的抽样平均误差相差甚微。因此，当按不重复抽样的方法抽取样本时，抽样平均误差的计算也常按重复抽样的公式计算。

例如，某公司生产一种产品，从 4000 件中随机抽取 200 件进行检验，资料见表 8-1。试计算这批产品平均重量的误差及每件重量在 159 千克以上的产品所占比重的误差。

表 8-1　产品重量分组表

每件重量/千克	件数/件
158~159	25
159~160	40
160~161	95
161~162	40
合计	200

计算时所需要的有关资料见表 8-2。

表 8-2　产品平均重量抽样误差计算表

组中值 x	件数 f	xf	$x-\bar{x}$	$(x-\bar{x})^2$	$(x-\bar{x})^2f$
158.5	25	3962.5	−1.8	3.24	81
159.5	40	6380	−0.8	0.64	25.6
160.5	95	15247.5	0.2	0.04	3.8
161.5	40	6460	1.2	1.44	57.6
合计	200	32050	—	—	168

平均每件重量为：

$$\bar{x} = \frac{\sum xf}{\sum f} = \frac{32050}{200} = 160.3(\text{千克})$$

标准差为：

$$S=\sqrt{\frac{\sum(x-\bar{x})^2 f}{\sum f}}=\sqrt{\frac{168}{200}}=0.9165(\text{千克})$$

在重复抽样时，平均重量的抽样误差为：

$$\mu_{\bar{x}}=\frac{S}{\sqrt{n}}=\frac{0.9165}{\sqrt{200}}=0.065(\text{千克})$$

在不重复抽样时，平均重量的抽样误差为：

$$\mu_{\bar{x}}=\sqrt{\frac{S^2}{n}\left(\frac{N-n}{N-1}\right)}=\sqrt{\frac{0.9165^2}{200}\left(\frac{4000-200}{4000-1}\right)}=0.063(\text{千克})$$

每件重量在 159 千克以上的产品所占比重为：

$$p=\frac{40+95+40}{200}=87.5\%$$

在重复抽样时，抽样成数的平均误差为：

$$\mu_p=\sqrt{\frac{p(1-p)}{n}}=\sqrt{\frac{0.875\times(1-0.875)}{200}}=2.34\%$$

在不重复抽样时，抽样成数的平均误差为：

$$\mu_p=\sqrt{\frac{p(1-p)}{n}\left(\frac{N-n}{N-1}\right)}=\sqrt{\frac{0.875\times(1-0.875)}{200}\left(\frac{4000-200}{4000-1}\right)}=2.28\%$$

第三节　参数估计方法

一、参数估计中的基本概念

在第 2 章中曾经讲过：如果需要对总体作全面了解，最好进行普查。假如进行了普查，就掌握了所研究总体的全部数据，这时只需要做一些简单的统计描述就可以得到有关总体的数量特征，比如总体均值、方差、成数等。但现实情况则比较复杂，有些现象的范围比较广，不可能对总体中的每个个体都进行调查，或者有些总体的容量非常大，不可能也没有必要对每个个体进行一一调查。但人们总是需要随时了解总体的某些数量特征，这就需要从总体中抽取一部分个体进行调查，进而利用样本提供的信息来推断总体的数量特征，即以样本统计量来估计总体参数。

1. 参数估计

所谓参数估计是指根据样本资料，通过科学的统计理论和方法，利用样本统计量的数值对总体参数进行估值的过程。

例如，用样本均值估计总体均值，用样本方差估计总体方差，用样本成数估计总体成数等。如果将总体参数笼统地用一个符号 θ 来表示，将样本统计量笼统地用一个符号 $\hat{\theta}$ 来表示，参数估计也就是如何用样本统计量 $\hat{\theta}$ 来估计总体参数 θ 的问题。

2. 估计量

用来估计参数 θ 的统计量 $\hat{\theta}$ 称为估计量。例如，样本均值 $\bar{x}$、样本比例 p、样本方差 S^2 等都是估计量。

3. 估计值

用来估计总体参数值时计算出来的估计量的具体数值称为参数估计值，简称估计值。

例如，估计全校 3 个院系 1200 名毕业生的《统计学》期末考试的平均分数。3 个院系的平均分数是不知道的，称为参数，用 θ 表示，从中抽取一个随机样本，根据样本计算的平均分数就是一个估计量，用 $\hat{\theta}$ 表示，如果计算出来的样本平均分数为 86 分，这个 86 分就是估计量的具体数值，称为估计值。

参数估计可以细分为点估计和区间估计两种。

二、点估计

1. 点估计的定义

用样本估计量 $\hat{\theta}$ 的值直接作为总体参数 θ 的值，称为参数的点估计，也称定值估计。在统计中，经常使用的点估计是直接用样本的平均数、成数、方差作为总体的平均数、成数、方差。

例如，用样本均值直接作为总体均值的值，用样本比例直接作为总体比例的值等。例如，用随机抽取的一个样本计算出的 86 分作为全校 3 个院系 1200 名毕业生《统计学》期末考试的平均分数，这就是点估计。

2. 估计量的评价标准

估计参数时必然要选择一个样本统计量。例如，要对总体方差进行估计，可供选择的样本统计量就可以有许多个，如

样本方差 1：$$\frac{1}{n}\sum_{i=1}^{n}(X_i-\bar{X})^2$$

样本方差 2：$$\frac{1}{n-1}\sum_{i=1}^{n}(X_i-\bar{X})^2$$

究竟选择哪一个估计量需要有一个客观评价标准。统计学家给出了评价估计量的 3 个评价标准：

（1）无偏性

无偏性是指估计量的数学期望等于被估计的总体参数。设总体参数为 θ，所选择的估计量为 $\hat{\theta}$，如果 $E(\hat{\theta})=\theta$，则称 $\hat{\theta}$ 为 θ 的无偏估计量。统计学家已经证明，样本均值、样本比例和样本方差分别是总体均值、总体比例和总体方差的无偏估计量。

（2）有效性

对同一总体参数的两个无偏估计量 $\hat{\theta}_1$ 和 $\hat{\theta}_2$，若 $D(\hat{\theta}_1)<D(\hat{\theta}_2)$，就称 $\hat{\theta}_1$ 是比和 $\hat{\theta}_2$ 更有效的估计量。统计学家已经证明，样本均值是正态总体均值 μ 的有效估计量。

（3）一致性

设 $\hat{\theta}_n$ 为 θ 的估计量，若对任意给定正数 ε，恒有 $\lim\limits_{n\to\infty}P(|\hat{\theta}_n-\theta|<\varepsilon)=1$ 成立，则称

$\hat{\theta}_n$ 为 θ 的一致估计量。统计学家已经证明，样本均值就是总体均值 μ 的一致估计量。

上述评价标准说明，只要样本容量足够大，就可以用样本均值、成数、标准差等的值代表总体均值、成数、标准差的值。

三、区间估计

1. 区间估计的含义

根据给定的置信度 $1-\alpha$，计算出总体参数 θ 的两个点估计量 θ_1 和 θ_2，把寻找参数 θ 在区间（θ_1，θ_2）内的取值过程称为参数 θ 的区间估计。

区间估计是在点估计的基础上，对总体参数 θ 做出的取值范围的估计。该范围是一个随机区间，因此需要注意的是该区间可能包括总体参数 θ 的真值，也可能不包括总体参数 θ 的真值。

例如，用区间估计的方法来估计全校 3 个院系 1200 名毕业生的《统计学》期末考试的平均分数，则估计的平均分数的一个取值区间可能是（88，96），也可能是（20，45），也可能是其它区间。在估计出来的这些区间中，有的可能包括总体参数 θ 的真值，有的可能不包括总体参数 θ 的真值。我们的目标是在一次估计过程中可以按预期的把握程度得到该区间。为了实现该目标，首先需要了解下面的一些概念。

2. 区间估计时常用的概念

设（X_1，X_2，…，X_n）为总体 X 的一个样本，总体的分布函数 $F(x;\theta)$ 有一个待估参数 θ，根据该样本确定的 θ 的两个估计量分别为 $\theta_1=\theta_1$（X_1，X_2，…，X_n）和 $\theta_2=\theta_2$（X_1，X_2，…，X_n），如果对于给定的实数 α（$0<\alpha<1$），有下面的等式成立：

$$p(\theta_1 < \theta < \theta_2) = 1 - \alpha \tag{8-27}$$

则称（θ_1，θ_2）为总体参数 θ 的置信度为 $1-\alpha$ 的置信区间。其中最小值 θ_1 和最大值 θ_2 分别称为置信度为 $1-\alpha$ 的双侧置信区间的置信下限和置信上限，$1-\alpha$ 称为置信度（或信度、置信水平、概率保证程度），α 称为显著性水平，$\alpha/2$ 称为单侧显著性水平。

这里需要注意的是，通常情况下，计算出的置信区间都是一个随机区间，但在实际估计时，都是通过一个具体的样本观测值（x_1，x_2，…，x_n）得出的，即根据该样本观测值确定待估参数 θ 的两个估计值 $\hat{\theta}_1=\hat{\theta}_1(x_1, x_2, \cdots, x_n)$ 和 $\hat{\theta}_2=\hat{\theta}_2(x_1, x_2, \cdots, x_n)$，对于 α（$0<\alpha<1$），要求有下面的等式：

$$p(\hat{\theta}_1 < \theta < \hat{\theta}_2) = 1 - \alpha \tag{8-28}$$

这时仍然称（$\hat{\theta}_1$，$\hat{\theta}_2$）为总体参数 θ 的置信度为 $1-\alpha$ 的置信区间。其中最小值 $\hat{\theta}_1$ 和最大值 $\hat{\theta}_2$ 分别称为置信度为 $1-\alpha$ 的双侧置信区间的置信下限和置信上限，$1-\alpha$ 称为置信度（或信度、置信水平、概率保证程度），α 称为显著性水平。

实际应用时，$1-\alpha$ 通常只取 99.73%、95.45%、95%、90%、80%等几个接近 1 的特殊值，对应的概率度 t 值分别为 3、2、1.96、1.64、1.28 等。

3. 区间估计的步骤

进行区间估计，经常采用下列几个步骤：

第一，明确待估参数并给出置信水平数值；

第二，根据问题的要求，构造出“概率”等式；

第三，进行转化处理，以期找出估计量及其分布类型；

第四，根据置信水平数值，从相应的概率分布表中查出或通过 Excel 计算出估计量的理论临界值，并根据样本资料计算出样本指标值；

第五，求出估计区间，做出说明和解释。

$$\bar{x} - \Delta_x \leqslant \bar{X} \leqslant \bar{x} + \Delta_x \tag{8-29}$$

$$p - \Delta_p \leqslant P \leqslant p + \Delta_p \tag{8-30}$$

以表 8-1 的资料为例，在不重复抽样的情况下，估计产品平均重量的可能范围及每件重量在 159 克以上产品所占比重的可能范围，要求可靠程度为 95.45%。

在 95.45%的概率下，$t=2$，则平均重量的极限误差为：

$$2\times0.063=0.13\text{（千克）}$$

平均重量（千克）的可能范围为：

$$160.3 - 0.13 \leqslant \bar{X} \leqslant 160.3 + 0.13$$

$$160.17 \leqslant \bar{X} \leqslant 160.43$$

成数的允许误差为：

$$2\times2.28\%=4.56\%$$

每件重量在 159 千克以上的产品所占比重的可能范围为：

$$87.5\%-4.56\%\leqslant P\leqslant87.5\%+4.56\%$$

$$82.94\%\leqslant P\leqslant92.06\%$$

计算结果表明，以 95.45%的可靠程度来估计，这批产品平均每件重量在 160.17～160.43 千克之间，每件重量在 159 千克以上的产品占全部产品的比重在 82.94%～92.06%之间。

总结区间估计的主要步骤：

平均数估计的步骤为：计算样本平均值、样本方差、平均数抽样误差、极限误差 $\Delta=t\mu$、估计总体平均数可能范围。

成数估计的步骤为：计算样本成数、成数抽样误差、极限误差、估计成数可能范围。

第四节　各种抽样组织方式的参数估计

抽样估计效果好坏关键是抽样平均误差的控制。抽样平均误差小，抽样效果从整体上看就好；否则，抽样效果就不理想。从前面分析知道，抽样平均误差受以下几方面因素的影响：一是总体的变异性；二是允许误差；三是概率保证度；四是抽样方法。还有一个重要的因素就是抽样的组织方式。抽样的组织方式有：简单随机抽样、类型抽样、等距抽样、整群抽样、多阶段抽样等。不同抽样组织设计意味着对总体信息不同程度的利用，意味着不同的调查成本，它们之间抽样效果存在较大的差异。

一、简单随机抽样

1. 简单随机抽样的定义

简单随机抽样又称纯随机抽样，是按照随机原则直接从总体的 N 个单位中抽取出 n 个单位为样本，使每个总体单位都有同等机会被抽中。这种方式是抽样调查中最基本也是最简单的方式，适用于均匀总体。上节所有公式都是在简单随机抽样条件下产生的。

2. 简单随机抽样的具体方法

（1）直接抽选法。直接抽选法就是直接从总体中随机抽取样本单位进行调查，这种方法适用于小型总体。

（2）抽签法。抽签法就是对被研究总体内各单位先进行编号，把序号写在纸上，搅匀后从中抽取。这种方法在总体单位数目很大的情况下不宜采用。

（3）随机数字表法。随机数字表是包含许多随机数字的表格，表中的随机数一般由计算机或用其他随机方法制成。为方便起见可编 2 个数码一组、4 个数码甚至 10 个数码一组。在使用随机数表时，先将总体所有单位进行编号，确定出使用表中数字的位数，然后从表中任意一行、任意一列、任意一个方向开始，遇到属于编号范围内的数字就作为样本单位，直到抽够样本容量为止。

3. 简单随机抽样适用的情况

（1）总体单位数较少，范围也有限；

（2）对总体的情况了解很少；

（3）当抽到的单位比较分散时不会影响调查工作。

从理论上说简单随机抽样最符合随机原则，是衡量其他抽样方式抽样效果的标准。但它在统计实践中的应用受到一定限制，当总体很大、总体各单位标志值之间差异很大时不宜使用。

4. 必要的样本容量的确定

确定必要的样本容量是抽样调查中的一个重要问题。样本容量的影响因素主要包括：抽样推断的可靠性与精度、极限误差的大小、总体各单位标志值差异程度、抽样方法、抽样的组织方式。样本容量的确定可以通过抽样平均误差公式来求得。

在重复抽样时，样本平均数的极限抽样误差公式为：

$$\Delta_{\bar{x}} = t\mu_{\bar{x}} = \frac{t\sigma}{\sqrt{n}} \tag{8-31}$$

则必要的样本单位数为：

$$n = \frac{t^2\sigma^2}{\Delta_{\bar{x}}^2} \tag{8-32}$$

在不重复抽样时，必要的样本单位数为：

$$n = \frac{Nt^2\sigma^2}{N\Delta_{x}^2 + t^2\sigma^2} \tag{8-33}$$

同样，重复抽样和不重复抽样的成数必要样本单位数分别为：

$$n=\frac{t^2p(1-p)}{\Delta_p^2} \tag{8-34}$$

$$n=\frac{Nt^2p(1-p)}{N\Delta_p^2+t^2p(1-p)} \tag{8-35}$$

例如，一批产品10000套，为估计产品重量，样本平均值为6000千克，样本标准差为4500千克，在95.45%的概率下，极限误差不超过700千克，则至少要抽取多少套产品为样本？

95.45%概率下，$t=2$

重复抽样条件下，至少要抽取样本数为：

$$n=\frac{t^2\sigma^2}{\Delta_{\bar{x}}^2}=\left(\frac{2\times 4500}{700}\right)^2=166(\text{套})$$

不重复抽样条件下，至少要抽取样本数为：

$$n=\frac{Nt^2\sigma^2}{N\Delta_{\bar{x}}^2+t^2\sigma^2}=\frac{10000\times 2^2\times 4500^2}{10000\times 700^2+2^2\times 4500^2}=163(\text{套})$$

二、类型抽样

1. 类型抽样的定义

类型抽样也称分层抽样，就是对总体各单位按某一标志加以分组后，从各组中随机抽出要研究的样本。类型抽样适用于总体情况复杂，各单位之间差异较大，单位较多的情况。在实践中广泛应用类型抽样方式，例如产品质量抽查按加工车床的型号分类、农产量抽样按地区分类等。

2. 类型抽样的优点

(1) 可以提高样本的代表性

在抽样前先分组，然后从各组中抽选样本单位，由于样本单位来自不同的组，能更接近总体的分布情况，因而提高了样本的代表性。

(2) 降低了影响抽样平均误差的总体方差

总体方差有组间方差和组内方差两种。在类型抽样的情况下，由于从各类型组都抽取了样本单位，因此可以不考虑组间方差，而只考虑组内方差即可。

3. 抽取样本单位的方法

为提高类型抽样的效果，关键要合理分组。分组原则是尽量缩小组内标志值变异，增加组间标志值变异，从而降低影响抽样误差的总方差。在分组后，抽取样本单位的具体方法有两种：等比例抽样与不等比例抽样。等比例抽样是各组按同一比例抽取样本单位；不等比例抽样是各组不按同一比例抽取样本单位。

例如，某乡粮食播种面积20000亩，按平原和山区面积比例抽取其中的2%进行调查，有关资料如下，要求在95.45%的概率下估计平均亩产的可能范围（表8-3）。

表 8-3 某乡粮食平均亩产抽样数据

地形	样本面积/亩	样本平均亩产/千克	亩产均方差/千克
平原	280	560	80
山区	120	350	150

样本的平均亩产为：

$$\bar{x} = \frac{560 \times 280 + 350 \times 120}{280 + 120} = 497(\text{千克})$$

样本各组数量标志平均组内方差为：

$$\overline{S^2} = \frac{280 \times 80^2 + 120 \times 150^2}{280 + 120} = 11230$$

平均数抽样误差为：

$$\mu_{\bar{x}} = \sqrt{\frac{\overline{S^2}}{n}\left(\frac{N - n}{N - 1}\right)} = \sqrt{\frac{11230}{400} \times \left(\frac{20000 - 400}{20000 - 1}\right)} = 5.25(\text{千克})$$

在 95.45%的概率下，$t=2$，则极限误差为：

$$\Delta_{\bar{x}} = t\mu_{\bar{x}} = 2 \times 5.25 = 10.5(\text{千克})$$

粮食平均亩产的可能范围为：

$$497-10.5 \leqslant \overline{X} \leqslant 497+10.5$$

$$486.5 \leqslant \overline{X} \leqslant 507.5$$

即该乡全部粮食平均亩产在 486.5~507.5 千克之间。

三、等距抽样

1. 等距抽样的定义

等距抽样也称机械抽样或系统抽样，它是把总体各单位按一定标志进行排队，然后按固定顺序和间隔抽取调查单位。我国进行的城市住户调查、农村住户调查都采用这种方法。

2. 等距抽样的排队方式

按照排队时依据的标志不同，等距抽样分为按无关标志排队和按有关标志排队两种。无关标志就是与调查项目没有直接关系的标志。例如，在调查职工生活水平时按职工的姓氏笔画排队。有关标志就是与调查项目有直接关系的标志。例如，在调查职工生活水平时按职工工资水平的高低排队。

3. 等距抽样样本的抽选方法

排队后由于抽选的方法不同，等距抽样又可分为随机起点等距抽样、半距起点等距抽样和对称抽样三种。例如，有 1000 人，从中要抽取 100 人，每 10 人中抽 1 人。先把 1000 人按一定标志排队，假设抽取第一个单位时用抽签法，抽的是排在第 8 号的人，则依次抽取排在第 18、28、38、48…号的人，这种抽样为随机起点等距抽样，总体按无关标志排队时可以应用此法。如果有 20 个单位，从中抽取 4 个单位进行研究，每 5 个抽 1 个，即抽排在第 3、8、13、18 号的人，这种抽样为半距起点等距抽样，采用按有关标志和无关标志排队都可以用此法，它存在明显缺点是不能进行样本轮换。如果抽取时第一个抽取的是排在第 3 号的人，第二个抽取的是以 10 为对称点的排在第 17 号的人，以后依次抽选排在第 23、37、43、57…号的人，这种抽样方法为对称等距抽样，它保留了半距起点等距抽样的优点，又避免了其局限性。

例如，某储蓄所年末按定期存款单账号的顺序每 10 户抽取一户，共抽取 500 户进行调查，资料如表 8-4 所示。

表 8-4 某储蓄所存款资料

存款/元	1000 以下	1000~2000	2000~4000	4000~5000	5000 以上
户数	10	50	100	260	80

试以 95.45%的概率推断储户平均定期存款额的可能范围。

样本单位的平均存款额为：

$$\bar{x}=\frac{10\times500+50\times1500+100\times3000+260\times4500+80\times5500}{500}=3980(\text{元})$$

样本方差为：

$$S^2=\frac{(500-3980)^2\times10+(1500-3980)^2\times50+(3000-3980)^2\times100+(4500-3980)^2\times260+(5500-3980)^2\times80}{500}=1559600$$

抽样平均误差为：

$$\mu_{\bar{x}}=\sqrt{\frac{S^2}{n}\left(\frac{N-n}{N-1}\right)}=\sqrt{\frac{1559600}{500}\times\left(\frac{5000-500}{5000-1}\right)}=52.99(\text{元})$$

在 95.45%的概率下，$t=2$，则

$$\Delta_{\bar{x}}=t\mu_{\bar{x}}=2\times52.99=105.98(\text{元})$$

储户平均定期存款额（元）为：

$$3980-105.98\leqslant\bar{X}\leqslant3980+105.98$$

$$3874.02\leqslant\bar{X}\leqslant4085.98$$

结果表明，储户平均定期存款额在 3874.02~4085.98 元之间。

等距抽样具有简便、易行、推断的代表性高等特点，但在使用时要注意总体单位标志值按一定顺序排列后是否有周期性波动。等距抽样间隔不要与周期波动幅度一致，否则误差会较大。

四、整群抽样

1. 整群抽样的定义

前面三种抽样方式有一个共同点，就是从总体抽取样本时都是一个一个抽取样本单位。整群抽样又称成批抽样，是把总体各单位划分为若干群，按随机原则从中抽取若干

群，并对于抽中群的所有单位进行调查。例如，对连续生产的企业，每小时都抽选最后 10 分钟生产的全部产品进行调查。那么，每小时最后 10 分钟生产的全部产品就是一群。

2. 整群抽样的局限性

整群抽样是以群为单位来抽取样本单位的，分群的原则是：尽量扩大群内差距，缩小群间差距。整群抽样特别适合于群内差距大而群间差距小的情况，由于调查单位比较集中，调查工作的组织和进行比较简便、节约经费开支、方便进行调查。其存在的局限性在于：样本代表性差。由于抽取的样本单位比较集中，在抽取相同数量样本单位数的情况下，抽样误差往往大于简单随机抽样的误差。

3. 整群抽样估计时相关指标的计算

整群抽样是不重复抽样。设总体的全部单位 N 划分为 R 群，每群包括 M 个单位，现从总体 R 群中随机抽取 r 群组成样本，对选中 r 群的所有 M 单位进行全面调查，则第 i 群样本均值为：

$$\bar{x}_i = \frac{1}{M}\sum_{j=1}^{M} x_{ij} \qquad (i=1,\ 2,\ \cdots,\ r) \tag{8-36}$$

样本均值为：

$$\bar{x} = \frac{1}{r}\sum_{i=1}^{r} \bar{x}_i \tag{8-37}$$

样本平均数的抽样平均误差 $\mu_{\bar{x}}$ 可以根据群间方差来推算。设 $\delta_{\bar{x}}^2$ 为群平均数的群间方差，则：

$$\delta_{\bar{x}}^2 = \frac{1}{r}\sum_{i=1}^{r} (\bar{x}_i - \bar{x})^2 \tag{8-38}$$

整群抽样都采用不重复抽样的方法，所以抽样的平均误差为：

$$\mu_{\bar{x}} = \sqrt{\frac{\delta_{\bar{x}}^2}{r}\left(\frac{R-r}{R-1}\right)} \tag{8-39}$$

抽样成数平均误差的计算道理与 $\mu_{\bar{x}}$ 类似。其样本成数 p、样本成数群间方差 δ_p^2 及抽样成数平均误差 μ_p 分别为：

$$p = \frac{1}{r}\sum_{i=1}^{r} p_i \tag{8-40}$$

$$\delta_p^2 = \frac{1}{r}\sum_{i=1}^{r} (p_i - p)^2 \tag{8-41}$$

$$\mu_p = \sqrt{\frac{\delta_p^2}{r}\left(\frac{R-r}{R-1}\right)} \tag{8-42}$$

例如，从某县 100 个村中随机抽取 10 个村，对村中各户家禽饲养情况进行调查，平均每户饲养家禽 35 头，各村平均数的方差为 16 头。现以 95%的概率推断该县平均每户饲养家禽数的可能范围，其抽样平均误差为：

$$\mu_{\bar{x}} = \sqrt{\frac{\delta_{\bar{x}}^2}{r}\left(\frac{R-r}{R-1}\right)} = \sqrt{\frac{16}{10}\times\left(\frac{100-10}{100-1}\right)} = 1.2(\text{头})$$

允许误差为：

$$\Delta_{\bar{x}} = t\mu_{\bar{x}} = 1.96 \times 1.2 = 2.35(\text{头})$$

平均每户饲养家禽数的范围为：

$$35-2.35 \leqslant \overline{X} \leqslant 35+2.35$$

$$32.65 \leqslant \overline{X} \leqslant 37.35$$

则该县平均每户饲养家禽数的可能范围在 32.7～37.4 头之间。

从理论上讲，在进行整群抽样时应尽可能缩小群与群之间的方差，以减小抽样的平均误差。但实际上，群大多是自然形成的，很难人为地缩小群间方差。与简单随机抽样相比，如果调查单位相同，则整群抽样由于调查单位相对集中、不能均匀地分布在总体中而使随机性受到影响，因此其准确性较简单随机抽样差。与其他几种抽样调查形式相比，其准确性也较差，但从费用角度看比较节约，所以应结合具体情况来选择适当的抽样调查组织方式。

五、多阶段抽样

1. 多阶段抽样的定义

多阶段抽样又称多级抽样。在社会经济调查中，调查对象一般包括很多调查单位，分布面也很广，直接抽选样本单位非常困难，这就需要采用多阶段抽样的方式进行调查。多阶段抽样就是把抽取样本单位的过程分成两个或更多个阶段进行，即先从总体中抽选若干大的样本单位，再从被抽中的若干大的单位中抽选较小的样本单位，依此类推，直到最后抽出最终的样本单位。

多阶段抽样所划分的抽样阶段数不宜过多，一般以二、三个阶段，至多四个阶段为宜。例如，某企业要调查一个全国产品售后服务满意度，先抽几个省，从抽中的省中抽取若干县，从抽中的县中再抽取村，从抽中的村中抽取户（表 8-5）。

表 8-5　第七次全国人口普查事后质量抽查各省抽查县、抽查小区个数

地区	抽查县数	抽查小区数	地区	抽查县数	抽查小区数
全国	141	406	河南	7	21
北京	3	9	湖北	5	15
天津	3	9	湖南	7	21
河北	7	21	广东	7	21
山西	3	9	广西	5	15
内蒙古	4	8	海南	2	6
辽宁	5	15	重庆	3	9
吉林	3	9	四川	7	21
黑龙江	5	15	贵州	3	9
上海	3	9	云南	5	15
江苏	7	21	西藏	2	4

续表

地区	抽查县数	抽查小区数	地区	抽查县数	抽查小区数
浙江	5	15	陕西	5	15
安徽	5	15	甘肃	4	8
福建	5	15	青海	3	6
江西	5	15	宁夏	2	6
山东	7	21	新疆	4	8

资料来源：国家统计局

2. 多阶段抽样的优点

多阶段抽样的优点是适用于抽样调查的面特别广，使样本单位相对集中，便于组织与实施，可以相对节省人力、物力、财力，可以根据具体情况采用不同的抽样方式，具有灵活方便的特点，在我国统计实践中得到广泛应用。其主要缺点是抽样时较为麻烦，而且从样本对总体的估计比较复杂，每个阶段都会产生抽样误差。多阶段抽样的前几个阶段抽样类似于整群抽样，最后一个阶段类似于类型抽样和等距抽样，因此其误差是各阶段抽样误差之和。

六、不同抽样组织方式的比较

抽样实施前，进行抽样组织设计的目的是提高样本的代表性，增加抽样的效果。为此，进行抽样方案的检查是必要的，一般要进行准确性检查与代表性检查。简单随机抽样是最基本的组织方式，在没有总体的有关信息时人们一般都采用简单随机抽样。但是，在掌握了总体的有关信息情况下，在抽样设计阶段如果能充分利用上这些有关信息，则有利于提高抽样的精确度和可靠度。当然，在抽样设计时如何降低抽样的成本费用等因素也是应该考虑的。限于篇幅，在此不比较各抽样组织方式的费用大小了。

1. 简单随机抽样是基本的抽样组织方式

抽样推断效果如何依赖于所抽出样本的质量，而样本质量的好坏就要看样本对总体的代表性如何。代表性好的样本能从总体中“带出”更多有关总体的信息，样本分布与总体分布两者间存在密切的联系性与相似性。要做到这一点，首先就要避免抽样人员的“主观”影响，克服由此产生的“偏见”。因此，抽取样本都要求满足“随机性”。例如，类型抽样先将总体分成不同的部分，再从每一个部分中抽取出一些单位共同组成样本。因为每一部分都需进行抽样，虽然划分过程不存在随机性，但是再从每部分中取样时就必须遵从随机原则。对整群抽样也是这样，虽然对抽中的群进行全面调查，不存在随机性要求，但是，群是通过简单随机抽样抽出来的，在抽取群时就满足随机原则了。任何概率推断在设计时都应考虑在某个阶段或某个环节上遵从随机性要求，否则样本的代表性无法体现，抽样推断就无从进行。再者，抽样的最终目的是为了进行统计推断，统计推断是概率推断，以随机变量的概率分布作为推断的基础。典型调查、重点调查都是非概率调查方式，不一定能体现总体的结构，根据这样的样本来推断总体的参数其可靠性如何无从判断。由此可见，简单随机抽样是抽样设计的基础。

2. 类型抽样与整群抽样的比较

类型抽样的平均误差与组间方差无关，决定于组内方差的平均水平；整群抽样的平均误差与组内方差无关，决定于组间方差的大小。总体方差等于组间方差加上组内方差的平均数，由此可推导出减小类型抽样与整群抽样平均误差的方法。

（1）减小类型抽样平均误差的办法

可以用提高组间方差、降低组内方差的办法，具体来说就是使类型抽样各部分内部单位差异尽可能地小，不同类型间的差异尽可能地大。如果组间方差接近于总体方差，说明组内方差接近于0，这时组内单位基本上没有差异，这是一种极端的情况，类型抽样的平均误差接近于0。

（2）减小整群抽样平均误差的办法

为降低整群抽样平均误差，应设法降低群间方差，可以通过提高群内方差的方法达到降低群间方差的目的。因此，类型抽样与整群抽样对总体进行分组的要求刚好是相反的：类型抽样要尽量提高组间方差降低组内方差；整群抽样应尽量提高组内方差降低组间方差。也就是说，进行类型抽样尽量使各组内单位差异减小，各组间单位差异增大；进行整群抽样刚好相反。

因此，可以得到结论：类型抽样的前提是对总体结构事先有一定的认识，有辅助信息可利用，这种信息与所研究的问题有密切关系，可以作为分类的依据。通过分类把总体中调查标志差异比较接近的单位归为一组，减少组内差异，再从各组中抽出样本，这样的样本对总体有更大的代表性。所以类型抽样的特点是充分利用总体已有信息。整群抽样可以对抽中的群进行集中调查，是一种较为方便有效的抽样组织方式；在总体单位没有原始资料可利用时，整群抽样有利于提高抽样的效率。但是，由于整群抽样的抽样单位较集中，限制了样本在总体中分配的均匀性，有时代表性不是很理想，抽样误差较大。在实际抽样中，通常要适当增加一些样本单位以利于缩小抽样误差、提高抽样推断的准确度。

第五节 假设检验

一、假设检验的基本思想

假设检验是统计推断的另一种方式，它与区间估计的差别主要在于：区间估计是用给定的概率推断出总体参数的范围，而假设检验是以小概率为标准，对总体状况所做出的假设进行判断。

假设检验就是首先对总体的分布函数形式或分布的某些参数做出假设，再根据所得样本数据，利用“小概率原理”，对假设的正确性做出判断的统计推断过程与方法。这种思维方法与数学里的“反证法”很相似。“反证法”先将要证明的结论假设为不正确的，作为进一步推论的条件之一使用，最后推出矛盾的结果，得到不能接受的结论，以此否定事先所作的假设，认为所要证明的结论是正确的。反证法认为矛盾的结论就是不可能发生的事件，这种事件发生的概率为零，该事件是不能接受的现实。其实，在我们日常生活中不仅不肯接受概率为0的事件，而且对小概率事件也持否定态度。如果小概率事件突然在生活中发生了，人们就感到不可思议，不肯接受这个事实上已发生的结果。比如，一人外出，不必担心天空降落陨石砸伤自己，虽然偶尔也有媒体报道陨石降落的消息。

所谓小概率原理，即指概率很小的事件在一次试验中实际上不可能出现。这种事件称为“实际不可能事件”。

小概率的标准是多大？5%的概率是不是小概率？这没有绝对的标准，一般以一个所谓显著性水平 α（$0<\alpha<1$）作为小概率的界限，α 的取值与实际问题的性质有关。所以，统计检验又称显著性检验。下面通过一个具体例子说明统计假设检验是怎样进行的。

例如，消费者协会接到消费者投诉，指控品牌纸包装饮料存在容量不足，有欺骗消费者之嫌。包装上标明的容量为250毫升。于是，消费者协会从市场上随机抽取50盒该品牌纸包装饮品，测试发现平均含量为248毫升，小于250毫升。这是生产中正常的波动，还是厂商的有意行为？消费者协会能否根据该样本数据判定饮料厂商欺骗了消费者呢？

上述例子中，消费者协会实际要进行的是一项统计检验工作，检验总体平均容量是否等于包装上注明的250毫升，即检验总体平均250是否成立。这就是一个原假设，通常用 H_0 表示。

与原假设对立的是备选假设（也称备择假设）H_1，备选假设是在原假设被否定时另一种可能成立的结论。备选假设比原假设还重要，这要由实际问题来确定，一般把期望出现的结论作为备选假设。上例中可能的备选假设有三种：

第一种，若消费者协会希望知道的是该品牌饮料平均容量是否为标明的250毫升；

第二种，若消费者协会希望知道该品牌饮料平均容量是否少于标明的250毫升；

第三种，若消费者协会希望知道该品牌饮料平均容量是否大于标明的250毫升。

备选假设的重要性还表现在，由于备选假设不同，可将假设检验分为双侧（边、尾）检验和单侧（边、尾）检验。与上面的备选假设对应，第一种检验是双侧检验，第二种检验是左侧检验，第三种检验是右侧检验。

原假设与备选假设确定之后，我们要构造一个统计量来决定是“接受原假设，拒绝备选假设”，还是“拒绝原假设，接受备选假设”。对不同的问题要选择不同的检验统计量。检验统计量确定后，要利用该统计的分布以及由实际问题中所确定的显著性水平，进一步确定检验统计量拒绝原假设的取值范围，即拒绝域。在给定的显著性水平 α 下，检验统计量的可能取值范围被分成两部分：小概率区域与大概率区域。小概率区域就是概率不超过显著性水平 α 的区域，是原假设的拒绝区域；大概率区域是概率为 $1-\alpha$ 的区域，是原假设的接受区域。如果样本统计量落入拒绝域，我们就拒绝原假设，接受备选假设，认为样本数据支持备选假设的结论；如果样本统计量落入接受区域，我们就接受原假设，认为没有充分证据证明备选假设结论为真。请注意，这里使用的判断语气比较委婉，原因是：拒绝域是小概率区域，按小概率原理应该拒绝原假设，但是，小概率事件不是完全不可能事件，还是有可能发生的；接受区域是大概率区域，大概率事件也不是必然事件。无论是接受原假设还是拒绝原假设，都有产生判断失误的可能。统计检验中的判断过度问题在社会经济文献中确实存在，理应得到人们的重视，不宜将统计检验的结论过于泛化。

二、假设检验的两类错误

由前面的叙述知道，假设检验是依据样本提供的信息进行判断的，也就是说由部分来推断整体，因而假设检验不可能绝对准确，它也可能犯错误。归纳所犯的错误有两种类型：一类错误是原假设确实是真的，但经过检验后却被我们拒绝了。犯这种错误的概率用 α 来表示，也称作 α 错误或弃真错误；另一类错误是原假设确实是假的，但经过检验后却被我们接受了。例如，某厂商声称他的产品的合格品率为 99%，而实际上合格品率仅为 90%，这意味着在 100 件产品中有 90 件合格品和 10 件次品。为了检验厂商宣称的是否真实，随机抽取 20 件产品，结果都是合格品，于是我们由此判断厂商宣称的是真实的，这时我们就犯了第二类错误。犯这种错误的概率用 β 来表示，所以也称作 β 错误或取伪错误。

一般地讲，哪一类错误所带来的后果越严重、危害越大，在假设检验中就应当把哪一类错误作为首要的控制目标。但在假设检验中，大家都在执行这样一个原则，即首先控制犯 α 错误原则。这样做的原因主要有两点，一个是大家都遵循一个统一的原则，讨论问题就比较方便，但这还不是最主要的，最主要的原因在于，从实用的观点看原假设是什么常常是正确的，而备选假设是什么则常常是模糊的。显然，对于一个含义清楚的假设和一个含义模糊的假设，我们更愿意接受前者，正是在这个背景下我们就更为关心如果 H_0 为真而我们却把它放弃了，犯这种错误的可能性有多大，而这正是 α 错误所表现的内容。这也给予启示：在假设检验中，把我们最关心的问题作为原假设提出，将较严重的错误放在 α 上，这就能够在假设检验中对 α 错误实施有效措施。

三、假设检验的基本步骤

1. 提出原假设和备选假设

对每个假设检验问题一般可同时提出两个相反的假设：原假设和备选假设。原假设又称零假设，是正待检验的假设，记为 H_0；备选假设又称备择假设，是拒绝原假设后可供选择的假设，记为 H_1。原假设和备选假设是相互对立的，检验结果二者必取其一。接受 H_0 则必须拒绝 H_1；反之，拒绝 H_0 则必须接受 H_1。

2. 选择适当的统计量并确定其分布形式

在参数假设检验中，如同在参数估计中一样，要借助于样本统计量进行统计推断。用于假设检验问题的统计量称为检验统计量。在具体问题里，选择什么统计量作为检验统计量需要考虑的因素与参数估计相同。例如，用于进行检验的样本是大样本还是小样本，总体方差已知还是未知等。在不同的条件下应选择不同的检验统计量。

3. 选择显著性水平 α 并确定临界值

显著性水平表示 H_0 为真时拒绝 H_1 的概率。假设检验是围绕对水平假设内容的审定而展开的。如果原假设正确我们接受了（同时也就拒绝了备选假设），或原假设错误我们拒绝了（同时也就接受了备选假设），这表明我们做出了正确的决定。但是，由于假设检验是根据样本提供的信息进行推断的，也有犯错误的可能。有这样一种情况，原假设正确而我们却把它当成错误的加以拒绝，犯这种错误的概率用 α 表示，统计上把 α 称为假设检验中的显著性水平，也就是决策中所面临的风险。所以，显著性水平是指当原假设为正确时人们却把它拒绝了的概率或风险。这个概率是由人们确定的，通常取 $\alpha=0.05$ 或 $\alpha=0.01$，这表明，当做出接受原假设的决定时，其正确的可能性（概率）为95%或99%，即拒绝原假设所冒的风险，用 α 表示。假设检验应用小概率事件实际极少发生的原理，这里的小概率就是指 α。给定了显著性水平 α 就可由有关的概率分布表查得临界值，从而确定 H_0 的接受区域和拒绝区域，临界值就是接受区域和拒绝区域的分界点。

4. 做出结论

根据样本资料计算出检验统计量的具体值，并用以与临界值比较，做出接受或拒绝原假设 H_0 的结论。如果检验统计量的值落在拒绝区域内，说明样本所描述的情况与原假设有显著性差异，应拒绝原假设；反之，则接受原假设。

四、单个总体参数的假设检验

1. 正态总体均值的假设检验

(1) 总体方差已知，对正态总体均值的假设检验

设总体 $X \sim N(\mu, \sigma^2)$，总体方差 σ^2 为已知，$(X_1, X_2, \cdots, X_n)$ 为总体的一个样本，样本均值为 $\overline{X}$。现在的问题是对总体均值 μ 进行假设检验。H_0：$\mu=\mu_0$（或 $\mu \leqslant \mu_0$、$\mu \geqslant \mu_0$）。

根据抽样分布定理，样本均值 $\overline{X}$ 服从 $N(\mu, \sigma^2/n)$，所以，如果 H_0 成立时，检验统计量 Z 及其分布为：

$$Z=\frac{\overline{X}-\mu_0}{\sigma/\sqrt{n}} \sim N(0, 1) \tag{8-43}$$

利用服从正态分布的统计量 Z 进行的假设检验称为 Z 检验法。根据已知的总体方差、样本容量 n 和样本均值 $\overline{X}$，计算出检验统计量 Z 的值。对于给定的检验水平，查正态分布表可得临界值，将所计算的 Z 值与临界值比较便可做出检验结论。

例如，根据过去大量资料，某厂生产的产品使用寿命服从正态分布 $N(1020, 100^2)$。现从最近生产的一批产品中随机抽取16件，测得样本平均寿命为1080小时。试在0.05的显著性水平下判断这批产品的使用寿命是否有显著提高？

根据题意，提出假设：$H_0: \mu=1020$；$H_1: \mu>1020$

检验统计量 $$Z=\frac{\overline{X}-\mu_0}{\sigma/\sqrt{n}}=\frac{1080-1020}{100/\sqrt{16}}=2.4$$

由 $\alpha=0.05$，查表得临界值 $Z_{0.05}=1.645$

$Z=2.4$ 大于 $Z_{0.05}=1.645$，所以应拒绝 H_0 而接受 H_1，即这批产品的使用寿命确有显著提高。

(2) 总体方差未知，对正态总体均值的假设检验

设总体 $X \sim N(\mu, \sigma^2)$，但总体方差 σ^2 未知，此时对总体均值的检验不能用上述 Z 检验法，因为此时的检验统计量 Z 中包含了未知参数 σ。为了得到一个不含未知参数的检验

统计量，用总体方差的无偏估计量——样本方差 S^2 来代替 σ^2，于是得到 T 统计量。根据上节内容已知检验统计量 T 及其分布为：

$$T = \frac{\overline{X} - \mu_0}{S/\sqrt{n}} \sim t(n-1) \tag{8-44}$$

利用服从 t 分布的统计量去检验总体均值的方法称为 T 检验法。其具体做法是：根据题意提出假设（与 Z 检验法中的假设形式相同）；构造检验统计量 T 并根据样本信息计算其具体值；对于给定的检验水平 α，由 t 分布表查得临界值；将所计算的 T 值与临界值比较，做出检验结论。

双侧检验时，若 $|T| > t_{\alpha/2}$，则拒绝 H_0，接受 H_1。

左侧检验时，若 $T < -t_\alpha$，则拒绝 H_0，接受 H_1。

右侧检验时，若 $T > t_\alpha$，则拒绝 H_0，接受 H_1。

例如，从长期资料可知，某厂生产的某种电子元件服从均值为 200 小时，标准差未知的正态分布。通过改变部分生产工艺后抽得 10 件做样本数据（小时）：

202，209，213，198，206，210，195，208，200，207

据题意，检验目的是考察电子元件的平均值数据是否有所提高。因此，可建立如下假设：

$$H_0: \mu = 200;\ H_1: \mu > 200$$

根据已知数据求得 $\overline{X} = 204.8 \quad S = 5.789$

检验统计量 $T = \dfrac{\overline{X} - \mu_0}{S/\sqrt{n}} = \dfrac{204.8 - 200}{5.789/\sqrt{10}} = 2.622$

由 $\alpha = 0.05$，查表得临界值 $t_\alpha(n-1) = t_{0.05}(10-1) = 1.8331$

由于 $|T| = 2.622 > t_\alpha(n-1) = 1.8331$，所以拒绝 H_0 接受 H_1，即可以接受“在新工艺下，这种电子元件的平均值有所提高的假设”。

T 检验法适用于小样本情况下总体方差未知时对正态总体均值的假设检验。随着样本容量 n 的增大，t 分布趋近于标准正态分布。所以大样本情况下（$n>30$），总体方差未知时对正态总体均值的假设检验通常近似采用 U 检验法。同理，大样本情况下，非正态总体均值的检验也可用 U 检验法。因为，根据大样本的抽样分布定理，总体分布形式不明或为非正态总体时样本平均数趋近于正态分布。这时，检验统计量 Z 中的总体标准差 σ 用样本标准差 S 来代替。

2. 总体比例的假设检验

由前面的抽样分布知道样本比例是一个特殊的平均数，当样本容量较大时，下列统计量服从标准正态分布：

$$Z = \frac{p - P}{\sqrt{\dfrac{P(1-P)}{n}}} \sim N(0,1) \tag{8-45}$$

上式中，小写字母 p 代表样本比例，大写字母 P 代表总体比例。以上的 Z 统计量可以用作总体比例检验的检验统计量。下面通过例题说明总体比例的检验过程。

例如，某企业声明有30%以上的消费者对其产品质量满意。如果随机调查600名消费者，表示对该企业产品满意的有220人。试在显著性水平$\alpha=0.05$下，检验调查结果是否支持企业的自我声明。

第一步：做出假设。H_0：$P=30\%$， H_1：$P>30\%$

以上的备选假设是企业自我声明的结论，希望该企业说的是实话，因此使用右侧检验。

第二步：构造检验统计量。

$$Z=\frac{p-P}{\sqrt{\frac{P(1-P)}{n}}}$$

第三步：确定拒绝域。显著水平$\alpha=0.05$，查标准正态分布表得临界值：$Z_{0.05}=1.645$，拒绝域是$Z>1.645$。

第四步：计算检验统计量的数值。样本成数$p=220/600=0.37$，总体假设比例$P=0.3$，代入检验统计量得：

$$Z=\frac{p-P}{\sqrt{\frac{P(1-P)}{n}}}=\frac{0.37-0.3}{\sqrt{0.3(1-0.3)/600}}=3.5$$

第五步：判断。检验统计量的样本取值$Z=3.5>1.645$，落入拒绝域。拒绝原假设，接受备选假设，认为样本数据证明该企业声明属实。

五、两个总体参数的假设检验

1. 两正态总体均值之差的假设检验

对两正态总体均值之差的显著性检验仍要根据总体方差是否已知、样本大小来选择检验统计量。即当两个总体的方差已知时，可用检验统计量为：

$$Z=\frac{(\bar{X}-\bar{Y})-(\mu_1-\mu_2)}{\sqrt{\frac{\sigma_1^2}{n_1}+\frac{\sigma_2^2}{n_2}}}\sim N(0,\ 1) \tag{8-46}$$

当方差未知时，这时的检验统计量应采用T统计量，T服从自由度为n_1+n_2-2的t分布，即

$$T=\frac{(\bar{X}-\bar{Y})-(\mu_1-\mu_2)}{S_w\sqrt{\frac{1}{n_1}+\frac{1}{n_2}}}\sim t(n_1+n_2-2) \tag{8-47}$$

其中$S_w^2=\frac{(n_1-1)S_1^2+(n_2-1)S_2^2}{(n_1-1)+(n_2-1)}$，$S_w=\sqrt{S_w{}^2}$

2. 两总体比例之差的假设检验

两总体比例差P_1-P_2的概率分布，可证明其近似地服从以p_1-p_2为数学期望、

$\frac{p_1(1-p_1)}{n_1}+\frac{p_2(1-p_2)}{n_2}$ 为方差的正态分布。检验统计量如下：

$$Z=\frac{(p_1-p_2)-(P_1-P_2)}{\sqrt{\frac{P_1(1-P_1)}{n_1}+\frac{P_2(1-P_2)}{n_2}}} \tag{8-48}$$

当总体比例 P_1 和 P_2 未知，$n_1>=30$，$n_2>=30$，且 n_1p_1、n_1（$1-p_1$）、n_2p_2 和 n_2（$1-p_2$）都大于 5 时，检验统计量 Z 近似服从标准正态分布，可用样本比例 p_1 和 p_2 来替代总体比例。因而，以 Z 作为检验统计量：

$$Z=\frac{(p_1-p_2)-P}{\sqrt{\frac{p_1(1-p_1)}{n_1}+\frac{p_2(1-p_2)}{n_2}}}\sim N(0,\ 1) \tag{8-49}$$

第六节　利用 Excel 进行抽样估计

一、区间估计常用的函数

（1）CONFIDENCE（alpha，standard-dev，size）：返回总体平均值的置信区间。

（2）Alpha（α）：是用于计算置信度的显著水平参数。置信度等于（$1-\alpha$），如果 α 为 0.05，则置信度为 0.95。

（3）Standard-dev：数据区域的总体标准差，假设为已知（实际中，总体标准差未知时通常用样本标准差代替）。

（4）Size：样本容量（n）。

如果假设 α 等于 0.05，则需要计算标准正态分布曲线（$1-\alpha=0.95$）之下的临界值，查表知其临界值为±1.96。因此置信区间为：

$$\overline{X}\pm 1.96\left(\frac{\sigma}{\sqrt{n}}\right)$$

二、区间估计实例

例：以某厂对一批产品质量进行抽样检验为例，抽样数据和要求如下，采用重复抽样抽取样品 200 只，样本优质品率 85%，试计算当把握程度为 90%时优质品率的允许误差。在 Excel 中分别在：

B1 单元格中输入样本容量 200；

B2 单元格中输入样本比率 85%；

在 B3 单元格中输入计算样本比率的标准差公式“=SQRT（B2＊（1-B2））”；

在 B4 单元格输入 α 为 10%；

在 B5 单元格中输入表达式：“=CONFIDENCE（B4，B3，B1）”，得到 $Z_{\alpha/2}$

$\sqrt{\frac{p(1-p)}{n}}$ 等于 4.15%。

CONFIDENCE 函数的应用见图 8-1，总体优质品率的置信区间如图 8-2 所示。

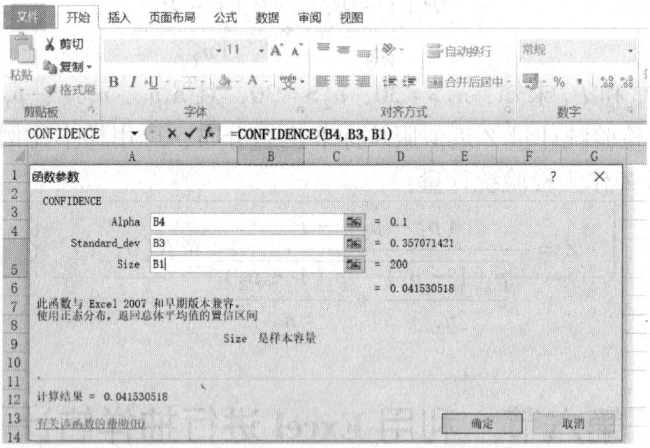

图 8-1　CONFIDENCE 函数

B7　f_x =B2+B5

	A	B	C	D
1	样本容量n	200		
2	样本比率p	85%		
3	样本标准差 $\mu=\sqrt{p(1-p)}$	0.35707		
4	α	10%		
5	$Z_{\alpha/2}\sqrt{\frac{p(1-p)}{n}}$	0.041531		
6	总体优质品率的90%置信区间下限	80.85%		
7	总体优质品率的90%置信区间上限	89.15%		

图 8-2　总体优质品率的区间估计

◇ 本章要点 ◇

(1) 抽样中的基本概念。主要包括全及总体与样本总体、样本容量与样本个数、总体指标与样本指标、重复抽样与不重复抽样。

(2) 抽样分布。介绍了抽样分布中的重复抽样分布与不重复抽样分布；大数定律与中心极限定理。

(3) 抽样误差。介绍了抽样误差的概念及影响因素，抽样平均误差的概念及计算方法。

(4) 参数估计的概念及方法。介绍了参数估计的概念、点估计与区间估计的相关概念及步骤。

(5) 各种抽样组织方式的参数估计。主要包括：简单随机抽样、类型抽样、等距抽样、整群抽样和多阶段抽样等相关定义及方法。

(6) 假设检验。介绍了假设检验的基本思想和步骤、单个总体参数的假设检验、两个总体参数的假设检验等。

(7) 利用 Excel 进行抽样估计。介绍区间估计的常用函数，举例说明用 Excel 进行区间估计的步骤。

◇ 知识点梳理 ◇

知识点	具体内容
全及总体	就是要调查研究对象的全体，它是由许多性质相同的调查单位组成的。
样本总体	就是按随机原则从总体中抽选出来的部分单位组成的整体。
样本容量	样本中包含的单位个数称为样本容量。
总体指标	根据总体各单位标志值或标志特征计算的、反映总体某种属性特征的综合指标。
样本指标	由样本各个标志值计算的指标为样本指标。
重复抽样	从总体 N 个单位中要抽取一个容量为 n 的样本，每次从总体中随机抽取一个总体单位，经调查登记后再放回总体，参加下一次抽选。
不重复抽样	每次从总体中随机抽取一个总体单位，经调查登记后不再放回总体中，而是从余下的总体单位中随机抽取下一个总体单位进行调查，直到抽选出第 n 个样本单位。
抽样误差	随机抽样的偶然因素使样本各单位的结构不足以代表总体各单位的结构，从而引起抽样指标和总体指标之间的绝对离差。
抽样平均误差	全部可能的样本指标与总体指标离差平方和的平均数的平方根。
参数估计	根据样本资料，通过科学的统计理论和方法，利用样本统计量数值对总体参数进行估值。
点估计	用样本估计量的值直接作为总体参数的值，称为参数的点估计。
区间估计	在点估计的基础上，对总体参数做出的取值范围的估计。
简单随机抽样	按随机原则直接从总体 N 个单位中抽取出 n 个样本，使每个总体单位都有同等机会被抽中。
类型抽样	对总体各单位按某一标志加以分组后，从各组中随机抽出要研究的样本。
等距抽样	把总体各单位按一定标志进行排队，然后按固定顺序和间隔抽取调查单位。
整群抽样	把总体各单位划分为若干群，按随机原则从中抽取若干群，对于抽中群所有单位进行调查。
多阶段抽样	分两个或更多阶段进行，先从总体中抽选若干大的样本单位，再从被抽中的若干大的单位中抽选较小的样本单位，依此类推，直到抽出最终的样本单位。
小概率原理	指概率很小的事件在一次试验中实际上不可能出现。

◇ 练习题 ◇

一、单项选择题

1. 在同样情况下，不重复抽样的抽样平均误差与重复抽样的抽样平均误差相比(　　)。

A. 两者相等　　B. 前者小于后者　　C. 两者不等　　D. 前者大于后者

2. 最符合随机原则的抽样组织方式是(　　)。

A. 整群抽样　　B. 类型抽样　　C. 等距抽样　　D. 简单随机抽样

3. 反映样本指标与总体指标之间抽样误差的可能范围的指标是(　　)。

A. 抽样平均误差　B. 抽样误差系数　C. 概率度　D. 抽样极限误差

4. 一般来说，在抽样组织方式中抽样误差较大的是(　　)。

A. 简单随机抽样　B. 类型抽样　C. 整群抽样　D. 等距抽样

5. 在重复抽样的情况下，假定抽样单位数增加3倍（其他条件不变），则抽样平均误差为原来的(　　)。

A. 1/2 倍　B. 1/3 倍　C. 1.731 倍　D. 2 倍

6. 抽样调查必须遵循的基本原则是(　　)。

A. 灵活性原则　B. 准确性原则　C. 随机原则　D. 及时性原则

7. 将总体单位按一定标志排队，并按固定距离抽选样本单位的方法是(　　)。

A. 类型抽样　B. 等距抽样　C. 整群抽样　D. 简单随机抽样

8. 当可靠度大于0.6827时，抽样极限误差(　　)。

A. 大于抽样平均误差

B. 小于平均误差

C. 等于抽样平均误差

D. 与抽样平均误差的大小关系依样本容量而定

9. 某地有2万亩稻田，根据上年资料得知其平均亩产的标准差为50千克，若以95.45%的概率保证，平均亩产的误差不超过10千克，应抽选(　　)亩地作为样本进行抽样调查。

A. 100　B. 250　C. 500　D. 1000

10. 从统计量出发，对总体某些特性的“假设”做出拒绝或接受的判断过程称为(　　)。

A. 参数估计　B. 统计推断　C. 区间估计　D. 假设检验

二、多项选择题

1. 从总体中可以抽选出一系列的样本，所以(　　)。

A. 总体指标是随机变量　B. 样本指标是随机变量

C. 抽样指标是唯一确定的　D. 总体指标是唯一确定的

2. 影响样本容量的因素有(　　)。

A. 总体标志变异程度　B. 允许误差大小

C. 概率保证度大小　D. 抽样的方法

3. 抽样平均误差是(　　)。

A. 反映样本指标与总体指标的平均误差程度

B. 样本指标的标准差

C. 样本指标的平均差

D. 计算抽样极限误差的衡量尺度

4. 抽样估计的抽样平均误差(　　)。

A. 是不可避免的　B. 是可事先计算的

C. 其大小是可控制的　D. 是可改进调查方法消除的

5. 不重复抽样的平均误差(　　)。

A. 总是大于重复抽样的平均误差

B. 总是小于重复抽样的平均误差

C. 在 n/N 很小时几乎等于重复抽样平均误差

D. 在（$N-n$）/N 趋于 1 时可采用重复抽样平均误差的方法计算

6. 区间估计中总体指标所在的范围(　　)。

A. 是一个可能范围　　B. 是绝对可靠的范围

C. 不是绝对可靠的范围　　D. 是有一定把握程度的范围

7. 要增大抽样推断的概率可靠程度，可采用的办法是(　　)。

A. 增加样本数量　　B. 缩小抽样误差范围

C. 减少样本数量　　D. 增大抽样误差范围

8. 总体参数区间估计必须具备的要素是(　　)。

A. 概率度　　B. 样本指标

C. 总体指标　　D. 抽样误差范围

9. 抽样推断的基本组织方式有(　　)。

A. 纯随机抽样　　B. 机械抽样　　C. 分层抽样　　D. 整群抽样

10. 影响抽样误差的因素有(　　)。

A. 抽样方法　　B. 样本中各单位标志的差异程度

C. 样本容量　　D. 全及总体各单位标志的差异程度

三、判断题

1. 抽样平均误差就是总体指标的标准差。(　　)

2. 从总体中按照随机原则抽取部分单位为样本，只能组成一个样本。(　　)

3. 极限误差就是最大的抽样误差，因此，总体指标必然落在样本指标和极限误差共同构成的区间之内。(　　)

4. 样本单位数的多少与总体各单位标志值的变异程度成反比，与抽样极限误差范围的大小成正比。(　　)

5. 计算抽样平均误差时，如果缺少总体方差资料时，可以用样本方差来代替。(　　)

6. 抽样推断是利用样本资料对总体的数量特征进行估计的一种统计分析方法，不可避免会产生误差，这种误差大小是不能进行控制的。(　　)

7. 当全及总体单位数很大时，重置抽样和不重置抽样计算的抽样平均误差相差无几。(　　)

8. 抽样调查也会产生登记性误差，这与全面调查是一样的。(　　)

9. 在总体各单位标志值大小相差悬殊的情况下，运用类型抽样比简单随机抽样可以得到比较准确的结果。(　　)

10. 假设检验中的接收错误原假设的错误称为第二类错误，通常用 β 表示。(　　)

四、填空题

1. 对于同一个问题来说，总体是(　　)的，而从一个总体中抽出的样本可以有(　　)。

2. 样本单位数少于30个的样本称为(　　)。

3. 对于属性总体而言，由于各单位的标志不能用数量来表示，因而需要计算比重指标，称之为总体(　　)。

4. (　　)是指在没有登记性误差前提下，又遵循了随机原则而产生的样本指标与被它估计的总体相应指标的差数。

5. 在其他条件相同的情况下，不重复抽样的抽样平均误差(　　)重复抽样的抽样平均误差。

6. 参数估计可以细分为(　　)估计和(　　)估计两种。

7. (　　)是抽样调查中最基本也是最简单的方式，是衡量其他抽样方式抽样效果的标准。

8. 采用类型抽样抽取样本单位的具体方法有两种：(　　)抽样与(　　)抽样。

9. 采用等距抽样时，在排队后由于抽选的方法不同，可分为(　　)等距抽样、(　　)等距抽样和(　　)抽样三种。

10. 在进行整群抽样时，分群的原则是尽量扩大(　　)差距，缩小(　　)差距。

五、简答题

1. 什么是全及总体？什么是样本总体？二者有何区别？

2. 什么是重复抽样与不重复抽样？二者的本质区别是什么？

3. 什么是抽样平均误差？它受哪些因素的影响？

4. 影响必要抽样数目的因素有哪些？

5. 估计总体平均数和成数的基本步骤有哪些？

6. 什么是等距抽样与类型抽样？各有哪些方法？

7. 假设检验的基本步骤是什么？

8. 假设检验的错误类型有哪些？

六、计算题（计算结果有小数保留到0.01，0.01%）

1. 某手表厂在某段时间内生产100万个某种零件，用纯随机抽样方式不重置抽取1000个零件进行检验，测得废品为15件。试以95.45%的概率对这种零件的废品率作定值估计和区间估计。

2. 为了测定某批灯泡的平均使用时数，抽验了其中的30个灯泡，查得平均使用时数为1550小时，标准差为21小时。要求：

(1) 如果以99.73%的概率保证，该批灯泡的平均使用时数将在什么范围内；

(2) 假定其他条件不变，极限误差缩小一半，应抽选多少个灯泡。

3. 总体成数估计大约为35%，成数抽样极限误差不超过5%，在95.45%的概率保证下，试问重复抽样单位数是多少？如果抽样极限误差减少45%，抽样单位数是多少？

4. 对一批成品按不重复随机抽样方法抽选300件，其中废品11件，又知道抽样单位数是成品总量的1/20，在95.45%的概率保证下，可否认为这批产品的废品率不超过5%？

5. 假定抽样单位数增加3倍和0.5，试问随机抽样平均误差是怎样变化的？当抽样数减少40%或10%时，重复抽样平均误差又是如何变化的？

6. 某电子厂对A电子元件10000只进行耐用性能检查，根据以往的抽样求得耐用时数的标准差为580小时。要求：

（1）在90%的概率保证下，A电子元件耐用时数的允许误差不超过110小时，要抽取多少个元件进行调查？

（2）根据以往的抽样可知，元件合格率为95%，在95.45%的概率保证下，允许误差不超过5%，确定重复抽样与不重复抽样下应抽取多少元件进行检查？

7. 对某厂出产的A家用电器进行不重复抽样，随机抽取1%检验得到资料见附表8-1，试以95.45%的概率对该厂出产的A家用电器正常工作时间进行区间估计。

附表8-1

正常工作时间/千小时	台数/台
8~10	20
10~12	34
12~14	58
14~16	46
16~18	12
合计	170

8. 某公司出产一种产品，为检查每件产品的重量从5000件产品中随机抽取样本200件，检验结果如附表8-2所示：

附表8-2

每件重量/千克	产品数/件
98~99	20
99~100	35
100~101	90
101~102	45
102~103	10
合计	200

按规定这种产品每件重量应不低于100千克。在99.73%的概率保证下，要求：

（1）计算每件产品平均重量的极限误差，估计每件产品平均重量的可能范围；

（2）估计每件产品合格率的可能范围。

9. 某企业随机抽取1%的职工测得身高资料见附表8-3，试以95.45%的概率估计：

（1）该企业全部职工平均身高可能的范围；

（2）身高在170厘米以上职工人数比重的可能范围。

附表8-3

身高/厘米	150~160	160~170	170~180	180以上
员工人数/人	18	52	34	6

10. 对某地商户的月零售额进行抽样调查，按申报资金分为大、中、小三类，采取分

层抽样方法，调查结果有关数据资料整理见附表 8-4，试以 99.73%的概率保证程度估计商户的平均零售额可能的区间范围。

附表 8-4

类型	总体（户）N	抽样（户）n	平均零售额/万元	方差
大	750	150	25	8
中	2530	506	12	5
小	3120	624	4	0.8
合计	6400	1280	—	—

11. 年终在某储蓄所中按定期储蓄存款账号顺序进行每 5 户抽 1 户的机械抽样，得到资料如附表 8-5 所示：

附表 8-5

定期储蓄存款金额/万元	户数
5 以下	65
5-10	172
10-15	217
15-20	68
20-25	19
25 以上	14
合计	555

试以 95%的概率估计下列指标的可能范围：

(1) 平均每张存单的定期存款额可能的范围；

(2) 定期存款 15 万元以上的户数比重的可能范围。

12. 为了确定甲产品的平均使用期限，采用整群抽样的方法从 1000 盒产品中抽取 10 盒，每盒产品的平均使用期限如附表 8-6 所示：

附表 8-6

产品编号	1	2	3	4	5	6	7	8	9	10
平均使用期限/月	16.2	16.0	15.7	16.5	15.8	16.8	15.0	15.6	16.4	16.2

在 99.73%的概率保证下，要求：

(1) 确定每盒产品平均使用期限的抽样误差；

(2) 估计甲产品平均使用期限的可能范围。

13. 设某次考试的考生成绩服从正态分布，从中随机地抽取 36 位考生的成绩，得平均成绩为 66.5 分，标准差为 15 分，问在显著性水平 0.05 下是否可以认为这次考试成绩平均为 70 分？

14. 某互联网公司出于发展业务的需要，从 30 万用户中随机抽取 300 户进行调查，资料如附表 8-7 所示：

附表 8-7

每天上网时间/小时	户数/户
1	15
2	25
3	80
4	95
5	55
6	20
7	10
合计	300

要求：

（1）在 90%的概率下，估计该地区互联网用户平均每天上网时间的可能范围；

（2）在 90%的概率下，估计该地区互联网用户平均每天上网时间在 4 小时以上的户数所占比重的可能范围。

◇ 实训与案例讨论题 ◇

一、实训题

某高校对本校刚毕业的学生进行抽样调查，调查了 39 名毕业学生工作第一个月的薪酬情况，具体数据如下：

3800	4000	4150	3300	3400	4500	4200	4800	3850	4200	4400	4300
4000	6500	3700	3600	4100	3790	3800	5200	4300	4500	3800	3980
4150	4250	4200	4300	2600	5200	3860	5050	6080	2800	3560	4370
5600	4050	3950									

利用 Excel 完成以下任务：

（1）在 95%的概率下估计全校毕业生工作第一个月平均薪酬水平的可能范围；

（2）在 90%和 99.73%的概率下进行上述估计，并观察结果的变化；

（3）在 95%的概率下估计全校毕业生工作第一个月薪酬在 4000 元以上的毕业生所占比重的可能范围。

二、案例讨论题

《文学文摘》成立于 1890 年，由于准确预测了 1920 年、1924 年、1928 年、1932 年等美国总统大选结果，受到人们的普遍信任和赞誉。在 1936 年美国总统大选时，《文学文摘》按照电话号码簿上的地址寄出了 1000 万张询问投票倾向的明信片。根据回收的 240 多万份结果，预测共和党候选人兰登将以 57%对 43%，领先 14 个百分点击败罗斯福。在《文学摘要》进行铺天盖地的民意调查时，一个叫乔治·盖洛普的人，对《文学文摘》的调查结果提出质疑，也组织了抽样调查，仅有 5 万个样本，他认为罗斯福必胜。结果，罗斯福以 62%对 38%的巨大优势获胜。《文学文摘》杂志声誉扫地，次年宣告倒闭。

盖洛普的民意调查仅有 5 万个样本，数量是《文学文摘》1000 万个样本的 1/200 。

然而他对调查做了精细的规划，样本中白人和黑人的比例，富人和穷人的比例，都要能反映全体选民的比例。对于《文学文摘》的地毯式调查，盖洛普毫不客气地指出这种蛮干不靠谱！果不其然，盖洛普的小样本预测完全正确，从此声名大噪。

《文学文摘》如此大样本的调查为何会失败？《文学文摘》为了寄送调查问卷，随机抽取了电话黄页和车辆注册系统的地址。在1936年的美国，富裕的家庭才有私人电话和汽车。为挽救大萧条造成的经济打击，当时的罗斯福政府强行干预市场经济，从而在富人中普遍缺乏好感。因此，《文学文摘》的调查样本主要从富人中抽取，这样的调查结果当然对罗斯福不利。

讨论：

(1)《文学文摘》和盖洛普各使用了什么样的调查方法？

(2)《文学文摘》的调查中，总体与样本分别是什么？

(3)《文学文摘》调查失败的主要原因是什么？

(4) 你认为要达到同样的目的还可以采用什么样的调查方法？

第九章　统计预测与决策

本章的学习目的是理解统计预测的概念、分类及程序，掌握统计调研推算预测法、时间数列预测法和回归预测法的内容及方法，统计决策的概念、三要素及程序，风险型决策与完全不确定型决策的方法，熟悉 Excel 在统计预测中的应用等。

［引例］　**对国内生产总值进行预测**

正确分析国内生产总值与社会消费品零售总额的关系，有利于国家政策的制定和生活消费品的提供，有利于人民生活水平的提高。根据国家统计局发布的历年国民经济和社会发展统计公报，整理资料如表 9-1 所示：

表 9-1　2005-2020 年我国国内生产总值与社会消费品零售总额资料表

年份	国内生产总值/亿元	社会消费品零售总额/亿元
2005	184937	67177
2006	216314	76410
2007	265810	89210
2008	314045	108488
2009	335353	125343
2010	408903	156998
2011	484124	183919
2012	534123	210307
2013	588019	237810
2014	636463	262394
2015	688858	300931
2016	746395	332316
2017	832036	366262
2018	919281	380987
2019	990865	411649
2020	1015986	391981

根据以上资料，思考采用什么模型，对 2022 年我国国内生产总值进行预测。

第一节　统计预测概述

一、统计预测的概念及分类

1. 统计预测的定义

预测就是对事物未来状况做出估计或推测。预测自古就有，但早期的预测只是简单的经验估计。随着科学技术的不断发展，科学预测日益被人们重视。

统计预测是指在统计调查和分析社会经济现象性质及特征的基础上，运用相应的统计方法，测算社会经济现象未来的发展状况和变动趋势，为正确的决策提供科学的依据。

统计预测实际是对未来的动态推算，作为一种预测技术被广泛应用于社会现象和自然现象的各个方面，在经济预测、社会预测、气象预测及科学技术预测各个领域中起着重要的作用。进行统计预测时要具备三个条件：准确的统计资料、科学的数学模型、精辟的经济理论。统计资料是预测的依据；经济理论是预测的基础；数学模型是预测的手段，它们共同构成统计预测的三个要素。

2. 统计预测与经济预测的关系

统计预测与经济预测既有联系，又有区别。

主要联系表现为：

(1) 都以经济现象的数值作为其研究的对象；

(2) 都直接或间接地为宏观和微观的市场预测、管理决策、制定政策和检查政策等提供信息；

(3) 统计预测为经济定量预测提供所需的统计方法论。

主要区别表现为：

(1) 从研究角度看，统计预测和经济预测都以经济现象的数值作为其研究对象，但着眼点不同。前者属于方法论研究，其研究的结果表现为预测方法的完善程度；后者是对实际经济现象进行预测，是一种实质性预测，其结果表现为对某种经济现象的未来发展做出判断。

(2) 从研究领域看，经济预测是研究经济领域中的问题，而统计预测被广泛地应用于人类活动的各个领域。

3. 统计预测的分类

统计预测的种类很多，可以从不同的角度进行分类。

(1) 按预测对象的范围大小不同分类

统计预测可分为宏观预测和微观预测。宏观预测是指对大系统总体的综合性预测，例如国内生产总值增长率的预测。微观预测是指对个别具体单位经营管理活动进行的预测，例如一个企业的利润、成本的预测。

(2) 按预测对象的表现形式不同分类

统计预测可分为定性预测和定量预测。定性预测是指预测者以统计资料为依据，根据已知资料，凭借个人的工作经验和分析能力，对事物的未来发展情况做出判断。定量预测是预测者根据预测事物的历史数据，运用统计方法进行科学的推算，以求得准确的预测结果。

（3）按预测时距长短不同分类

统计预测可分为短期预测、中期预测和长期预测。短期预测是指预测时距在二年以内的预测，适用于基层企业对日常业务问题进行预测；中期预测是指 2~5 年的预测，适用于企业制定人员培训计划、银行借贷计划及编制国民经济计划等；长期预测是指 5 年以上的预测，通常用于社会发展战略目标的预测。

（4）按预测对象是否包含时间变动因素不同分类

统计预测可以分为动态预测和静态预测。动态预测是根据预测对象随时间推移的发展变化规律而进行的预测。静态预测是指在一定时间上，利用现象之间的因果关系，由一种现象变动去推断另一种现象的状况。其中，动态预测是统计预测中的主要内容。

此外，按预测是否重复可分为一次性预测和反复预测。

二、统计预测的基本原则

1. 掌握现象之间的联系

在进行统计预测时，需要分析所研究的现象，找出现象的内在联系及最主要的数量关系，以有效减少预测误差。

2. 依据现象的特点选用适宜的预测方法

客观现象发展变化的情况非常复杂，统计预测的方法也很多。因此，在对客观现象变化情况进行分析基础上，需要选用相应的预测模型和方法。

3. 必须以丰富的实际统计资料作为统计预测的依据

科学的统计预测是从实际出发，以确凿的实际材料为依据，并掌握事物内在联系，反映事物的发展变化规律。否则，预测就没有可靠的基础，预测结果与实际值也将有较大的误差。

三、统计预测的程序

1. 明确预测的目的

预测目的的确定，关系到统计资料的搜集与整理，也关系到预测方法的选用。有了明确的预测目的，才能依据目的搜集必要的资料和采用合适的预测方法。

2. 搜集和整理资料

在预测时，对于搜集到的资料需要进行审核和分析，对于不完全适用的资料要进行调整，对偶然事件的数据要加以排除。对审核、调整后的资料要进行整理，以观察资料的性质，作为选择预测方法的依据。

3. 选用预测方法

在初步分析资料的基础上，选择适当的预测模型，采用外推预测法或因果预测法等进行。

4. 进行预测

根据选用的预测方法进行数学模型中参数值的计算，使模型成为具体化的公式，据以进行预测。

5. 预测误差的分析

预测的结果与实际值不可能完全一致，总要有一定的误差，可以测定、分析、控制预测的误差，以决定是否需要对预测模型和预测方法加以修订。

运用统计预测，必须注意自变量和因变量之间要有必然的、本质的联系，统计数据的容易获得，统计数据的数量、精度应满足一定要求。

第二节　统计预测的方法

统计预测的常用方法包括统计调研推算预测法、时间数列预测法和回归预测法等。统计调研推算预测法是指预测人员采用各种调查方式取得大量实际资料，对这些资料进行加工整理和分析研究，从中找出规律并判断和推测未知事件发展前景的方法。时间数列预测法就是以时间数列为依据，推测现象发展的未来状况。回归预测法是通过表明两个或几个变量之间关系的回归方程式进行预测的方法。

一、统计调研推算预测法

统计调研推算预测法常用的方法有比例推算法、预计分析法、专家意见法、插值推算法等。

1. 比例推算法

比例推算法是指利用已知某一时期的某种指标与其相关的比例资料，来推算另一类似的某项指标的一种方法。这种方法适合于同一时期内的静态推算，也适合于不同时期的动态推算和由局部资料的比例推算总体指标。

2. 预计分析法

预计分析法就是通过调查研究生产发展趋势和当前生产情况及今后可能出现的有利与不利因素，对能否按时完成计划及可能完成程度做出预测的方法。它是一种短期预测推算法，在预计计划完成程度方面应用广泛。预计分析的时间一般选在中旬末、每季度第二个月末、每年第三季度末分别预计全月、全季、全年的计划完成情况。

3. 专家意见法

专家意见法是按规定程序向一组专家进行调查，专家依据历史资料和对未来的判断给出自己意见，集中起来后取得尽量可靠的统一意见，以对未来趋势进行预测。这种方法也称“德尔菲”法。

4. 插值推算法

插值推算法是根据动态数列和变量数列的若干已知对应数值，推算其数列未来趋势的对应数值。主要有以下几种：利用平均发展速度推算、线性插值法、拉格朗日插值法等。

二、时间数列预测法

1. 移动平均预测法

移动平均预测法是以一个数列局部资料的平均数作为外推预测的依据，选择包括本期在内的 n 个时期的数值，把计算出的平均数作为下一个时期的预测数。移动平均预测法分为简单移动平均预测法和加权移动平均预测法。

（1）简单移动平均预测法

如果认为 n 个时期数值对预测数是同等重要的，给予同样的权数，求得的平均数称为简单移动平均数。这种以简单平均数作为下一时期预测数的方法称为简单移动平均预测法。这里，时期个数 n 根据预测者的实践经验和分析加以确定，一般地 $n=3$ 或 $n=5$。计算公式为：

$$\hat{y}_{t+1} = \frac{y_t + y_{t-1} + y_{t-2} + \cdots + y_{t-n+1}}{n} \tag{9-1}$$

式中，n 为时期长度；$\hat{y}_{t+1}$ 为下一期预测值；t 为本期；$t-1$ 为上期；y 为实际值。

例如，某企业上年甲产品各月的销售量如下表，用简单平均预测法预测下年 1 月份的销售量，结果见表 9-2。

表 9-2　移动平均法预测表

月份/t	销售量/万吨	三个月简单移动平均	三个月加权移动平均
1	450	—	—
2	470	—	—
3	460	—	—
4	540	460	461. 7
5	450	490	501. 7
6	480	483. 3	481. 7
7	440	490	480
8	390	456. 7	455
9	380	436. 7	421. 7
10	360	403. 3	393. 3
11	380	376. 7	371. 7
12	470	373. 3	373. 3

$$\hat{y}_4 = \frac{y_1 + y_2 + y_3}{3} = \frac{450 + 470 + 460}{3} = 460(\text{万吨})$$

用简单移动平均法预测下年 1 月份销售量：（360+380+470）÷3＝403. 3（万吨）

简单移动平均预测法的优点是计算简便，数学要求不高，适用于趋势变动不太明显的时间数列。但是，这种预测方法将资料中的近期值与远期值同等看待，而实际上，近期数值与远期数值对预测期影响是不同的，因而采用加权移动平均预测法比较合理。

(2) 加权移动平均预测法

加权移动平均预测法就是根据距离预测期的远近，给几个时期的各个数值以不同的权数。由于离预测期越近的数值对预测期的影响越大，所以给近期项数以较大的权数，远期项数以较小的权数，把求得的加权平均数作为下一期的预测数。在进行三期移动平均时，权数就是 1、2、3。加权的作用是加重观察值在平均数中的影响作用，离预测期越近，权数值越大。可以表示为：

$$\hat{y}_{t+1} = \frac{y_t f_t + y_{t-1} f_{t-1} + \cdots + y_{t-n+1} f_{t-n+1}}{f_t + f_{t-1} + \cdots + f_{t-n+1}} \tag{9-2}$$

式中，f_t为第 t 期的权数，且$f_t > f_{t-1} > \cdots > f_{t-n+1}$。

在表 9-1 中，用加权移动平均预测法预测下年 1 月份的销售量为：

$$\hat{y}_{t+1} = \frac{3 \times 470 + 2 \times 380 + 1 \times 360}{3 + 2 + 1} = 421.7(\text{万吨})$$

由于加权移动平均预测法计算比较繁琐，并且权数的确定缺乏客观依据，近年来已逐渐被指数平滑预测法所代替。

2. 指数平滑预测法

指数平滑预测法是加权移动平均预测法的一种改良，应用十分广泛。它利用本期预测值和实际数值资料，以平滑系数为加权因子来计算指数平滑平均数。它所用的权数采取指数的形式，基本算式可简化为本期实际值与本期预测值的加权平均数，因此又称为“指数平滑移动平均法”。其基本形式为：

$$\hat{y}_{t+1} = \alpha y_t + (1 - \alpha)\hat{y}_t \tag{9-3}$$

式中，y_t为第 t 期的实际值；α 为平滑系数。

表 9-3 指数平滑预测表

月份	销售量/万吨	预测值 $\hat{y}_t$		$\lvert y_t - \hat{y}_t \rvert$	
		$\alpha=0.2$	$\alpha=0.7$	$\alpha=0.2$	$\alpha=0.7$
1	450	—	—	—	—
2	470	450	450	20	20
3	460	454	464	6	4
4	540	455.2	461.2	84.8	78.8
5	450	472.2	516.4	22.2	66.4
6	480	467.7	469.9	12.3	10.1
7	440	470.2	477.0	30.2	37.0
8	390	464.1	451.91	74.1	61.1
9	380	449.3	408.3	69.3	28.3
10	360	435.5	388.5	75.5	28.5
11	380	420.4	368.6	40.4	11.5
12	470	412.3	376.6	57.7	93.4
合计	—	—	—	492.5	439.1

平滑系数 α 根据需要而设定，其值在 0 至 1 之间。α 值大小直接影响预测结果。从选择方法上看，应取预测误差较小的 α 值。

例如，以表 9-2 资料为例，取 $\alpha=0.2$ 与 $\alpha=0.7$ 两个值（计算结果见表 9-3），用指数平滑法预测各月销售量。

α 取值不同，预测的结果也不同。α 取值需要根据预测误差的大小来选择。常用预测误差为平均绝对偏差（*MAE*）。

$$MAE=\frac{|y_t-\hat{y}_t|}{n} \tag{9-4}$$

当 $\alpha=0.2$ 时，$MAE=492.5/11=44.8$（万吨）；当 $\alpha=0.7$ 时，$MAE=439.1/11=39.9$（万吨）。因此，本例 $\alpha=0.7$ 的预测误差小，其预测值更接近实际。采用 $\alpha=0.7$，预测下年 1 月份销售量的预测值：$470\times0.7+376.6\times0.3=442.0$（万吨）

需要注意的是：应用指数平滑法进行预测时，其初始值可以用上期实际数，也可以对上期实际数修正后加以确定。这种预测方法在短期预测和中期预测中应用比较广泛。

3. 三点预测法

通常，配合时间数列的趋势方程所包含的参数最多不超过三个。这样，如果在时间数列原始数据中或经过修匀后的数据中找到三个数据点，就可以配合各种预定的曲线。三点预测法的设计思路就在于此。三点预测法有以下几个要点：

第一，采用加权平均法，权数取简单整数；

第二，不用全部资料计算，只是从数列的头部、中部、尾部各取出三项或五项数据平均，权数由近到远分别为 3、2、1 或 5、4、3、2、1；

第三，资料必须是奇数项，遇到偶数项时去掉最初一个数据；

第四，总项数不能少于九项，若总项数在 15 项以上，则可采用 5 项平均式。

设 n 为时间数列总项数，R、S、T 分别为初期、中期、近期的加权平均数，d 为数列正中间位置，$d=(n+1)/2$。所取的三点坐标值如下：

3 项平均式：

$$R=\frac{1}{6}(y_1+2y_2+3y_3) \tag{9-5}$$

$$S=\frac{1}{6}(y_{d-1}+2y_d+3y_{d+1}) \tag{9-6}$$

$$T=\frac{1}{6}(y_{n-2}+2y_{n-1}+3y_n) \tag{9-7}$$

5 项平均式：

$$R=\frac{1}{15}(y_1+2y_2+3y_3+4y_4+5y_5) \tag{9-8}$$

$$S=\frac{1}{15}(y_{d-2}+2y_{d-1}+3y_d+4y_{d+1}+5y_{d+2}) \tag{9-9}$$

$$T=\frac{1}{15}(y_{n-4}+2y_{n-3}+3y_{n-2}+4y_{n-1}+5y_n) \tag{9-10}$$

三点预测法用于测定直线趋势时，只需用首尾两点而不用中间点，直线趋势中的两个参数 a 与 b 可用下式计算：

3 项平均式：

$$b = \frac{T - R}{n - 3} \tag{9-11}$$

$$a = R - \frac{7}{3}b \tag{9-12}$$

5 项平均式：

$$b = \frac{T - R}{n - 5} \tag{9-13}$$

$$a = R - \frac{11}{3}b \tag{9-14}$$

例如，某企业历年来生产的甲设备产量资料见表 9-4，用三点预测法预测第 18 年的产量。计算过程如下：

表 9-4　某企业历年甲设备产量表

年份	设备产量/万件	t	权数
1	20945	1	1
2	21439	2	2
3	22567	3	3
4	23066	4	4
5	23678	5	5
6	24659	6	—
7	25297	7	1
8	26783	8	2
9	27737	9	3
10	28494	10	4
11	28855	11	5
12	30168	12	—
13	31177	13	1
14	31928	14	2
15	33266	15	3
16	34711	16	4
17	36572	17	5

$$R = \frac{1}{15} \times (20945 + 21439 \times 2 + 22567 \times 3 + 23066 \times 4 + 23678 \times 5)$$

$$= 22811.9$$

$$T = \frac{1}{15} \times (31177 + 31928 \times 2 + 33266 \times 3 + 34711 \times 4 + 36572 \times 5) = 34435.7$$

$$b=\frac{T-R}{n-5}=\frac{34435.7-22811.9}{17-5}=968.65$$

$$a=R-\frac{11}{3}b=22811.9-\frac{11}{3}\times 968.65=19260.18$$

配合的直线趋势方程式为：$\hat{y}_t=19260.18+968.65t$

预测第 18 年的设备产量：$\hat{y}_{18}=19260.18+968.65\times 18=36695.9$(万件)

4. 分割平均预测法

分割平均预测法是把时间数列按其类型分成相等的部分，求出各部分平均数代入方程，求得趋势方程用于预测。若时间数列为直线型，则把数列分成相等的两部分；若时间数列属于抛物线型、指数曲线型，则把数列分成三等分、二等分再求解。

（1）直线型时间数列

直线型时间数列的判断，可以通过作散布图进行观察，也可以从数量上进行分析。当时间数列中现象的每期逐期增长量大致相同时，就可以认为是直线型，其方程为：

$$\hat{y}=a+bt \tag{9-15}$$

例如，某企业近年来某产品总产值资料见表 9-5，试配合直线方程并预测第 12 年的总产值。

表 9-5 某企业总产值资料统计表

年份	t	总产值/万元	逐期增长量/万元
1	1	1620	—
2	2	1880	260
3	3	2145	265
4	4	2415	270
5	5	2680	265
6	6	2940	260
7	7	3205	265
8	8	3475	270

由表中可以看出，各期的逐期增长量大体相同，该现象的变化趋势呈现直线型。

$$\begin{cases}\frac{1}{4}\times(1620+1880+2145+2415)-a-b\times\frac{1+2+3+4}{4}=0\\ \frac{1}{4}\times(2680+2940+3205+3475)-a-b\times\frac{5+6+7+8}{4}=0\end{cases}$$

化简为：$\begin{cases}2015-a-2.5b=0\\3075-a-6.5b=0\end{cases}$

解方程，求得 $b=265$，$a=1352.5$

配合的直线方程为： $\hat{y}=1352.5+265t$

预测第 12 年的销售产值为： $\hat{y}=1352.5+265\times 12=4532.5$(万元)

（2）指数曲线型时间数列

当现象发展的各年环比增长速度大体相同时，则其发展趋势属于指数曲线型。可以表示为：

$$\hat{y} = ab^t \tag{9-16}$$

在求待定参数 a 和 b 时，通常要把指数方程化为直线方程形式。通过等式两边取对数的形式把 $\hat{y} = ab^t$ 转化为：

$$\lg\hat{y} = \lg a + t\lg b$$

令 $y' = \lg\hat{y}$，$A = \lg a$，$B = \lg b$

则原方程化为：

$$y' = A + Bt$$

例如，某企业近年来某产品销售额资料见表 9-6，配合趋势方程并预测第 10 年的销售额。

表 9-6　某企业历年某产品销售额资料

年份	销售额/万元	环比增长速度/%	$y' = \lg y$
1	2450	—	3. 3892
2	2760	12. 7	3. 4409
3	3065	11. 1	3. 4864
4	3418	11. 5	3. 5338
5	3860	12. 9	3. 5866
6	4310	11. 7	3. 6345
7	4785	11. 0	3. 6799
8	5380	12. 4	3. 7308

在表 9-6 的资料中，各年的环比增长速度大体相等，其发展趋势属于指数曲线型。用平均法把资料分成两部分得到：

$$\begin{cases} \dfrac{1}{4} \times (3.3892 + 3.4409 + 3.4864 + 3.5338) - A - B \times \dfrac{1+2+3+4}{4} = 0 \\ \dfrac{1}{4} \times (3.5866 + 3.6345 + 3.6799 + 3.7308) - A - B \times \dfrac{5+6+7+8}{4} = 0 \end{cases}$$

化简为：

$$\begin{cases} 3.4625 - A - 2.5B = 0 \\ 3.6580 - A - 6.5B = 0 \end{cases}$$

解得：$B = \lg b = 0.0488$，$A = \lg a = 3.3305$

则　$b = 1.1189$，$a = 2140.42$

配合的趋势方程为：

$$\hat{y} = ab^t = 2140.42 \times 1.1189^t$$

预测第 10 年单位成本：　$\hat{y} = 2140.42 \times 1.1189^{10} = 6592.5$(万元)

(3) 抛物线型时间数列

抛物线型时间数列最简单的判断方法就是绘图观察。此外，还可以根据二次增长量大体相同来判断。其方程为：

$$\hat{y} = a + bt + ct^2 \tag{9-17}$$

由于抛物线方程有三个待定参数，因此需要把资料分成相等的三部分，通过解联立方程组求 a、b 和 c 的值。

例如，某企业近年来的产量资料如表 9-7 所示。根据表中资料配合适当的曲线并推算第 10 年可能的产量。

表 9-7　某企业历年产量资料表

年份	产量/万吨	增长量/万吨	二次增长量/万吨
1	1320	—	—
2	1450	130	—
3	1611	161	31
4	1801	190	29
5	2022	221	31
6	2275	253	32
7	2558	283	30
8	2870	312	29
9	3214	344	32

由于二次增长量大体相等，可以断定趋势曲线属于抛物线型。

$$\begin{cases} \dfrac{1320 + 1450 + 1611}{3} - a - b \times \dfrac{1 + 2 + 3}{3} - c \times \dfrac{1^2 + 2^2 + 3^2}{3} = 0 \\ \dfrac{1801 + 2022 + 2275}{3} - a - b \times \dfrac{4 + 5 + 6}{3} - c \times \dfrac{4^2 + 5^2 + 6^2}{3} = 0 \\ \dfrac{2558 + 2870 + 3214}{3} - a - b \times \dfrac{7 + 8 + 9}{3} - c \times \dfrac{7^2 + 8^2 + 9^2}{3} = 0 \end{cases}$$

化简为：

$$\begin{cases} 1460.333 - a - 2b - 4.6667c = 0 \\ 2032.667 - a - 5b - 25.6667c = 0 \\ 2880.667 - a - 8b - 64.6667c = 0 \end{cases}$$

解得：$c = 15.31$，$b = 83.61$，$a = 1221.67$

所求得的抛物线趋势方程为：$\hat{y} = 1221.67 + 83.61t + 15.31t^2$

第 10 年可能的产量为：$\hat{y}_{10} = 1221.67 + 83.61 \times 10 + 15.31 \times 10^2 = 3588.78$(万吨)

三、回归预测法

1. 一元线性回归预测

只考虑一个因素变动对预测对象的影响称为一元回归分析。如果两现象的变化呈现出一定的比例，则称为一元线性回归。其应用的条件是：两个变量之间确实存在显著的直线相关关系。

$$\hat{y} = a + bx \tag{9-18}$$

式中，x 为自变量；$\hat{y}$ 为因变量；a 和 b 为待定参数。

根据最小平方法的原理，由下列标准方程组解出 a 和 b 的值：

$$\begin{cases} \sum y = na + b\sum x \\ \sum xy = a\sum x + b\sum x^2 \end{cases} \tag{9-19}$$

解得：

$$b = \frac{n\sum xy - \sum x\sum y}{n\sum x^2 - (\sum x)^2} \tag{9-20}$$

$$a = \frac{\sum y}{n} - b\frac{\sum x}{n} = \bar{y} - b\bar{x} \tag{9-21}$$

当时间为自变量时，x 可以换为 t。这时，可以找一个合适的起始点，令 $\sum t = 0$，则计算过程可以大大简化。

例如，某企业某产品的产量与单位成本的资料如表 9-8 所示，运用一元回归预测法预测当产量为 370 万吨时的单位成本。

表 9-8　企业某产品产量与单位成本资料表

序号	产量 x/万吨	单位成本 y/元	x^2	xy
1	280	454	78400	127120
2	286	442	81796	126412
3	295	438	87025	129210
4	308	427	94864	131516
5	322	408	103684	131376
6	330	391	108900	129030
7	338	386	114244	130468
8	345	380	119025	131100
9	350	373	122500	130550
10	358	367	128164	131386
合计	3212	4066	1038602	1298168

代入计算公式得：

$$b = \frac{10 \times 1298168 - 3212 \times 4066}{10 \times 1038602 - 3212^2} = -1.134$$

$$a = \frac{4066}{10} - (-1.134) \times \frac{3212}{10} = 770.84$$

所以，一元线性回归方程为：

$$\hat{y} = 770.84 - 1.134x$$

当产量为 370 万吨时，单位成本预测值为：

$$\hat{y} = 770.84 - 1.134 \times 370 = 351.3(\text{元})$$

2. 多元线性回归预测

在许多情况下，影响事物变化的因素不止一个。例如，某一商品的销售量既与人口的增长变化有关，也与商品价格变化有关。这时采用一元回归分析预测法进行预测难以实现，需要采用多元回归分析预测法。

多元回归分析预测法，是指通过对两个或两个以上的自变量与一个因变量的相关分析，建立预测模型进行预测的方法。当自变量与因变量之间存在线性关系时，称为多元线性回归分析。

例如，劳动生产率的提高可以降低成本，原材料单耗的降低也可以节约成本。设 y 代表单位成本，x_1 代表劳动生产率，x_2 代表单耗，则：

$$\hat{y} = a + b_1x_1 + b_2x_2 \tag{9-22}$$

利用最小平方法可以求出三个标准方程式：

$$\begin{cases} \sum y = na + b_1 \sum x_1 + b_2 \sum x_2 \\ \sum x_1y = a \sum x_1 + b_1 \sum x_1^2 + b_2 \sum x_1x_2 \\ \sum x_2y = a \sum x_2 + b_1 \sum x_1x_2 + b_2 \sum x_2^2 \end{cases} \tag{9-23}$$

把已知数代入方程中，就可以求出参数 a、b_1、b_2 的值。如果影响 y 的因素有 n 个，则 x 与 n 个因素之间可配合成：

$$\hat{y} = a + b_1x_1 + b_2x_2 + \cdots + b_nx_n \tag{9-24}$$

四、统计预测误差

1. 统计预测误差的产生

统计预测技术是一种科学的方法，但由于实际情况是复杂多变的，预测误差的存在是不可避免的。预测误差产生的原因主要有：

（1）预测方法选择不当，建立的预测模型不符合客观事实；

（2）历史资料不完整，存在虚假因素；

（3）外部条件发生了根本的变化；

（4）预测人员认识水平的局限性。

2. 统计预测误差的种类

统计预测误差是指统计数据实际值与预测值之间的离差，为比较预测方法的精度，需要计算预测误差。

（1）平均绝对误差 *MAE*

由于（$y - \hat{y}$）有正值和负值，为了防止互相抵消，可以采用计算绝对误差的算术平均数的方法，即：

$$MAE = \frac{1}{n}\sum |y - \hat{y}| \tag{9-25}$$

（2）均方误差 *MSE*

均方误差是预测误差平方和的平均数，可用于比较不同预测方法的准确程度，计算公式为：

$$MSE = \frac{1}{n}\sum (y - \hat{y})^2 \tag{9-26}$$

（3）均方根误差 *RMSE*

均方根误差是均方误差的平方根，其目的是为了取得与原预测误差相同计量单位的统计值。

$$RMSE = \sqrt{\frac{\sum (y - \hat{y})^2}{n}} \tag{9-27}$$

现以表 9-3 中的资料为例，计算三点预测法和最小平方法预测误差。

用三点预测法配合的趋势方程为：

配合的直线趋势方程式为：$\hat{y}_t = 19260.18 + 968.65t$

利用这一方程求出的各年预测值如表 9-9 所示。

表 9-9　三点法预测误差计算表

年份	t	设备产量 y/万件	$\hat{y}$	$y - \hat{y}$	$(y - \hat{y})^2$
1	1	20945	20228.83	716.17	512899.5
2	2	21439	21197.48	241.52	58331.91
3	3	22567	22166.13	400.87	160696.8
4	4	23066	23134.78	-68.78	4730.688
5	5	23678	24103.43	-425.43	180990.7
6	6	24659	25072.08	-413.08	170635.1
7	7	25297	26040.73	-743.73	553134.3
8	8	26783	27009.38	-226.38	51247.9
9	9	27737	27978.03	-241.03	58095.46
10	10	28494	28946.68	-452.68	204919.2
11	11	28855	29915.33	-1060.33	1124300
12	12	30168	30883.98	-715.98	512627.4
13	13	31177	31852.63	-675.63	456475.9
14	14	31928	32821.28	-893.28	797949.2
15	15	33266	33789.93	-523.93	274502.6
16	16	34711	34758.58	-47.58	2263.856
17	17	36572	35727.23	844.77	713636.4
合计	153	434770	—	—	5837436

则三点预测法所配合直线趋势方程的均方根预测误差为：

$$RMSE = \sqrt{\frac{\sum (y - \hat{y})^2}{n}} = \sqrt{\frac{5837436}{17}} = 585.99\text{（万件）}$$

使用最小平方法配合直线趋势方程所需基本资料见表 9-10。根据表 9-10 中的资料计算直线趋势方程的待定系数。

表 9-10　最小平方法预测误差计算表

年份	t	设备产量 y/万件	t^2	ty	$\hat{y}$	$(y-\hat{y})^2$
1	1	20945	1	20945	11635.03	86675541.4
2	2	21439	4	42878	13377.49	64987943.48
3	3	22567	9	67701	15119.95	55458553.7
4	4	23066	16	92264	16862.41	38484528.89
5	5	23678	25	118390	18604.87	25736648
6	6	24659	36	147954	20347.33	18590498.19
7	7	25297	49	177079	22089.79	10286195.98
8	8	26783	64	214264	23832.25	8706925.563
9	9	27737	81	249633	25574.71	4675498.044
10	10	28494	100	284940	27317.17	1384928.849
11	11	28855	121	317405	29059.63	41873.4369
12	12	30168	144	362016	30802.09	402070.1281
13	13	31177	169	405301	32544.55	1870193.003
14	14	31928	196	446992	34287.01	5564928.18
15	15	33266	225	498990	36029.47	7636766.441
16	16	34711	256	555376	37771.93	9369292.465
17	17	36572	289	621724	39514.39	8657658.912
合计	153	434770	1785	4623852	—	348530044.7

$$b=\frac{n\sum ty-\sum t\sum y}{n\sum t^2-(\sum t)^2}=\frac{17\times4623852-153\times434770}{17\times1\,785-153^2}=1742.46$$

$$a=\bar{y}-b\bar{t}=\frac{434770}{17}-1742.46\times\frac{153}{17}=9892.57$$

则直线趋势方程为：

$$\hat{y}=9892.57+1742.46t$$

依直线趋势方程进行预测，数据见表 9-9，其均方根预测误差

$$RMSE=\sqrt{\frac{\sum(y-\hat{y})^2}{n}}=\sqrt{\frac{348530044.7}{17}}=4527.89(\text{万件})$$

比较两种预测方法的均方根误差，可以看到 4527.89 万件大于 585.99 万件，即最小平方法的预测精度低于三点预测法，因而可以选择三点法进行预测。

预测第 18 年的产量为：19260.18+968.65×18=36695.9（万件）

第三节 统计决策概述

一、统计决策的概念

统计决策理论是在20世纪发展起来的，它是由阿·瓦尔德通过把统计理论中的假设检验和估计方法在决策中加以应用而创立的，弥补了过去统计理论的缺陷。经过20世纪40~50年代的发展，统计决策科学逐渐形成；到20世纪60年代，统计决策的理论和方法得到迅速发展，并在社会经济活动中得到广泛的应用。在实践中企业、部门面临的经济环境越来越复杂，在生产经营中会遇到各种不同的情况和问题，需要管理者做出正确的决策，例如一个企业根据市场调查的结果决定某种产品生产多少等。统计人员可以运用决策理论和方法提供解决问题的方案，协助管理者选择最优方案。

20世纪50年代初，美国发动朝鲜战争，这场战争以美国惨败而告终。美国人自己后来称在错误的时间、错误的地点，与错误的对象打了一场错误的战争。当时兰德公司投入大量的人力、物力，对美国发动的朝鲜战争进行研究，研究的结果只有7个字："中国将出兵朝鲜"。兰德公司准备以500万美元（一架战斗机的钱）将这个分析报告卖给美国政府，但美国政府却不理睬，认为中国决不会冒险跨过鸭绿江，并认为兰德公司的价格太昂贵，拒绝兰德公司的这份咨询报告。战后有记者问麦克阿瑟将军对兰德公司研究成果有何看法，麦克阿瑟感慨地说：我们最大的失策是舍得几亿美元和10万美国人的生命，却吝啬一架战斗机的钱。

统计决策可以从广义与狭义两个角度来理解。从广义上讲，所有利用统计方法和统计信息的决策都可以称为统计决策。从狭义角度讲，统计决策是指为了达到某种既定的目标，在统计分析和统计预测的基础上提出各种行动方案，并从中选择最优方案的过程。

统计决策具有两个特点：建立在统计分析和预测基础上，是一种定量决策；是在不确定情况下应用概率来进行决策的计算和分析，是一种概率决策。

二、统计决策三要素

统计决策三要素为策略集、自然状态集和损失函数。

1. 策略集

它是决策者全部可供选择策略的集合，也称决策者的行动集或行动空间。例如，某种产品有投产与不投产两种策略；所需设备有租用与购买两种决策。

2. 自然状态集

它是决策问题所有自然状态的集合。例如，某种产品投产后有销路好、销路中等和销路差三种自然状态，它们构成的集合为自然状态集；一个大型工程建设项目评估结果有优、良、中、差等不同级别等。

3. 损失函数

它是对决策问题行动结果的计量表达式。其含义是当自然状态取某个值时采取某一行动所遭受到的损失。

三、统计决策分类

1. 按照决策主体的多少及是否存在相互竞争分类

统计决策可分为对抗型决策和非对抗型决策。对抗型决策是由多个不同的决策主体在相互竞争和对抗中进行的决策。我国历史上著名的“田忌赛马”就是一个典型的对抗型决策的案例。非对抗型决策只有一个决策主体，进行决策时只考虑可能出现的不同状态不必考虑对方可能采取的策略。

2. 按决策问题出现的重复程度分类

统计决策可分为程序化决策和非程序化决策。程序化决策就是指一些经常重复发生的决策问题，已经有处理经验，可以按规定的程序进行决策。例如库存的决策。非程序化决策是指决策问题不常发生，没有规定程序可循的新决策。例如新产品开发决策、企业开辟新市场的决策等。

3. 按照对客观条件的不同把握程度分类

统计决策可分为确定型决策和不确定型决策。在有关条件可以完全确定的情况下进行决策称为确定型决策，例如想买手机，一款质量好、功能全但价格较高，另外一款质量差、功能单一但价格便宜，选择哪一款就属于确定型决策。在有关条件不能确定的情况下进行的决策称为不确定型决策。不确定型决策又可分为完全不确定型决策和风险型决策。在对各种条件发生的概率一无所知的情况下进行决策称为完全不确定型决策。在对各种条件发生的概率有所了解的情况下进行决策称为风险型决策。统计决策的核心是风险型决策。

4. 按照决策目标的多少分类

统计决策可分为单目标决策和多目标决策。当决策所要求达到的目标只有一个时称为单目标决策。例如是否经销某种产品的决策，只需考虑是否获利和获利能否达到一定的目标。当决策所要求达到的目标为 2 个或 2 个以上时为多目标决策。例如，某企业从几种产品中选出一种产品生产，考虑的目标有获利大小、设备现有能力、原材料供应情况等，要使各种因素达到最佳协调、配合与满足。

四、统计决策的步骤

1. 明确决策目标

明确决策目标是正确进行决策的前提，也是决策的起点。没有决策目标，决策就会失去方向和依据；而决策目标不明确或不适合，则无法做出正确的决策。决策目标可以是一个，也可以是多个。在确定目标时要有全局观点，目标要明确、合理、可行，有具体衡量标准以判断其达到程度。

2. 收集资料

明确决策目标后，就需要围绕目标广泛收集与外部环境、内部条件相关的各方面的资料，注意资料的真实性、完整新与时效性，通过对资料的整理使之成为决策分析可用的资料。

3. 拟定多个备选方案

这是决策的关键。在一定条件下，可能达到目标的方案往往有多个。在确定决策目标和取得有关资料的基础上，决策者需要拟定各种可行的备选方案，为达到决策目标、寻求最佳途径服务。对于比较复杂的决策问题，方案是否可行需要进行可行性分析。

4. 评价备选方案

在拟定备选方案时，决策者已经计算出各个方案的结果。这时，需要运用统计决策方案，对各种方案进行总体评价和全面比较，以便从中选择最有利于实现决策目标的方案。

5. 选择与实施方案

最佳方案的选择往往受决策者个人素质及其对风险态度的制约。方案确定后，应组织人力、物力、财力去实施决策方案。在实施过程中可能会出现新情况、新问题，需要决策者及时进行判断分析，找出问题所在及产生原因，不断地对决策方案进行检查和修改，使其达到预期目标。

第四节　统计决策的方法

一、风险型决策

1. 风险型决策的定义

风险型决策是根据自然状态发生的概率进行的决策。它是利用不同方案在不同状态下的概率值，乘以相应的方案可能状态下的损益值，算出期望值进行比较，即可选出最优方案。风险型决策最常用的方法包括决策表法与决策树法，此外还有贝叶斯决策法与马尔可夫决策法等。

风险型决策中的概率包括主观概率和客观概率两种。主观概率是根据决策者自身的经验、学识对某一事件发生的可能性做出的主观判断；客观概率是根据过去和现在的客观资料，利用统计规律确定或计算得出的概率。

风险型决策一般以期望值的大小作为评价的标准，选择期望收益最大或者期望损失最小的方案为行动方案。期望值是把某一方案在各种自然状态下的损益情况以概率为权数计算的加权平均数，可表示为：

$$E(X) = \sum_{j=1}^{m} X_{ij} \cdot P(\theta_j) \tag{9-28}$$

式中，$E(X)$ 为第 i 个策略的期望值；X_{ij}为采取第 i 个策略出现第 j 种自然状态时的收益或损失；$P(\theta_j)$ 为第 j 种自然状态出现的概率；m 为自然状态的数量。

例如，某企业某投资项目的投资回收期在 4~8 年之间，其中 4 年的概率是 0.1，5 年的概率是 0.2，6 年的概率是 0.4，7 年的概率是 0.2，8 年的概率为 0.1，试求该项目投资回收期的期望值。

$$E(X) = 4\times0.1+5\times0.2+6\times0.4+7\times0.2+8\times0.1=6\ (\text{年})$$

就是说，在 5 个可能的投资回收期中，最接近实际发生的投资回收期为 6 年。

2. 风险型决策的应用条件

采用风险型决策一般要符合以下条件：

（1）明确的目标；

（2）2 个或 2 个以上的可能状态及不同可能状态出现的概率；

（3）2 个或 2 个以上的方案及不同方案在不同状态下的损益值。

3. 决策表法

决策表法是通过列表的方式，根据各方案的自然状态、概率和损益值，在表上计算出期望值，选择期望收益值最大（或期望损失值最小）的方案为最优决策。

决策表法的具体步骤包括：

（1）搜集有关的资料；

（2）找出所有可能的自然状态，确定各自然状态出现的概率；

（3）拟定策略集，计算每种策略在不同自然状态下的损益值；

（4）列出决策表，计算期望值；

（5）根据期望值进行比较，选取方案。

例如，某企业打算生产一种新产品，有三种方案可供选择：A 改造原生产线、B 新建生产线、C 与其他企业合作，各方案在各种状态下的损益值资料如表 9-11 所示，试进行决策。

表 9-11　某企业新产品决策　　万元

行动方案	销路好 0.3	销路中等 0.4	销路差 0.3	$E(X)$
A	650	460	-180	325
B	840	380	-420	278
C	420	290	-80	218

$E_A(X)=0.3\times650+0.4\times460+0.3\times(-180)=325$（万元）

$E_B(X)=0.3\times840+0.4\times380+0.3\times(-420)=278$（万元）

$E_C(X)=0.3\times420+0.4\times290+0.3\times(-80)=218$（万元）

应选择期望收益值大的 A 方案，即改造原生产线。

4. 决策树法

（1）决策树法的概念

决策树法是求解风险型决策问题的重要工具。决策树法是把策略集和有关的数据用树形结构描述出来，由树的末梢逐步向前推计算期望值，通过逐段剪枝的办法做出最佳决策。

决策树由决策结点、方案枝、状态结点、概率枝和决策终点组成。决策结点以“□”代表，表示在该点必须对各种方案做出选择；从决策结点引出若干条直线，表示有若干方案可以选择，称为方案枝；与方案枝另一头相连接的“○”称为状态结点；从状态结点又可引出若干条直线，每一条直线表示一种自然状态，当各种自然状态发生的可能性已知时在各条直线上应标明该状态发生的概率，称其为概率枝。在概率枝的末端标有不同方案在各种状态下的收益值，称为决策终点。为使决策树的层次更为清晰，一般对决策结点和状态结点要进行编号。方案的舍弃称为修枝或剪枝。

（2）决策树法的步骤

利用决策树对方案进行比较和选择，一般采用逆向分析法，即从树形结构末端开始向前逐步分析，通常采用期望值准则。决策树法的一般步骤为：

① 绘制决策树图。从左端开始，引出方案枝，每条方案枝到达方案结点，方案结点要编号；按可能出现的状态引出状态枝，标明状态内容与概率，最后引出状态结点并注明不同状态下损益值。

② 计算各方案在不同状态下的各结点期望值并择优决策。这时是从右向左开始计算各结点期望值，进行比较，选出最佳方案。淘汰的方案枝上划上双截线表示方案不用了，最佳方案的期望值写在决策结点方框的上面。

（3）决策树法的分类

决策树法包括单阶段决策和多阶段决策两种方法。所要决策的问题只需一次决策就可以完成的，称为单阶段决策。如果问题比较复杂，不是一次决策就能解决，需要进行一系列的连续决策才能解决，称为多阶段决策。

例如，为生产某种新产品，策略集为：建大厂或建小厂，二者使用时间都是 10 年，建大厂需要投资 320 万元，建小厂需要投资 140 万元，每年损益值及自然状态的概率见表 9-12。

表 9-12　企业生产新产品决策　　万元

自然状态	概率	建大厂	建小厂
销路好	0.7	140	60
销路差	0.3	-40	40

决策树的图形见图 9-1。计算各结点的期望值：

点 2　$0.7\times140\times10+0.3\times(-40)\times10-320=540$（万元）

点 3　$0.7\times60\times10+0.3\times40\times10-140=400$（万元）

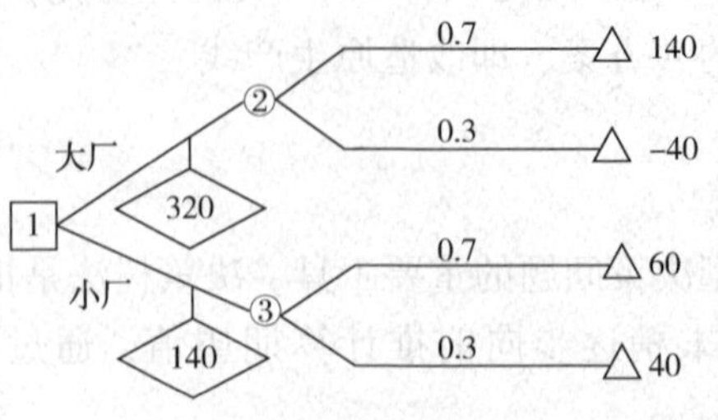

图 9-1

选择期望收益值大的建大厂方案。

若还有另一种情况：先建小厂，若销路好则 3 年后扩建，扩建需投资 220 万元，可用 7 年，每年收益 150 万元。决策树见图 9-2。

计算各结点的期望值：

点 2　0.7×140×10+0.3×（-40）×10-320=540（万元）

点 5　1.0×150×7-220=830（万元）

点 6　1.0×60×7=420（万元）

比较结点 5 与 6 的期望值，选择扩建，则：

点 3　0.7×60×3+0.7×830+0.3×40×10-140=687（万元）

比较结点 2 与 3 的期望值，结点 3 的期望值大，因此最合理的方案是先建小厂，若前 3 年销路好则进行扩建。

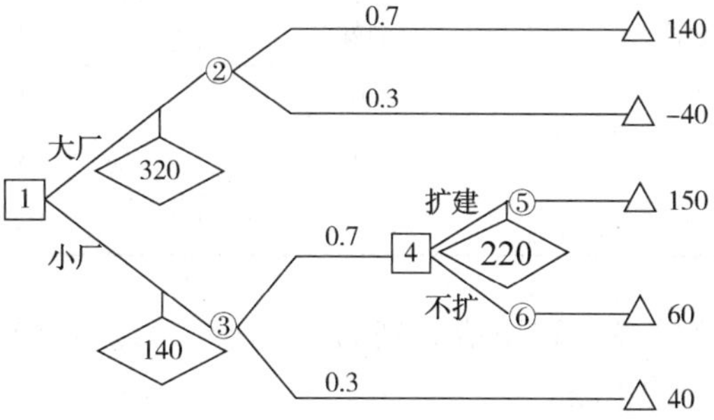

图 9-2

5. 贝叶斯决策法

贝叶斯决策属于风险型决策，决策者虽不能控制客观因素的变化，但却掌握其变化的可能状况及各状况的分布概率，并利用期望值即未来可能出现的平均状况作为决策准则。贝叶斯决策法的基本思想是：已知类条件概率密度参数表达式和先验概率；利用贝叶斯公式转换成后验概率；根据后验概率大小进行决策分类。

贝叶斯决策法的后验概率公式为：

$$P(A_i \mid B) = \frac{P(A_i)P(B \mid A_i)}{P(B)} \tag{9-29}$$

6. 马尔可夫决策法

贝叶斯决策是用历史资料进行决策。马尔可夫决策法是指决策者周期性地或连续地观察具有马尔可夫性的随机动态系统，依据观察到的状态做出的决策。其一般特点为：

（1）利用近期动态资料建立转移概率矩阵；

（2）下一期事件发生的概率与上期预测结果有关，不取决于更早期的概率；

（3）在进行长期预测时，事件发生的概率逐步趋于稳定。

二、完全不确定型决策

在进行决策时，如果不知道各种自然状态出现的概率，而只考虑损益状况的决策为完全不确定型决策。这种决策由于有关因素难以计算，因而完全取决于决策者的经验和估计。

1. 乐观法

又称大中取大法、乐观决策法、冒险法等。它是从各策略最大的收益值中选择最大的收益值所对应的策略作为决策者的决策。这种决策的主要特点是对方案的选择持乐观原则，是假定未来是最理想的状态，从中选择最理想的结局。

采用乐观法进行决策时，首先计算各方案在不同自然状态下的收益，找出各方案所带来的最大收益，然后进行比较，选择在最好自然状态下收益最大的方案作为所要的方案。在进行投资时，乐观法适合具有一定经济基础且属于进取型的投资者选用。

例如，某厂要对一种新产品的生产进行决策，有关资料见表 9-13。

表 9-13　企业生产新产品决策　　万元

策略	自然状态			
	畅销	尚好	较差	滞销
A 大量	90	50	-20	-60
B 中量	65	47	-5	-30
C 小批	41	32	19	-2

在本例中，每个策略的最大收益值分别为 90、65、41。其中，90 是最大值，因而选择的结果是“大量”生产的策略。

2. 悲观法

也称小中求大法。它是从各策略最小的收益值中选择最大的收益值所对应的策略为决策者的决策。这种决策的主要特点是对方案的选择持悲观原则，是假定未来是最不理想的状态，从中选择最理想的结局。

采用悲观法进行决策时，首先计算各方案在不同自然状态下的收益，并找出各方案所带来的最小收益，然后进行比较，选择在最差自然状态下收益最大或损失最小的方案作为所选择的方案。

在上例中，3 种策略的最小收益值分别为-60，-30，-2。其中的最大值是-2，所对应的策略“小批”生产是该标准下所选择的策略。

3. 乐观系数法

乐观系数法也称为折中原则，决策者对客观情况的估计既不过于乐观，也不过于悲观，而是处于折中状态。人们一般认为完全悲观和完全乐观都是不现实的，因而提出用一个乐观系数 α（$0\leqslant\alpha\leqslant1$）将乐观法与悲观法加以折中，即：

$$折中收益值=乐观结果\times\alpha+悲观结果\times(1-\alpha) \tag{9-30}$$

式中，α 值随乐观态度而定。

乐观系数法进行决策的步骤为：首先确定乐观系数，其次选出每个方案的乐观与悲观结果，然后带入上式计算折中收益值，最后选出折中收益值中的最大值，其对应的方案为最优方案。

假定本例中 α 为 0.7，则 3 种策略的折中收益值分别为：

策略 1：$90\times0.7+(-60)\times0.3=45$（万元）

同理，得策略 2：36.5（万元），策略 3：28.1（万元）

由于 45 最大，因而应选择“大量”生产的策略。

乐观系数法主要应用于工业生产、销售、交通运输、建筑施工等领域。它应用的客观基础是：客观条件和主观条件虽不能保证获得最佳结果，但对决策者而言仍具有一定的有利条件即可应用乐观系数法进行决策。

4. 后悔值法

这种方法是从决策者决策后常产生后悔这一角度出发，选择决策后最小的后悔值作为决策选择的标准。其中，后悔值通常以各自然状态下所做决策与最优决策的差额来表示。该方法以避免决策者将来对自己的选择感到后悔为原则。

应用后悔值法进行决策的步骤：将每种自然状态下最高收益值与该种状态下的其他收益值的差作为后悔值，找出各种方案不同自然状态下的最大后悔值，再从中找出最小者，与这个最小者对应的方案就是所选择的最优方案。

在本例中各策略后悔值见表 9-14。在最大后悔值中选择最小值为 28，所对应的策略“中量”生产就是最终的策略。

表 9-14　后悔值矩阵表　　万元

策略	自然状态				各策略集的最大后悔值
	畅销	尚好	较差	滞销	
A 大量	0	0	39	59	59
B 中量	25	3	24	28	28
C 小批	49	9	0	0	49

可以看到，同一问题采用不同的方法进行决策最终结果并非完全一致，应结合实际情况灵活选择和应用以上几种方法。

5. 等可能性法

这种方法就是决策者在决策时对客观情况持同等态度的一种方法。这种方法是 19 世纪数学家拉普拉斯提出来的，也称为拉普拉斯决策法。在没有原始资料和数据来估计各自然状态发生的概率情况下，可以认为它们发生的机会是相等的。

以表 9-13 的资料为例，各方案的期望收益值为：

大量生产：（90+50-20-60）/4=15（万元）

中量生产：（65+47-5-30）/4=19.25（万元）

小批生产：（41+32+19-2）/4=22.5（万元）

根据计算结果，22.5 万元最大，所以选择“小批”生产方案为最优。

表 9-15　例题采用的几种决策方法结果比较及适用场合

决策方法	选用最佳方案	适用场合
乐观法	大量	客观情况确实很乐观，或者即使决策失误也完全可以承受损失。
悲观法	小批	对未来的状态非常没有把握，或者难以承受决策失误带来的损失。
乐观系数法	大量	假定未来可能发生的状态只有两种：最理想状态和最不理想状态。
后悔值法	中量	不愿放过较大的获利机会，同时又对可能出现的损失有一定的承受力。
等可能性法	小批	假定未来各种自然状态发生的机会是均等的。

从表 9-14 可以看出，对于同一个问题，采用的决策方法不同，获得的决策方案往往会不同。在进行决策时，选择合适的决策方法非常重要，需要深入分析研究与决策有关的各种情况，权衡利弊，最后选出决策方案。

第五节　利用 Excel 进行统计预测

用下面的例子说明在 Excel 中进行统计预测的过程。

例：某企业某年 1 ~11 月份某产品的产量资料见表 9-16。

表 9-16　某企业某年 1~11 月份某产品产量表

月份	产量/万吨	月份	产量/万吨
1	9.03	7	9.15
2	9.06	8	9.36
3	9.12	9	9.45
4	8.73	10	9.30
5	8.94	11	9.24
6	9.30	12	

一、用移动平均法进行预测

具体步骤：

1. 将原始数据录入到单元格区域 A1：B13，如图 9-3 所示。

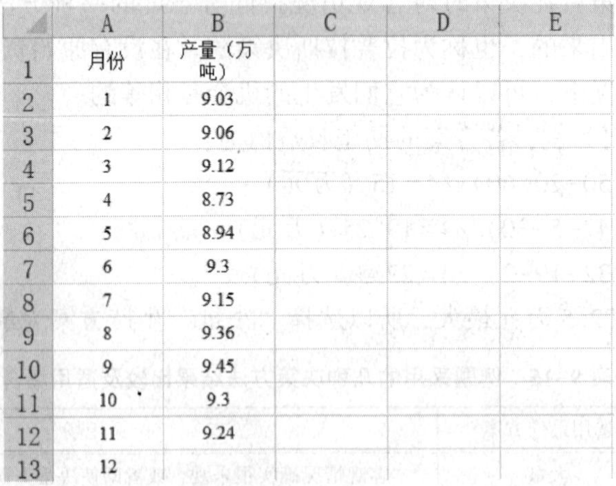

	A	B	C	D	E
1	月份	产量（万吨）			
2	1	9.03			
3	2	9.06			
4	3	9.12			
5	4	8.73			
6	5	8.94			
7	6	9.3			
8	7	9.15			
9	8	9.36			
10	9	9.45			
11	10	9.3			
12	11	9.24			
13	12				

图 9-3　产量数据

2. 选择菜单条上的“数据”——“数据分析”命令。

3. 在“分析工具”框中选择“移动平均”，单击“确定”按钮（如图 9-4 所示），弹出移动平均对话框，相应作如下输入，即可得到如图 9-5 所示的对话框。

图 9-4　数据分析对话框

（1）在“输入区域”内输入：B1：B12，即原始数据所在的单元格区域。

（2）在“间隔”内输入：3，表示使用三步移动平均法。

（3）在“输出区域”内输入：C3，即将输出区域的左上角单元格定义为 C3。

（4）选择“图表输出”复选框和“标准误差”复选框。

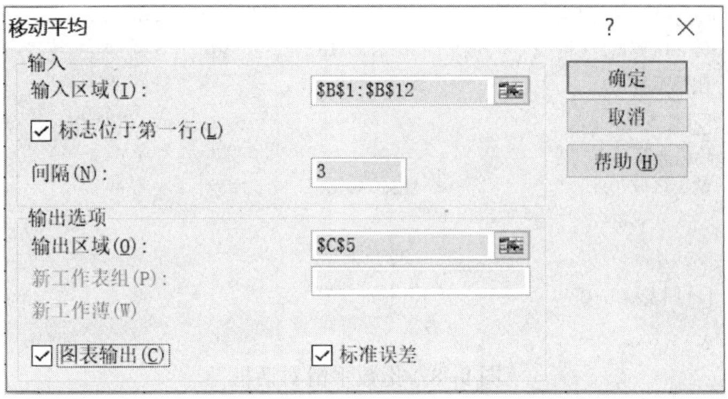

图 9-5　移动平均对话框

4. 单击“确定”按钮，便可得到移动平均结果，如图 9-6 所示。

分析：在图 9-6 中，C5：C13 对应的数据即为三步移动平均的预测值；单元格区域 D7：D13 即为标准误差。

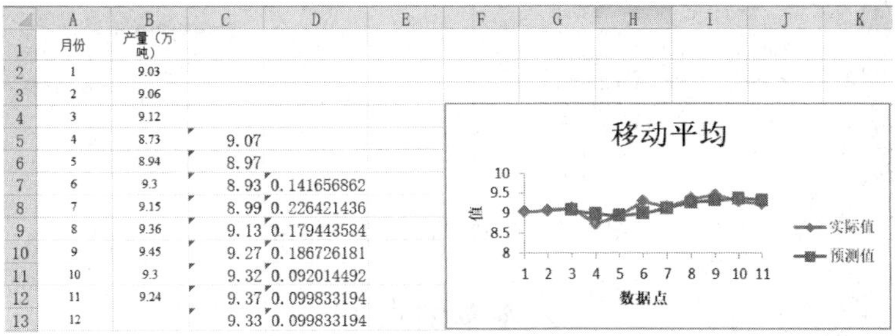

	A	B	C	D
1	月份	产量（万吨）		
2	1	9.03		
3	2	9.06		
4	3	9.12		
5	4	8.73	9.07	
6	5	8.94	8.97	
7	6	9.3	8.93	0.141656862
8	7	9.15	8.99	0.226421436
9	8	9.36	9.13	0.179443584
10	9	9.45	9.27	0.186726181
11	10	9.3	9.32	0.092014492
12	11	9.24	9.37	0.099833194
13	12		9.33	0.099833194

图 9-6　移动平均法预测结果

二、用指数平滑法进行预测

1. 将原始数据输入到单元格区域 A1：B12。

2. 选择菜单条上的“数据”——“数据分析”命令，弹出如图 9-7 所示的对话框。

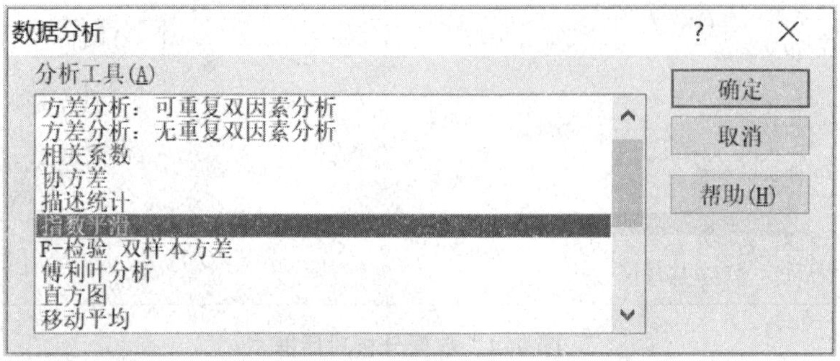

图 9-7 数据分析对话框

3. 在“分析工具”中选择“指数平滑”，单击“确定”按钮，弹出一个对话框，作相应输入，即可得到如图 9-8 所示的对话框。

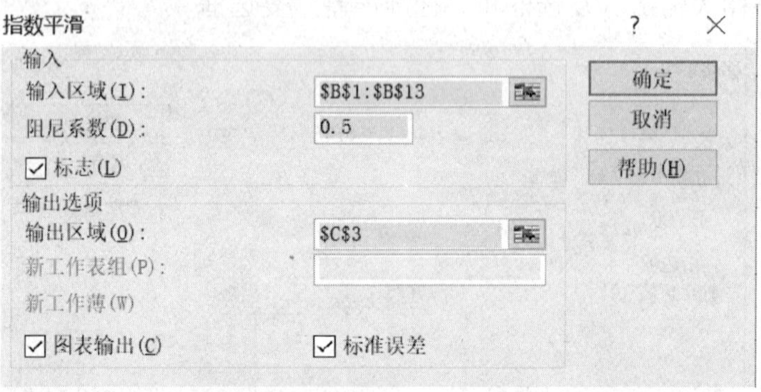

图 9-8 指数平滑对话框

4. 单击“确定”按钮，即可得到指数平滑结果，如图 9-9 所示。

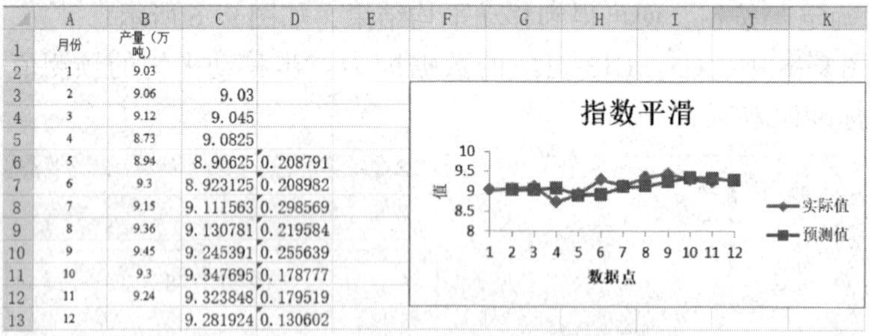

图 9-9 指数平滑法预测结果

◇ 本章要点 ◇

（1）统计预测的概念及分类。统计预测是指在统计调查和分析社会经济现象性质及特征的基础上，运用相应的统计方法，测算社会经济现象未来的发展状况和变动趋势，为正确的决策提供科学的依据。按预测对象范围大小，可分为宏观和微观预测；按预测对象表现形式不同，可分为定性和定量预测；按预测时距长短不同，可分为短期、中期和长期预测；按预测对象是否包含时间变动因素，可分为动态和静态预测。

（2）统计预测的方法。常用方法包括统计调研推算预测法、时间数列预测法和回归预测法等。统计调研推算预测法常用的方法有比例推算法、预计分析法、专家意见法、插值推算法等。时间数列预测法包括移动平均法、指数平滑预测法、三点预测法、分割平均预测法等。回归预测法主要包括一元线性回归与多元线性回归预测。统计预测误差包括平均绝对误差、均方误差、均方根误差。

（3）统计决策概念及分类。统计决策是指为了达到某种既定的目标，在统计分析和统计预测的基础上提出各种行动方案，并从中选择最优方案的过程。其三要素为策略集、自然状态集和损失函数。统计决策主要研究不确定型决策。

（4）统计决策的方法。风险型决策是根据自然状态发生的概率进行的决策，可以用决策表法与决策树法进行决策。决策表法是通过列表的方式，根据各方案的自然状态、概率和损益值，在表上计算出期望值，选择期望收益值最大或期望损失值最小的方案为最优决策，能解决单阶段决策。决策树法是把策略集和有关的数据用树形结构描述出来，由树末梢逐步向前推计算期望值，通过逐段剪枝的办法做出最佳决策。风险型决策方法还包括贝叶斯决策法与马尔可夫决策法。完全不确定型决策包括：乐观法、悲观法、乐观系数法、后悔值法及等可能性法。

（5）利用 Excel 进行统计预测。介绍了应用 Excel 进行移动平均法和指数平滑法预测的具体方法。

◇ 知识点梳理 ◇

知识点	具体内容
统计预测	在统计调查和分析社会经济现象性质及特征的基础上，运用相应的统计方法，测算社会经济现象未来的发展状况和变动趋势，为正确的决策提供科学的依据。
统计调研推算预测法	预测人员采用各种调查方式取得大量实际资料，对这些资料进行加工整理和分析研究，从中找出规律并判断和推测未知事件发展前景的方法。
时间数列预测法	以时间数列为依据，推测现象发展的未来状况。
回归预测法	通过表明两个或几个变量之间关系的回归方程式进行预测的方法。
移动平均预测法	以一个数列局部资料的平均数作为外推预测的依据，选择包括本期在内的 n 个时期的数值，把计算出的平均数作为下一个时期的预测数。
指数平滑预测法	利用本期预测值和实际数值资料，以平滑系数为加权因子来计算指数平滑平均数。
分割平均预测法	把时间数列按其类型分成相等部分，求出各部分平均数代入方程，求得趋势方程用于预测。
统计预测误差	指统计数据实际值与预测值之间的偏差。
风险型决策	根据自然状态发生的概率进行的决策。
决策表法	通过列表方式，根据各方案自然状态、概率和损益值，在表上计算出期望值，选择期望收益值最大（或期望损失值最小）的方案为最优决策。
决策树法	把策略集和有关的数据用树形结构描述出来，由树的末梢逐步向前推计算期望值，通过逐段剪枝的办法做出最佳决策。

续表

知识点	具体内容
乐观法	从各策略最大的收益值中选择最大的收益值所对应的策略作为决策者的决策。
悲观法	从各策略最小的收益值中选择最大的收益值所对应的策略为决策者的决策。
乐观系数法	决策者对客观情况的估计既不过于乐观，也不过于悲观，而是处于折中状态。
后悔值法	从决策者决策后常产生后悔这一角度出发，选择决策后最小的后悔值作为决策选择的标准。
等可能性法	决策者在决策时对客观情况持同等态度。

◇ 练习题 ◇

一、单项选择题

1. 统计预测按预测对象的表现形式，可以分为(　　)。

A. 动态预测与静态预测　　B. 定性预测与定量预测

C. 宏观预测与微观预测　　D. 短期、中期与长期预测

2. 三点预测法采用(　　)。

A. 简单算术平均法　　B. 加权算术平均法

C. 调和平均法　　D. 移动平均法

3. 当现象发展的各年环比增长速度大体相同时，则该现象的发展趋势属于(　　)。

A. 直线模型　　B. 抛物线模型　　C. 季节模型　　D. 指数曲线模型

4. (　　)是决策问题所有自然状态的集合。

A. 自然状态集　　B. 损益函数　　C. 策略集　　D. 方案集

5. 不属于完全不确定型决策方法的是(　　)。

A. 乐观法　　B. 悲观法　　C. 乐观系数法　　D. 决策表法

二、多项选择题

1. 决策树法包括(　　)方法。

A. 单阶段决策　　B. 多阶段决策　　C. 决策表法　　D. 后悔值法

2. 完全不确定型决策包括(　　)。

A. 乐观法　　B. 悲观法　　C. 决策树法　　D. 后悔值法

3. 统计决策步骤包括(　　)。

A. 明确目标　　B. 搜集资料　　C. 拟订方案　　D. 评价方案

4. 按照对客观条件的把握程度不同，统计决策可以分为(　　)。

A. 确定型决策　　B. 不确定型决策　　C. 对抗型决策　　D. 不对抗型决策

5. 按预测对象的范围大小不同，统计预测包括(　　)。

A. 宏观预测　　B. 定性预测　　C. 定量预测　　D. 微观预测

三、判断题

1. 统计决策主要是指确定型决策。　　(　　)

2. 按后验概率进行分析判断的决策方法是贝叶斯决策。　　(　　)

3. 决策作为一个系统过程是指只包括做出决策的部分活动，不包括搜集资料的活动。 (　　)

4. 可以通过计算相关系数来判断时间数列是否属于直线型。 (　　)

5. 在移动平均预测法中，远期资料起的作用大。 (　　)

6. 研究长期趋势的目的是分析和确定报告期水平。 (　　)

7. 在现实中完全信息一定可以获得。 (　　)

8. 决策树法不能用于完全不确定型决策。 (　　)

9. 敢冒风险的完全不确定型决策是等可能性准则。 (　　)

10. 在用决策树进行决策时，计算各节点的期望值是从左到右进行的。 (　　)

四、填空题

1. 按预测对象的表现形式不同，统计预测分为(　　)和(　　)。

2. 移动平均预测法分为(　　)和(　　)。

3. 指数平滑预测法是加权移动平均预测法的一种改良，又称为(　　)。

4. 当时间数列中现象的每期逐期增长量大致相同时，就可以认为是(　　)；当现象发展的各年环比增长速度大体相同时，则其发展趋势属于(　　)。

5. 统计决策三要素为(　　)、(　　)和(　　)。

6. 风险型决策中的概率包括(　　)和(　　)。

7. 决策树法包括(　　)决策和(　　)决策两种方法。

8. (　　)是介于乐观法和悲观法之间的一种方法。

五、简答题

1. 什么是统计预测？它包括哪些种类？

2. 统计预测的原则与程序是什么？

3. 统计调研推算预测法包括哪几种方法？

4. 时间数列预测法包括哪些方法？如何计算？

5. 统计预测误差产生的原因有哪些？分析统计预测误差的指标有哪些？

6. 什么是统计决策？它包含哪些要素？

7. 统计决策的步骤有哪些？

8. 什么是风险型决策？风险型决策常用方法有哪些？

9. 完全不确定型决策的常用方法有哪些？

六、计算题（计算结果有小数保留到 0.01，0.01%）

1. 某厂历年来某种产品的销售量资料如附表 9-1 所示：

附表 9-1

年份	1	2	3	4	5	6	7	8	9	10	11	12
销售量/万台	520	580	610	830	1020	990	1130	1310	1520	1750	1840	1980

根据上述资料，试用三项加权移动平均法预测第 13 年的销售量。

2. 某企业基本建设投资完成情况如附表 9-2 所示：

附表 9-2

年份	1	2	3	4	5	6	7	8	9	10	11
投资额/万元	120	140	180	230	285	350	420	510	595	690	800

根据上述资料，试用三点法求趋势方程并预测第 13 年基本建设投资额。

3. 某厂各年的单位成本资料如下，试用最小平方法配合趋势方程并预测第 9 年该厂单位成本水平（附表 9-3）。

附表 9-3

年份	1	2	3	4	5	6	7	8
单位成本/元	635	620	604	589	574	558	543	527

4. 某企业各年的销售收入资料如附表 9-4 所示：

附表 9-4

年份	1	2	3	4	5	6	7	8	9	10	11
销售收入/万元	3300	4100	5200	5800	6700	7900	9100	10800	11200	12300	13500

要求：

（1）用三点法配合直线模型，并预测该企业第 13 年的销售收入；

（2）用分割平均预测法配合直线模型，并预测该企业第 13 年的销售收入；

（3）用最小平方法配合趋势方程，并预测该企业第 13 年的销售收入。

5. 某商品投入市场以来，各年的社会总需求量数据如附表 9-5 所示：

附表 9-5

年份	2012	2013	2014	2015	2016	2017	2018	2019	2020
总需求量（万件）	168	273	454	7425	1224	2015	3126	5457	8990

要求：

（1）确定预测模型；

（2）预测该商品 2022 年的社会总需求量。

6. 某企业生产某种产品，有三种方案，其在三种状态下的损益值见附表 9-6。试用乐观法、悲观法、后悔值法、乐观系数法（设乐观系数 0.7）、等可能性法分别选择最佳决策方案。

附表 9-6

决策方案	自然状态		
	好	中	差
A	120	100	-10
B	160	70	-30
C	80	50	20

7. 有企业由于某工艺问题造成产品成本高。在价格保持中等水平情况下，无利可图；在价格低落时要亏本；只有在价格高时才能盈利，且只有薄利。现在管理人员在编制五年计划时，欲把某项工艺用新工艺来代替。已知取得新工艺有两种途径：一是自行研制，成功的可能性0.6；二是购买专利，估计谈判成功可能性0.8。不论研制成功或谈判成功，生产规模都考虑两种方案：一是产量不变；二是增加产量。如果研制和谈判都失败，则仍用原工艺进行生产并保持产量不变。

根据市场预测结果，估计今后五年这种产品跌价的可能性是0.1，保持中等水平的可能性是0.5，涨价的可能性是0.4。有关各个方案在不同情况下的损益情况如附表9-7所示。试应用多阶段决策方法进行决策。

附表 9-7

自然状态	概率	按原工艺生产	买专利成功0.8		自行研究成功0.6	
			产量不变	增加产量	产量不变	增加产量
价格低落	0.1	-95	-195	-55	-195	-55
价格中等	0.5	0	55	105	10	260
价格上涨	0.4	105	255	420	210	610

8. 某企业开发一种新产品，其推销方案有甲、乙、丙三种可供选择，经过市场调研，市场情况有三种：需求量大、需求量一般、需求量小，其概率分别为0.2、0.7、0.1，三种情况下的损益值见表（单位：万元）（附表9-8）：

附表 9-8

决策方案	需求量大0.2	需求量一般0.7	需求量小0.1
甲	610	950	140
乙	260	770	420
丙	340	840	480

要求：

（1）用决策表法进行决策；

（2）用决策树法进行决策。

◇ 实训与案例讨论题 ◇

一、实训题

附表9-9是全国教育经费总投入有关数据表（单位：亿元）：

附表 9-9

年份	2008	2009	2010	2011	2012	2013	2014	2015	2016	2017	2018	2019
总投入	14501	16503	19562	23869	27696	30365	32806	36129	38888	42557	46135	50178

要求利用 Excel 完成以下任务：

(1) 绘图描述其形态；

(2) 计算年平均增长率，根据年平均增长率预测 2022 年教育经费总投入；

(3) 用分割平均预测法配合直线模型，并预测 2022 年教育经费总投入；

(4) 用最小平方法配合趋势方程，并预测 2022 年教育经费总投入。

二、案例讨论题

某策划公司 8 月份要在 DQ 市举办一场体育比赛，但是计划一直没有定下来。因为策划人对下面这件事难以做出决定：将比赛安排在某体育场（有露天座位 30000 个），届时不下雨最有运气；保险起见将比赛安排到某体育馆（有 10000 个室内座位）。如果选在某露天体育场且天公作美，预计通过门票收入可获净利润 300 万元；如果比赛当晚下雨，预计将损失 36 万元。如果选择某体育馆，则门票销售与天气无关，比赛举办人可获净利润 120 万元。

讨论：

(1) 指出该决策的三要素；

(2) 编制决策表；

(3) 绘制决策树；

(4) 如果举办人有机会获得该市以往的气象资料，利用这些资料对当晚自然状态概率进行估计，下雨概率为 0.15，不下雨概率为 0.85，该比赛的举办人应采取哪种方案？

第十章　统计综合评价

本章学习目的在于掌握统计综合评价的概念及程序、各项指标的选择方法、各项指标权重系数的确定方法、对度量指标的无量纲化处理方法、统计综合评价的常用方法，熟悉利用 Excel 进行综合评价的基本方法。

［引例］　**国家的现代化程度**

如何衡量一个国家的现代化水平？在 20 世纪 70 年代美国社会学家英克尔斯认为，现代化的核心是人的现代化，并提出人的现代化是现代化社会稳定、持续和健康成长的基石。英克尔斯提出的现代化衡量标准，为传统工业社会现代化的实证研究与定量评价开拓了一条新思路，此标准被国际社会广泛用于评判发展中国家的现代化水平。

以下选取了五个国家的有关指标，相关资料见表 10-1，哪个国家的现代化综合水平更高？

表 10-1　中国与部分国家现代化指标相关数据表

指标	中国	日本	美国	德国	英国
购买力法人均 GDP（国际元）	18210	43349	62641	54327	46240
第一产业占 GDP 的比重（%）	7.2	1.2	0.9	0.7	0.6
第三产业占 GDP 的比重（%）	52.2	69.1	77.4	61.5	70.5
非第一产业就业人数比重（%）	73.2	96.6	98.6	98.7	98.9
高等教育粗入学率（%）	49.1	63.6	88.2	70.2	60.0
每千人口医生数（人）	1.8	2.4	2.6	4.2	2.8
出生时预期寿命（岁）	76.4	84.1	78.5	81.0	81.2
城市人口占总人口的比重	59.2	91.6	82.3	77.3	83.4
人口自然增长率（%）	11.1	-3.2	3.3	-1.8	2.2

资料来源：国家统计局网站、国际统计年鉴 2019。

如何根据这些指标来衡量一个国家的现代化综合水平，就属于统计综合评价的范畴。通过本章的学习，可以选择适当的方法评价各国现代化进程的水平。

第一节　统计综合评价概述

统计综合评价是社会经济统计领域近 20 年发展起来的统计方法分支，从方法类型归属看，属于综合指标法。统计综合评价可以对事物的多方面进行综合分析评价，具有重要作用。

一、统计综合评价的概念

1. 定义

统计活动是一个认知过程，在这个过程中存在对现象进行各种评价问题。统计综合评价也称统计综合分析，是指根据分析研究的目的，依据统计资料，运用统计方法，结合现象所处的具体环境和条件，对事物总体的规模、水平、速度、质量等方面做出的综合分析评价。

统计综合评价是对事物的定性分析和定量分析的结合，是在定性分析前提下，对研究现象进行更全面、更深刻的认识。统计综合评价是统计工作的重要内容，关系着能否充分发挥统计的信息、咨询和监督的全部作用的一项重要工作，特别是对一个国家（或地区）、部门进行统计综合分析和评价，对把握宏观经济发展态势、对制定正确方针政策等都具有重要的意义。

在现实社会经济活动中，如果需要对某客观现象进行综合分析和评价时，一般会应用多个指标组成的指标体系进行综合分析，但是因为这些指标之间有些是不能直接加总的，因此难以进行总的评价分析。例如，决定消费者选购何种品牌电视机的主要因素有：价格、耐用时间、耗电量、外观、售后服务等。这样，在评价消费者对某型号、某品牌电视机的欢迎程度时，就需要采用对以上各个主要指标的综合分析和评价的方法。

根据统计综合评价的定义，其构成要素主要有：评价客体、评价指标体系、评价标准与评价模型。评价客体也称评价对象，是在特定时间、地点下的一个或多个可比单位、事件、行为、态度的集合。评价指标体系是从多视角和层次反映评价客体数量规模与水平的。评价标准是判断评价客体价值高低或水平优劣的参照系。它可以是客观标准，也可以是主观标准；可以是定性标准，也可以是定量标准。评价模型是将评价客体价值水平显化为可直接理解的评价结论，是统计综合评价的核心，不同的评价模型会得出不同的评价结论。

2. 作用

统计综合评价的作用归纳为以下两点：

（1）实现对被研究的客观事物的综合评价和认识

统计综合评价是采取对多指标综合的评价方法，即通过对事物的不同角度观察的评价指标综合在一起，实现对事物整体性的、综合的认识。例如，对企业进行效益考核评价时，就需要将企业的主要经济指标（如劳动消耗效益、资金使用效益、投资效果效益、新产品开发效益、产品质量效益等）运用某种综合评价分析的方法进行综合分析，最后获得对企业经济效益状况的总体评价或结果。

（2）实现对不同国家、不同地区、不同单位之间的综合对比分析或排序

如果需要对不同地区或单位之间的综合评价结果进行比较分析或者排序，就必须运用统计综合分析方法，即对一个地区或单位的经济发展态势在同类地区或同类单位之间的地位、差距的对比，用以比较各个被评价主体的差异状况、分析差距水平。比如，可以运用统计综合评价方法，进行国家之间综合国力的比较和排序、同行业各企业的综合经济效益

评价和排名等。

3. 特点

统计综合评价与其他的评价分析方法相比，具有数量性、综合性和相对性的特点。

(1) 数量性

数量性是统计综合分析评价方法区别于其他分析方法的显著特征。统计综合评价离不开统计数据，但并非是单纯的数据罗列，而是将真实数据与具体情况相结合，定量分析与定性分析相结合，通过定性的界定来研究事物的数量表现；同时，在分析时也常常将客观事物的性质区别过渡到数量的差异，是通过事物的数量表现，对被研究现象的总体进行更加深刻、更全面的认识，以综合掌握和评价事物的联系和变化过程。

(2) 综合性

综合性是指统计综合评价方法具有综合性。统计综合评价除了具有多因素、多层次的综合性以外，其评价方法本身就具有综合性特征。统计综合评价要认识现象的全貌、掌握现象变化的全过程，就不能只限于运用一种统计分析方法，而必须综合运用多种分析方法。在进行综合分析时不局限在统计分析方法的应用方面，还综合应用如系统工程学、计量经济学等方法，以便更科学、公正、客观地评价被研究现象。

(3) 相对性

统计综合评价的结果具有相对性，并不是绝对的结论。统计综合评价采用相应的数学模型、计量方法取得的结果用数值表示，但这些数据只有相对的意义，综合评价的结果一般适用于性质相同的客观事物之间的比较或排序。另外，采取不同的评价方法也有可能得出不同的结论。例如，评价一个国家的经济发展实力，采用汇率法和购买力评价法的结果就是不一致的。

二、统计综合评价的程序

统计综合评价是一种具体的统计方法，具有系统性和完整性。根据研究目的和任务的不同，可能采取不同的方法。但是，综合统计分析不论采取何种形式，其基本程序和步骤大致相同。

1. 确定评价目标

确定评价目标就是指明确统计综合评价的目的。统计综合评价是具体性工作，必须在开始就确定研究目的，明确需要解决什么问题，然后才能根据研究目的的需要，收集相关资料、确定评价指标和选择评价方法等，以提高统计综合评价的质量。

2. 确立评价的指标体系

进行统计综合评价，必须建立一个能够从不同角度、不同侧面反映评价目的的指标体系。根据评价目的和复杂程度的不同，评价指标体系可以是单一层次的，也可以是多层次的。例如我国在评价工业企业经济效益时，一般具体指标有：工业增加值率、产品销售率、资产负债率、流动资产周转次数、工业成本费用利润率等，这样构成的评价指标体系是单层次的。对于复杂的被研究事物，就可以在第一层次基础上进一步构建第二层次甚至多层次的指标体系进行综合评价。

一般地，确立评价指标体系要遵守以下原则：

（1）目的性。选择的指标要符合研究目的的需要，指标能确切地反映评价的内容，对评价目标有明确的指导性。

（2）客观性。评价指标要能反映被研究现象的本质特征。

（3）全面性。构成评价指标体系的各个指标要能从不同方面或者不同角度全面、综合地反映事物，指标要有较强的覆盖面。

（4）敏感性。所选定的指标具有敏感性，即能敏感地反映事物的变化。

（5）相互独立性。要尽量选择相关程度低的指标，如果指标之间的相关程度高，说明指标具有可替代性，即相近。如果相关程度高的指标选择多了，实际上是增加了此类指标的权重。

（6）可比性。评价指标的可比性是指评价指标要意义明确、计量口径一致，并能达到纵向可比和横向可比。

（7）可操作性。可操作性是指选择的评价指标要考虑到收集资料的可能，评价方法也要简便、易操作和计算，并能为社会各方面接受。

3. 确定评价指标的权重系数

权重系数也称权重、权数。评价指标的权重系数是表示评价指标在整个统计指标体系中的作用程度。权重系数越大的指标，表示其作用程度越强；权重系数越小的指标，其作用程度越弱。由于所选择的作为综合评价的指标都是反应总体某一方面特征的数值，但是各指标在总评价中重要程度是不同的，所以，需要对各指标在总体中的重要程度赋予其不同的权重系数。如果某项指标在总体中的重要程度越高，则对其赋予的权数越大；反之则小。但是各指标的权重系数的和必须等于1。

确定权重的主要方法有统计平均法、变异系数法和层次分析法等。

4. 选择合适的综合评价方法

统计综合评价的方法有多种，其特点和应用条件多有不同。综合评价的主要目的是使不能同度量的指标同度量化，并将各指标的评价值综合为总评价值，为此需要构造综合评价模型。一般常用的方法有综合评分法、功效系数法、综合指数法等。

5. 选择合适的评价标准

选择确定合适的评价标准，可以客观、科学、合理地对分析对象进行准确评价。一般统计综合评价标准有历史评价标准、时间评价标准、空间评价标准、计划（或定额）评价标准和经验评价标准等。在进行统计综合评价时，可以根据具体情况和研究目的的需要，确定适当的评价标准。

6. 提出改进意见

将各项指标的评价值综合为总的评价值，并将其与选定的评价标准进行对比分析，判别优劣或排序等，以便发现问题，提出对策和建议。

统计综合评价的程序中，最重要的是评价指标的确定、权重系数的确定和评价方法的选择。

三、统计综合评价的局限性

由于目前综合统计评价的理论和方法还不够成熟，具体评价时存在一定的局限性，主要有如下三点：

（1）综合评价结果具有相对性

综合评价尽管采用了一定的数学方法。结果也是用数值表示的，但是大部分具有相对意义，因此大多适用于在性质相同的对象之间进行比较和排序。

（2）综合评价结果具有不唯一性

采用不同的综合评价方法，可能得出不同的结果、结论、排序，评价的结果并不是绝对唯一的。

（3）综合评价结果可能受主观因素影响

在综合评价中，评价指标的选择、指标权重的确定及评价模型的建立等常常需要依靠相关专家来确定。不同的专家给出的选择标准和权重可能有差异，因此，综合评价的结论往往也可能带有一定的主观性。

所以，在进行综合统计评价时，必须正确选择适合评价内容的评价方法，了解各种评价方法的特点和适用条件，尽量采用多种方法进行比较和分析，以尽可能地减少主观因素的影响，提高评价结果的客观性、科学性和稳定性。

第二节　统计综合评价指标体系

在构建统计综合评价指标体系时，各项指标的选择、各项指标权重系数的确定、对度量指标的无量纲化处理等是进行综合评价需要解决的问题。

一、选择评价指标的方法

统计综合评价指标体系一般需要有若干个指标，这些指标的选择和确定的方法分为定性法和定量法，在实际应用时二者需要结合使用，不能遗漏重要的指标，选择的指标不能重复。

1. 定性法

（1）综合法

它是采取征集专家意见的方法来确定评价指标。一般采取研讨会或征询意见的方式来征集专家的意见。这种方法是借助于专家们的智力优势或经验来选择统计评价指标。由于专家可能比较集中，也可能比较分散，针对具体情况可以采取一次或者多次的形式选择确定。当专家们对选择指标的意见分散时，要进行客观的原因分析，是由于专家们对被评价现象的了解程度不同，还是对现象的认识不同，在准确分析的基础上，以客观地选择指标。

（2）分析法

它是将被评价对象划分为若干部分、不同的组或不同的侧面，明确各部分评价问题的内涵和外延，然后对每个部分分别选择一个或几个指标来反映评价对象的特征。这种方法的应用更能充分利用人们的工作经验，反映客观实际的工作态度。

2. 定量法

（1）试算法

它是通过对历史数据的试算来判断指标的有效性。例如，要评价 2020 年全国耕地可持续利用的实施效果，可以以 2019 年的数据进行试算，通过试算结果判断所选指标是否合适，然后对相关指标进行科学比较分析，把代表性强的指标确定下来，不断地筛选，直到满意为止。

（2）系统聚类法

它是通过判断指标之间的相似程度来筛选指标的方法。例如，假设有 N 个指标，将每个指标作为一类，根据指标之间的相似程度，通过各类之间距离的比较，把距离最小的两类进行合并；然后在 $N-1$ 类中，再选择各类之间距离最小的进行合并；如此连续的进行，逐步选择出所需要的评价指标。被研究总体中所有指标的亲疏关系和并类选择的情况可以绘制成一张系统聚类图，这样我们可以选择评价指标体系中所需要的各个指标。

系统聚类法的具体步骤如下：

① 度量指标之间的相似程度。度量各类指标之间的相似程度常用的方法是相关系数法或判定系数法。

② 度量指标之间的距离。利用相关系数矩阵或判定系数矩阵表示指标之间的相似程度时，可以将其转换为指标距离 d，d 值越小，表示两个指标之间的关系越密切，在统计评价中就表示两者之间具有可替代性。

③ 根据聚类情况确定指标的个数。所选择的指标个数的多少可以根据相关系数的大小来确定。如果指标之间的相关系数较大，表明具有显著的相关性，则可以在不影响科学评价的条件下，可以适当地少一些评价指标；反之，如果指标之间的相关系数较小，就需要多选择一些评价指标。

④ 选择最具有代表性的评价指标。在具有显著相关的指标中，选择哪个指标更加合适，首先要分析选择指标的科学性，再考虑人们对指标的理解和可接受程度，还应考虑指标的可接受性。

二、权重的确定方法

在统计理论和实践中，权重是表明各个评价指标重要性的权数，表示各个评价指标在总体中所起的不同作用。

1. 权重的类型

权重有不同的种类，各种类别的权重有着不同的数学特点和经济含义，一般有以下几种权重：

（1）按照权重的表现形式不同分类

可分为绝对数权重和相对数权重。相对数权重也称比重权数，能更加直观地反映权重在评价中的作用。

（2）按照权重的形成方式分类

可分为人工权重和自然权重。自然权重是由于变换统计资料的表现形式和统计指标的合成方式而得到的权重，也称为客观权重。人工权重是根据研究目的和评价指标的内涵状况，主观地分析、判断来确定的反映各个指标重要程度的权数，也称为主观权重。

(3) 按照权重形成的数量特点不同分类

可分为定性赋权和定量赋权。如果在统计综合评价时，采取定性赋权和定量赋权的方法相结合，获得的效果会更好。

(4) 按照权重与待评价的各个指标之间相关程度分类

可分为独立权重和相关权重。独立权重指评价指标的权重与该指标数值的大小无关，在综合评价中较多地使用独立权重，以此权重建立的综合评价模型称为“定权综合”模型。相关权重指评价指标的权重与该指标的数值具有函数关系。

2. 确定权重的方法

确定权重的具体方法较多，可以分为主观赋权法和客观赋权法两大类。主观赋权法是用来构建权数的原始数据来自于评价者对所研究对象各指标的主观判断。客观赋权法是根据原始数据之间的关系，通过一定的数学方法来确定权重，其判断结果不依赖于人的主观判断。这里介绍实际工作中常用的统计平均法、变异系数法和层次分析法。

1) 统计平均法

统计平均数法是根据所选择的各位专家对各项评价指标所赋予的相对重要性系数，分别求其算术平均值，计算出的平均数作为各项指标的权重。其基本步骤是：

(1) 确定专家

一般选择本行业或本领域中既有实际工作经验，又有扎实的理论基础，公平、公正、道德高尚的专家。

(2) 专家初评

将待定权数的指标提交给各位专家，并请专家在不受外界干扰的前提下独立地给出各项指标的权数值。

(3) 回收专家意见

将各位专家的数据收回，并计算各项指标的权数均值和标准差。

(4) 分别计算各项指标权重的平均数

如果第一轮的专家意见比较集中，并且均值的离差在控制的范围之内，即可以用均值确定指标权数。如果第一轮专家的意见比较分散，可以把第一轮的计算结果反馈给专家，并请他们重新给出自己的意见，直至各项指标的权重与其均值的离差不超过预先给定的标准为止，即达到各位专家的意见基本一致，才能将各项指标的权数的均值作为相应指标的权数。

2) 变异系数法

变异系数法是直接利用各项指标所包含的信息，通过计算得到指标的权重，是一种客观赋权的方法。该方法的基本思想是：某指标的权重应是该指标在各评价对象中取值变异程度的度量。如果一个指标对所有评价对象而言取值相差不大，则有无该指标对评价结果的影响将非常小。反之，该指标对评价结果影响非常大，因为它更能反映各评价对象的差距。

在评价指标体系中，由于各指标的量纲不同，可以用变异系数来衡量各指标取值的差异程度。用变异系数法确定各指标权重的一般步骤为：

（1）分别计算平均数和标准差。

$$\bar{x}_j = \frac{\sum_{i=1}^{n} x_{ij}}{n} \quad j=1, 2, \cdots, m \tag{10-1}$$

$$\sigma_j = \sqrt{\frac{\sum_{i=1}^{n} (x_{ij} - \bar{x}_j)}{n}} \quad j=1, 2, \cdots, m \tag{10-2}$$

（2）分别计算变异系数

$$V_j = \frac{\bar{x}_j}{\sigma_j} \quad j=1, 2, \cdots, m \tag{10-3}$$

（3）进行归一化处理

由于评价指标体系中的各项指标的量纲不同，不宜直接比较其差别程度。为了消除各项评价指标的量纲不同的影响，需要用各项指标的变异系数来衡量各项指标取值的差异程度。

$$W_j = \frac{V_j}{\sum_{j=1}^{m} V_j} \quad j=1, 2, \cdots, m \tag{10-4}$$

式中，W_j为第j项指标的权数，V_j为第j项指标的变异系数。

3）层次分析法

层次分析法又称 AHP 构权法，是将复杂的评评价对象排列为一个有序的递阶层次结构的整体，然后在各个评价项目之间进行两两的比较、判断，计算各个评价项目的相对重要性系数，即权重。AHP 构权法又分为单准则构权法和多准则构权法，在此介绍单准则构权法及具体步骤。

（1）确定指标的量化标准

层次分析法的核心问题是建立一个构造合理且一致的判断矩阵，判断矩阵的合理性受到标度的合理性的影响。所谓标度是指评价者对各个评价指标（或者项目）重要性等级差异的量化概念，确定指标重要性的量化标准常用的方法有：比例标度法和指数标度法。比例标度法是以对事物质的差别的评判标准为基础，一般以 5 种判别等级表示事物质的差别。

（2）确定初始权数

初始权数的确定常常采用定性分析和定量分析相结合的方法。一般是先请各位专家给出自己的判断数据，再综合专家的意见，最终形成初始值。具体步骤：

① 将分析研究的目的、已经建立的评价指标体系和初步确定的指标重要性的量化标准给各位专家，请专家们根据上述的比例标度值表所提供的等级重要性系数，独立地对各个评价指标给出相应的权重。

② 根据专家给出的各个指标的权重，分别计算各个指标权重的平均数和标准差。

③ 将所得出的平均数和标准差的资料反馈给各位专家，并请各位专家再次提出修改意见或者更改指标权重数的建议，并在此基础上重新确定权重系数。

④ 重复以上操作步骤，直到各个专家对各个评价项目所确定的权数趋于一致或者专家们对自己的意见不再有修改为止，把这个最后的结果就作为初始的权数。

（3）对初始权数进行处理

① 建立判断矩阵 $\boldsymbol{A}$。

② 计算判断矩阵 $\boldsymbol{A}$ 中的每一行各标度数据的几何平均数，记作 W。

③ 进行归一化处理。归一化处理是利用公式进行计算，依据计算结果确定各指标的权重。

（4）检验判断矩阵的一致性

检验判断矩阵的一致性是指需要确定权重的指标较多时，矩阵内的初始权数可能出现相互矛盾的情况，对于阶数较高的判断矩阵，难以直接判断其一致性，这时就需要进行一致性检验。常用的检验方法是计算一致性比率指标。在实践中通常采用萨蒂提出的一致性比率小于等于10%的标准，认为其不一致程度是可以接受的。

三、对评价指标进行无量纲化处理

在评价指标体系建立后，可能因为各指标具有不同的量纲而不能直接比较，需要进行无量纲化处理。指标无量纲化也称指标数据的标准化、规范化，是通过数学变换来消除各项指标的量纲不同及其数值数量级间的悬殊差别所带来的影响，避免不合理现象的发生。

1. 相对化处理法

相对化处理是进行指标间同度量处理常用的方法之一。进行相对化处理，需要先对每个评价指标确定一个标准值，然后计算实际值与标准值的比值。指标有“正指标”和“逆指标”之分。一般来说，正指标是指指标数值越大越好的指标，例如产值、收入、利润、劳动生产率等指标；逆指标是指指标数值越小越好的指标，例如单位产品成本、单位GDP的能耗率、产品生产的物耗率等指标。

对于正指标：

$$x_{ij}^* = \frac{x_{ij}}{x_j^*} \quad i=1,2,\cdots,n;\ j=1,2,\cdots,m \tag{10-5}$$

对于逆指标：

$$x_{ij}^* = \frac{x_j^*}{x_{ij}} \quad i=1,2,\cdots,n;\ j=1,2,\cdots,m \tag{10-6}$$

式中：x_{ij}^* 为经过相对化处理后 j 个指标的实际值；

x_j^* 为第 j 指标的对比基准值；

x_{ij} 为第 i 评价对象第个 j 指标的实际值。

相对化处理的另外一种形式是采用比重法。

各指标实际值均为正值时：

$$x_{ij}^* = \frac{x_{ij}}{\sum_{i=1}^{n} x_{ij}} \quad j=1,2,\cdots,m;\ x_{ij}>0 \tag{10-7}$$

各指标实际值有负值时：

$$x_{ij}^* = \frac{x_{ij}}{\sqrt{\sum_{i=1}^{n} x_{ij}^2}} \qquad j=1,\ 2,\ \cdots,\ m \tag{10-8}$$

2. 功效系数处理法

功效系数是指各项评价指标的实际值与该指标允许变动范围的相对位置。功效系数处理法是在进行统计综合评价时，运用功效系数对各指标进行无量纲同度量转换。其具体步骤为：

(1) 确定反映总体特征的各项评价指标。

(2) 确定各项评价指标的允许范围，即满意值和不允许值。满意值是指在目前条件下能够达到的最优值；不允许值是该指标不应该出现的最低值。允许变动范围的参照系就是满意值与不允许值之差。

(3) 计算各项评价指标的功效系数，对指标进行无量纲化处理。

3. 标准化处理

利用指标的均值和标准差对数据进行标准化处理。进行标准化处理的前提是需要进行标准化处理的变量（即指标）服从正态分布。在转换中，将变量值转换为数学期望值为0、方差为1的标准化的数值。它与相对化处理法、功效系数法最大不同在于：利用原始数据所有信息，要求样本容量较大。具体转换过程如下：求出各个变量（指标）的算术平均数与标准差；利用公式进行标准化处理。

对于正指标：

$$Z_{ij} = \frac{x_{ij} - \bar{x}_j}{S_j} \tag{10-9}$$

对于逆指标：

$$Z_{ij} = \frac{\bar{x}_j - x_{ij}}{S_j} \tag{10-10}$$

式中：x_{ij}为 i 个单位第 j 项指标的实际值；

$\bar{x}_j$为第 j 指标的算术平均数；

S_j为第 j 指标的标准差；

Z_{ij}第 i 单位第 j 指标的标准化值。

第三节　统计综合评价方法

统计综合评价的方法也有多种，在此介绍加权算术平均综合评价法、加权几何平均综合评价法、功效系数评分法和统计比较法等。

1. 加权算术平均综合评价法

在进行综合评价时，如果构成指标体系的各个指标的权重相等，可以直接采用简单平均法进行综合评价。如果各个指标的重要程度不同，就必须采取加权平均的方法。

加权算术平均综合评价法就是计算综合评价指数。其基本计算公式如下：

$$综合评价指数 = \frac{\sum_{i=1}^{n} x_i W_i}{\sum_{i=1}^{n} W_i} \tag{10-11}$$

式中：x_i：已经同度量处理过的第 i 个评价指标的相对值，正指标时为实际值与标准值的比值，逆指标时则相反。$i=1, 2, 3\cdots, n$；

W_i：各项指标的权重。

加权算术平均综合评价法具有以下特点：本方法适用于各项指标互相是独立的；各项指标之间可以相互补偿；评价的结果主要体现项目各自的功能性。

例如，某工业企业上年的有关资料见表 10-2，试计算经济效益综合评价指数。

表 10-2　综合评价指数计算表

评价指标（1）	权重（2）	标准值（3）	实际值（4）	（5）为（4）与（3）的比值	（6）=（2）×（5）
销售利润率	15	15%	20%	1.33	19.95
总资产报酬率	15	10%	8%	0.80	12
资本收益率	15	12%	9%	0.75	11.25
资本保值增值	10	8%	10%	1.25	12.5
资产负债率	5	50%	80%	0.63	3.15
流动比率	5	2	2.5	1.25	6.25
应收账款周转	5	4	5	1.25	6.25
存货周转率	5	2	1.5	0.75	3.75
社会贡献率	10	20%	15%	0.75	7.5
社会积累率	15	40%	5%	0.13	1.95
合计	100	—	—	—	84.55

根据表中 10-1 数据，可以计算出经济效益综合评价指数为 84.55/100 =84.55%。一般地说，工业企业经济效益综合指数达到 100%，说明企业经济效益水平达到了标准值的要求。在本例中，经济效益综合指数低于 100%，说明该工业企业的经济效益并不理想。

2. 加权几何平均综合评价法

加权几何平均综合评价法也称乘法模型，是对各指标评价值进行加权几何平均求得的综合评价值。计算公式为：

$$D = \sqrt[p_1+p_2+\cdots+p_n]{x_1^{p_1} x_2^{p_2} \cdots x_n^{p_n}} \tag{10-12}$$

加权几何平均综合评价法的特点是：适用于各指标间关系较强时的事物；对于指标值的变动，特别是较小值的变动反应更为敏感，比加权算术平均法更为敏感；评价的结果主要体现各个项目之间的平衡性。

以表 10-2 的资料为例，带入：

$$D = \sqrt[100]{1.33^{15} \times 0.80^{15} \times 0.75^{15} \times 1.25^{10} \times 0.63^{5} \times 1.75^{5} \times 1.25^{5} \times 0.75^{5} \times 0.75^{10} \times 1.3^{15}}$$

$$= 69.66\%$$

与加权算术平均综合评价法的评价结果不同。

3. *功效系数评分法*

功效系数法是在已设置的综合评价指标体系基础上，对其中的每个指标确定满意值和不允许值，然后计算出各指标的功效系数，根据这些单项功效系数，用加权算术平均或加权几何平均法求得的平均数就是综合功效系数。

单项功效系数 d_i 的计算公式为：

$$d_i = \frac{x_i - x_i^s}{x_i^h - x_i^s} \times 40 + 60 \qquad (10-13)$$

计算综合功效系数 D，可以采用加权算术平均法，计算公式为：

$$D = \frac{\sum_{i=1}^{n} P_i d_i}{\sum_{i=1}^{n} P_i} \qquad (10-14)$$

式中，P_i 为各指标的权数。

例如，上年甲、乙两企业的有关资料见表 10-3，试用功效系数法进行统计综合评价。

表 10-3

指标名称	计算单位	权数	上年实际值		同行业实际值	
			甲企业	乙企业	满意值	不允许值
资金利润率	%	50	16	18	20	10
成本费用利润率	%	20	14	16	24	10
全员劳动生产率	元/人	30	50000	60000	70000	30000

根据计算公式，计算各项指标的功效系数 d_i。

（1）资金利润率指标的功效系数

$$\text{甲企业：} \frac{16 - 10}{20 - 10} \times 40 + 60 = 84$$

$$\text{乙企业：} \frac{18 - 10}{20 - 10} \times 40 + 60 = 92$$

（2）成本费用利润率指标的功效系数

$$\text{甲企业：} \frac{14 - 10}{24 - 10} \times 40 + 60 = 71.4$$

$$\text{乙企业：} \frac{16 - 10}{24 - 10} \times 40 + 60 = 77.1$$

（3）全员劳动生产率指标的功效系数

$$甲企业：\frac{50000-30000}{70000-30000}\times 40+60=80$$

$$乙企业：\frac{60000-30000}{70000-30000}\times 40+60=90$$

（4）用加权算术平均法计算企业经济效益综合功效系数 D

$$甲企业：\frac{84\times 50+71.4\times 20+80\times 30}{50+20+30}=80.3（分）$$

$$乙企业：\frac{92\times 50+77.1\times 20+90\times 30}{50+20+30}=88.4（分）$$

从计算结果看，乙企业的综合经济效益分数比较高，效益比甲企业好。

4. 统计比较法

统计比较法是对被研究现象的总体规模的大小、发展水平的高低、发展速度的快慢及内部构成状况做出评价和判断，并研究事物之间的联系、结构和比例关系等。

1）统计比较法的作用

统计比较法是认识和分析社会经济现象的常用方法，其作用主要归纳为如下几点：

（1）认识总体的数量关系及差别。因为比较是同一定的标准或一定的参照物进行的对比，在这样的对比中，通过分析研究总体数量的差别及其变化特征，可得出若干综合性、结论性的认识。

（2）进行监督和检查。当研究某一总体的发展状态与历史的、计划规定的或其他相关标准进行比较时，看其是否达到规定的要求或期望的目标时，就发挥了统计比较在认识社会经济现象中的监督检查作用。

（3）提高管理水平。统计比较对管理水平的促进作用更为明显。通常情况下，往往差异的出现是由于管理不到位或管理制度缺陷导致的，如果能及时把各地区、各单位的具体指标进行比较，就能发现地区、单位之间的差距，及时发现问题，以帮助管理者提高管理水平。

2）统计比较法的分类

统计比较法可以从不同角度进行分类。

（1）按比较的时间状况不同分类

可分为静态比较和动态比较。静态比较就是横向比较，是对同一时期或时点条件下的不同总体之间的某一数量特征的比较。例如，某市各工业企业之间的比较。动态比较也称纵向比较，是对同一总体的某项指标在不同时间上的比较。例如，某企业今年的产值与上年比较。

（2）按比较的方式不同分类

可分为相对比较和相差比较。相对比较是将被研究对象与确定的比较标准相除，比较的结果表现为相对数，一般用倍数、系数、成数等来表示。例如，某企业销售量计划完成程度为 110%。相差比较是将比较对象和比较标准相减，其结果表示相差的绝对量。例如，某企业实际比计划多销售 100 万吨产品。在实际应用中，相对比较和相差比较要结合应用，以对事物的认识更加全面和完整。

(3) 按被比较对象范围不同分类

可分为单项比较和综合比较。单项比较也称局部比较，是对比分析总体现象的某一方面、某一部分或者某一指标。例如，比较各国人均 GDP。综合比较就是统计综合分析评价，是指对整个总体的全部或者若干方面的全面综合评价和比较。例如，各国综合国力的比较。

3）统计比较标准

统计比较是将要研究现象的总体统计数据与相比较对照的现象总体数据进行对比研究。作为相比较对照的统计数据称为比较标准，也称比较基数。依研究目的不同，常用的主要比较标准有：

(1) 经验数据标准

它是根据大量的或长期的资料总结计算而得的正常值，在一定条件下具有相对稳定性，可用来作为比较标准。例如，国际上一般认为偿债率以 25%为警戒线，超过了就会使偿债发生困难。这种比较标准有助于评价和判断事物发展是否正常。

(2) 理论数据标准

它是根据有关科学理论研究确定的正常值作为比较标准。这种正常值不是根据经验总结出来的，而是根据理论推算设定的。例如，根据经济学理论计算出的积累率界限就是理论标准。

(3) 时间数据标准

它是以时间上的数据为标准，一般是用比较对象本身的历史数据作为比较标准，观察和分析研究现象本身的发展变化。有时也可以用其他空间单位的历史数据作为比较标准。主要有以下几种：

① 前期数据标准。如本年与上年比较、本月同上月比较等。

② 历史最好时期标准。即以较长一段时间内水平最高时期的数据作为比较标准。

③ 历史转折前期数据标准。即以历史发展中阶段性变化开始前期的数据作为比较标准。例如，以跨入 21 世纪的前一年的 2000 年作为比较标准等。

(4) 空间数据标准

它是以某一空间数据作为比较标准。通常是将同一时间上的比较对象不同空间的数据进行比较。主要有以下几种：

① 平均水平标准。即以一定范围内的平均实际水平作为比较标准，判定比较对象的水平在平均水平以上或以下，相差多少。

② 先进水平标准。即以一定范围内的最好水平作为比较标准，比较结果表明与最好水平的差距。

③ 相似空间标准。即使用与比较对象条件大体相似的其他空间数据作为比较标准。

④ 互为标准。即各地区、各单位相互比较。

(5) 计划或政策规定数据标准

它是以国家计划部门、业务部门或公司、企业单位所制定的有关计划、方针政策规定的数据作为比较标准。通常是在检查监督计划或政策执行状况时用此标准。可以按月、按季、按年和更长些时间来检查，有进度比较和期终总结性比较两种。

在实际进行统计比较时，可以根据研究目的选择适当的比较标准，以便做出正确的评价。

5. 统计分析报告

统计综合评价的结果表达常常以统计分析报告的形式来体现。统计分析报告是根据研究目的和搜集的数据资料，应用统计理论和分析方法，对研究对象的成因和过程进行分析，以文字、图表等表述，得出结论性总结并提出建议等。

1）统计分析报告的特点

（1）以统计数据为主体

统计分析报告主要以统计数字语言，直观反映事物之间各种复杂的联系，以数据来说明研究事物的成就和经验、问题与教训及解决办法。它是以统计数字为主体，用简洁的文字来分析、叙述事物。

（2）以科学的统计指标体系和方法进行分析

统计分析报告是通过一整套科学的统计指标体系进行数量研究的，要运用一整套科学的方法，进行灵活、具体地分析。

（3）具有独特的表达方式和结构特点

统计分析报告属于应用文体，基本表达方式是以事实来叙述，以精确的数据、言简意赅及精练准确地表达其丰富的内涵，而不是用夸张、虚构、想象等手法。统计分析报告在结构上的特点是脉络清晰、层次分明，一般先摆数据、事实，进行各种科学分析，进而揭示问题，最后有针对性地提出建议和措施。

2）统计分析报告的类型

一般地，统计分析报告的类型包括：

（1）说明型。这是对统计报表进行说明的统计分析报告。

（2）快报型。这是一种期限短、反映快的统计分析报告，一般按日、周、旬、半月写作，在企业用的比较普遍。

（3）计划型。这是检查计划执行情况的统计分析报告，按月、季、半年和年度检查计划执行情况的定期统计分析报告都属于这种计划型。

（4）总结型。这是对一定时期社会经济发展情况进行总结分析的统计分析报告。大多是半年、一年或三五年的统计分析报告。

（5）公报型。这是政府统计机关向社会公告重大社会经济情况的统计分析报告。

（6）调查型。这是通过非全面的专门调查来反映部分单位社会经济情况的统计分析报告。

（7）分析型。这是通过分析着重反映社会经济现象具体状态的统计分析报告。目前统计人员撰写的统计分析报告大多属于这种分析型，以三千字左右为宜。

（8）研究型。这是着重研究解决问题办法和进行理论探讨的统计分析报告，是一种高层次的统计分析报告。

（9）预测型。这是估量社会经济发展前景的统计分析报告，也属于高层次的统计分析报告。

(10) 资料型。这是着重提供统计资料的统计分析报告。

(11) 信息型。这是以信息方式反映社会经济情况的统计分析报告。

(12) 节微型。这是以微型结构反映社会经济情况的统计分析报告，亦称为“小调查”和“小分析”。

(13) 综合型。这是综合多项内容的统计分析报告。

(14) 系列型。这是运用系列形式而写作的一组统计分析报告。

3) 统计分析报告的选题

选准题目是统计分析报告的首要任务。要达到这一要求，就要遵循选题的原则：一是要根据社会经济发展的实际情况来选题；二是根据服务对象的需要来选题；三是要根据本身的工作条件来选题。

统计分析报告的选题应抓住“注意点”“矛盾点”和“发生点”。

“注意点”就是党政领导和社会各界比较关注的热点问题。例如，城镇化问题、老旧小区改造问题、农民收入问题等都是人们比较关注的社会热点问题。

“矛盾点”就是问题比较集中，影响比较大，争议比较多，但长期得不到很好解决的社会难点问题。例如，生态环境治理问题、教育方面及社会保障方面的问题等。

“发生点”就是人们常说的新情况、新问题、新联系和新趋势。例如，我国人口老龄化问题。

4) 统计分析报告的一般结构

统计分析报告最常见的有两种：一是“一情况、二问题、三建议”这种三段式；二是“提出问题、分析问题、解决问题”的格式。

实际上，统计分析报告的格式还有其他形式。例如，有的统计分析报告是情况、问题、根源、预测、建议五个部分；有的是情况、问题、根源、建议四个部分；有的虽然是三段式，但组成部分是情况、问题、根源或者是问题、根源、建议。还有的是两部分的，也有的专门写情况或专门写问题或专门写建议的。

5) 统计分析报告的内容

一般分为：标题、导语、正文、结尾四部分。

(1) 标题

标题也称题目。人们阅读文章，第一眼是看标题，由于标题常常是文章中心内容、基本思想的集中体现，因而标题也就成了文章的“眼睛”。要使标题新颖醒目，增加吸引力，引起人们的重视，可以采取以下方法：多用“论点题”和“事实题”；适当采用“设问题”；用具体事实做标题；用突出的事实做标题；加重语气；运用对比手法；适当运用比喻；适当运用诗词、成语、古语、警句；适当运用副题；适当运用提示语和有强调作用的语句。

(2) 导语

统计分析报告的开头一般都是采取开见山的写法。具体方法大致有以下几种：起笔点题、亮出观点、强调意义、总说全文。

(3) 正文

正文一般包括以下内容：分析对象的完成情况、特点和工作成绩；分析原因和存在问题；分析计划、措施或方案执行情况；分析预测主要指标发展趋势和实现的条件；提出具体建议。

在撰写统计分析报告时，通常进行以下分析：

① 计划完成情况的分析

企业在报告期结束时，需要对本期的计划执行情况做出综合性分析。首先，用实际完成数除以计划数计算计划完成程度指标；其次，利用对比分析法对计划完成情况进行综合评价。

② 平衡关系分析 ·

在企业生产经营活动过程中，各方面、各环节之间必须保持平衡协调的关系，才能使生产经营活动能够顺利进行，并取得较好的经济效益。平衡分析主要从以下方面进行：原材料供应量与需要量之间的平衡分析、劳动力与生产任务的平衡分析、设备能力和生产任务的平衡分析等。

③ 因果关系分析

由于企业生产经营活动各环节相互联系、相互影响，反映企业生产活动的各项指标之间也必然存在各种联系。对于指标间互为条件的因果关系，可以用一定的经济关系式来表示，反映现象间的因果关系。一般有因素分析法和构成分析法两种。

④ 预测分析与决策分析

统计分析的目的在于把握未来，预见未来的发展趋势。预测分析就是以近期数据为依据，运用科学的理论和方法，对企业生产经营的未来发展变动情况进行的分析。决策分析就是为实现特定的目标而采取具有统计特征的定量方法，对可能实现目标的决策方案进行最佳方案的选择分析。

⑤ 生产经营情况的总结分析

生产经营情况的总结分析就是对反映企业生产和经营活动的各项主要经济指标进行全面检查和综合分析，对企业生产经营活动情况做出总的评价，并为改善经营管理、提高经济效益提供依据。

（4）结尾

结尾一般是归结全文的观点或工作建议与要求，切忌离题太远或拖泥带水。结尾的一般内容包括：总结全文，归纳总结，突出中心思想；提出建议；首尾呼应，对开头提出的问题在结尾时予以回答；篇末点题；对事物未来做出预测等。

在撰写统计分析报告时，借助计算机进行统计分析是一个非常现实的问题。利用计算机可以使统计分析的数据规模越来越大、分析的速度越来越快、分析软件不断优化、操作简单易学易用、可视计算前景诱人。目前有软件支持的统计分析方法有：水平分析法、结构分析法、因素分析法、平衡分析法、动态分析法、统计图示法、统计检验、方差分析、相关与回归分析、趋势分析、聚类分析、马尔科夫模型分析、统计预测、因子分析、判别分析、可靠性分析、生存分析等。

6）统计分析报告的写作要求

（1）主题突出

主题是统计分析报告的中心思想或基本论点。统计分析报告要根据统计研究的任务，抓住要解决的主要矛盾及矛盾的主要方面，进行统计分析工作。统计分析报告的内容要紧扣主题，抓住重点问题，突出主题思想加以阐述。

（2）材料和观点统一

统计分析报告必须以统计资料为依据，用统计资料来说明观点。统计分析报告必须要处理好材料与观点的关系，统计资料要支持报告所说明的观点，而观点要依据统计资料来阐述，做到材料与观点的辩证统一。

（3）判断推理符合逻辑

撰写统计分析报告要在统计资料的基础上进行深入分析，正确运用推理和判断的逻辑方法。判断是以准确的统计数字为依据的；推理是以充分的依据为前提。正确的判断和推理，从事物发展上说，就是要有根有据，符合客观规律性；从思维发展上说，就是要实事求是，合乎事物的逻辑性。

（4）结构严谨

统计分析报告内容的组织、构造要精细，无懈可击。这就要求思想周密、组织严谨。

（5）语言生动简练

统计分析报告如果用词烦琐，语言不通，词不达意，就不能较好地表述统计分析的结果。所以，写一篇较好的分析报告，要善于用典型的事例、确凿的数据、简练的辞藻、生动的语言来说明问题。

（6）报告要反复研究与修改

写统计分析报告与写其他文章一样，必须反复研究和反复修改，才能写出好的统计分析报告。在修改时应注意：

① 需要冷处理。写统计分析报告时要争取一气呵成，在修改时却要冷处理，如果时间允许可放一段时间，使头脑冷静后再修改，就能发现存在的不妥之处。

② 正确听取意见。一方面要听取上级领导的意见，一方面要听取其他统计人员的意见。

③ 抓重点修改。修改的重点主要是核实数字和情况是否准确，观点是否正确，论据是否充分，说理是否透彻，意义是否深刻等。

第四节　利用 Excel 进行综合评价

综合评价方法体现在综合评价的不同环节上。在确定评价指标体系时，如何确定各指标权重的方法很多，这里介绍如何利用 Excel 采用变异系数法确定指标的权重。

英国社会学家英克尔斯在综合评价一个国家或地区现代化程度时，其各项指标权重的确定方法就是采用了变异系数法。用下面的例子说明在 Excel 中使用变异系数法确定指标权重的过程。

例：选择包括中国在内的中等收入水平以上的近 40 个国家的 10 项指标作为评价现代化程度的指标体系，选取这些国家某一年的数据资料，计算这些国家的变异系数，反映各国在这些指标上的差距，并作为确定各项指标权重的依据。其标准差、平均数的数据见表 10-4。

表 10-4　现代化水平评价指标相关数据

指标	人均GNP/美元	农业占GDP比重/%	第三产业占GDP比重/%	非农业劳动力比重/%	城市人口比重/%	人口自然增长率/%	平均预期寿命/岁	成人识字率/%	大学生占适龄人口比重/%	每千人拥有医生/人	总和
平均数	11938.4	9.352	54.86	0.826	69.792	0.7214	72.632	93.34	36.556	2.446	—
标准差	7966.27	7.316	12.94	0.170	19.339	0.8319	5.375	9.050	20.477	1.314	—
变异系数											
权重											

利用变异系数法确定指标权重的具体步骤：

1. 将原始数据录入到单元格区域 A1：L5，如图 10-1 所示。

	A	B	C	D	E	F	G	H	I	J	K	L
1	指标	人均GNP（美元）	农业占GDP比重（%）	第三产业占GDP比重（%）	非农业劳动力比重（%）	城市人口比重（%）	人口自然增长率（%）	平均预期寿命（岁）	成人识字率（%）	大学生占适龄人口比重（%）	每千人拥有医生（人）	总和
2	平均数	11938.4	9.352	54.86	0.826	69.792	0.7214	72.632	93.34	36.556	2.446	-
3	标准差	7966.27	7.316	12.94	0.17	19.339	0.8319	5.375	9.05	20.477	1.314	-
4	变异系数											
5	权重											

图 10-1　现代化水平评价指标相关数据

2. 根据均值和标准差计算变异系数，计算结果如图 10-2 所示。

	A	B	C	D	E	F	G	H	I	J	K	L
1	指标	人均GNP（美元）	农业占GDP比重（%）	第三产业占GDP比重（%）	非农业劳动力比重（%）	城市人口比重（%）	人口自然增长率（%）	平均预期寿命（岁）	成人识字率（%）	大学生占适龄人口比重（%）	每千人拥有医生（人）	总和
2	平均数	11938.4	9.352	54.86	0.826	69.792	0.7214	72.632	93.34	36.556	2.446	-
3	标准差	7966.27	7.316	12.94	0.17	19.339	0.8319	5.375	9.05	20.477	1.314	-
4	变异系数	0.667	0.782	0.236	0.206	0.277	1.153	0.074	0.097	0.560	0.537	4.590
5	权重											

图 10-2　变异系数计算

3. 将各项指标的变异系数加总，在 L4 中输入“= sum（B4：K4）”，如图 10-2 所示。

4. 计算构成评价指标体系的这 10 个指标的权重，在 B5 中输入“= B4/L4”，B5 单元格中结果即为人均 GNP 的权重，其他指标的权重依此类推，如图 10-3 所示。

	A	B	C	D	E	F	G	H	I	J	K	L
1	指标	人均GNP（美元）	农业占GDP比重（%）	第三产业占GDP比重（%）	非农业劳动力比重（%）	城市人口比重（%）	人口自然增长率（%）	平均预期寿命（岁）	成人识字率（%）	大学生占适龄人口比重（%）	每千人拥有医生（人）	总和
2	平均数	11938.4	9.352	54.86	0.826	69.792	0.7214	72.632	93.34	36.556	2.446	-
3	标准差	7966.27	7.316	12.94	0.17	19.339	0.8319	5.375	9.05	20.477	1.314	-
4	变异系数	0.667	0.782	0.236	0.206	0.277	1.153	0.074	0.097	0.560	0.537	4.590
5	权重	0.145	0.170	0.051	0.045	0.060	0.251	0.016	0.021	0.122	0.117	1.000

图 10-3　各指标权重

◇ 本章要点 ◇

(1) 统计综合评价概述。统计综合评价也称统计综合分析，是指根据分析研究的目的，依据统计资料，运用统计方法，结合现象所处的具体环境和条件，对事物总体的规模、水平、速度、质量等方面做出的综合分析评价。统计综合评价具有数量性、综合性和相对性的特点。统计综合评价一般分为6个基本步骤。

(2) 统计综合评价指标体系。在构建统计综合评价指标体系时，各项指标的选择、各项指标权重系数的确定、对度量指标的无量纲化处理等是进行综合评价需要解决的问题。选择各项指标的方法有定性和定量方法。各指标权重的确定方法可以分为主观赋权法和客观赋权法两大类。对度量指标的无量纲化处理是通过数学变换来消除各项指标的量纲不同及其数值数量级间的悬殊差别所带来的影响，避免不合理现象的发生。

(3) 统计综合评价方法。统计综合评价的方法有多种，主要介绍了加权算术平均综合评价法、加权几何平均综合评价法、功效系数评分法和统计比较法等。

(4) 利用Excel进行综合评价。在确定评价指标体系时，利用Excel可以完成比如层次分析法等方法确定各指标权重。这里介绍了利用Excel采用变异系数法确定各指标权重的方法。

◇ 知识点梳理 ◇

知识点	具体内容
统计综合评价	指根据分析研究的目的，依据统计资料，运用统计方法，结合现象所处的具体环境和条件，对事物总体的规模、水平、速度、质量等方面做出的综合分析评价。
评价客体	在特定时间、地点下的一个或多个可比单位、事件、行为、态度的集合。
评价标准	判断评价客体价值高低或水平优劣的参照系。
权重系数	表示评价指标在整个统计指标体系中的作用程度。
统计平均法	根据所选择的各位专家对各项评价指标所赋予的相对重要性系数，分别求其算术平均值，计算出的平均数作为各项指标的权重。
变异系数法	直接利用各项指标所包含的信息，通过计算得到指标的权重，是一种客观赋权的方法。
层次分析法	将复杂的评评价对象排列为一个有序的递阶层次结构的整体，然后在各个评价项目之间进行两两的比较、判断，计算各个评价项目的相对重要性系数。
统计比较法	对被研究现象的总体规模的大小、发展水平的高低、发展速度的快慢及内部构成状况做出评价和判断，并研究事物之间的联系、结构和比例关系等。

◇ 练习题 ◇

一、单项选择题

1. 当实际值大于标准值时，单项指标评价值将(　　)。

A. 大于100%　　B. 小于100%　　C. 等于100%　　D. 以上都不对

2. 当一致性比率取(　　)时，才能认为判断过程的一致性水平是可以接受的。

A. 大于等于10%　　B. 小于等于10%　　C. 大于等于100%　　D. 小于等于5%

3. 评价指标体系中各指标的权重系数的和(　　)。

A. 大于1　　B. 小于1　　C. 等于1　　D. 以上都不对

4. 统计综合评价的核心是（　　）。

A. 评价客体　　B. 评价指标体系　　C. 评价标准　　D. 评价模型

5. 进行统计综合评价的第一步是确定（　　）。

A. 评价目标　　B. 评价指标体系　　C. 指标权重系数　　D. 评价标准

二、多项选择题

1. 统计综合评价与其他的评价分析方法相比较，具有（　　）特点。

A. 数量性　　B. 综合性　　C. 相对性　　D. 独立性

2. 统计综合评价标准有（　　）。

A. 定性评价标准　　B. 客观评价标准　　C. 主观评价标准　　D. 定量评价标准

3. 选择评价指标的定性方法包括（　　）。

A. 综合法　　B. 分析法　　C. 试算法　　D. 系统聚类法

4. 按照权重形成的数量特点不同，权重可分为（　　）。

A. 定性赋权　　B. 定量赋权　　C. 绝对数权重　　D. 相对数权重

5. 按比较的方式不同，统计比较法可分为（　　）。

A. 单项比较　　B. 相对比较　　C. 相差比较　　D. 综合比较

三、判断题

1. 确立评价指标体系要遵守客观性、可比性、可操作性等原则。（　　）

2. 加权几何平均综合评价法也称加法模型。（　　）

3. 变异系数法、层次分析法、德尔菲法都属于客观赋权法。（　　）

4. 被研究总体中所有指标的亲疏关系和并类选择情况可以绘制成一张系统聚类图。（　　）

5. 综合评价结果具有唯一性，不受主观因素的影响。（　　）

四、简答题

1. 什么是统计综合评价？它具有什么作用？

2. 统计综合评价的程序是什么？

3. 在确定统计综合评价指标体系时，选择评价指标的方法哪些？

4. 统计综合评价指标体系中各指标的权重确定方法有哪些？

5. 通常采用什么方法对评价指标进行无量纲化处理？

6. 统计综合评价的常用方法有哪些？

五、计算题（计算结果有小数保留到0.01，0.01%）

1. 根据附表10-1的资料，利用功效系数法评价甲、乙两企业经济效益的优劣。

附表10-1

指标名称	不允许值	满意值	权数	报告期指标	
				甲企业	乙企业
销售利润率/%	15	35	40	20	28
资本收益率/%	5	15	30	10	9
资本保值增值率/%	5	10	30	11	12

2. 我国几个省市2019年的相关资料如附表10-2所示：

附表 10-2

城市	地区生产总值/亿元	人均地区生产总值/(万元/人)	地区生产总值比上年增长率/%	第三产业产值比重/%	消费品零售总额/亿元	金融机构本外币存款余额/亿元	进出口总值/亿元	人均可支配收入/元
北京	35371.3	16.40	6.1	83.5	27318.9	171062.3	28663.5	67756
上海	38155.32	15.73	6.0	72.7	13497.21	132820.27	34046.82	69442
重庆	23605.77	7.58	6.3	53.2	7478.4	39483.20	5792.78	28920
浙江	62352	10.60	6.8	54.0	27176	131299	30832	49899
河北	35104.5	4.63	6.8	51.3	17934.2	72884.5	4001.6	25665
江西	24757.5	5.32	8.0	47.5	8421.6	38952.5	3511.9	26262

要求：

(1) 以上面资料中“最优值”为标准值，计算各省市单项指标的指数值；

(2) 假定以上各指标权重分别15、15、10、10、15、10、10、15，采用加权算术平均综合评价法评价其经济实力，并作出排序。

◇ 实训与案例讨论题 ◇

一、实训题

根据表10-1的数据，利用Excel，采用相对化无量纲法、标准化无量纲法预处理，用变异系数法确定各指标权重，用加权算术平均综合评价法进行综合评价。

二、案例讨论题

根据表10-1的数据进行实训练习，采用两种不同的无量纲处理方法所得的指标评价值和综合评价值，结果有何区别与联系？

第十一章　大数据时代的统计学

本章学习目的在于了解大数据的内涵与特征、大数据技术架构与大数据应用方向，理解大数据时代统计学面临的挑战、机遇及价值，了解大数据时代统计学的发展趋势。

［引例］　大数据应用案例

（1）医疗行业

Seton Healthcare 是采用 IBM 沃森技术进行医疗保健内容分析预测的首个客户。该技术允许企业找到大量病人相关的临床医疗信息，通过大数据处理，更好地分析病人的信息。在加拿大多伦多的一家医院，针对早产婴儿，每秒钟有超过 3000 次的数据读取。通过这些数据分析，医院能够提前知道哪些早产儿出现问题并且有针对性地采取措施，避免早产婴儿夭折。

乔布斯是世界上第一个对自身所有 DNA 和肿瘤 DNA 进行排序的人。为此，他支付了高达几十万美元的费用。他得到的不是样本而是包括整个基因的数据文档。医生针对所有基因按需下药，最终这种方式帮助乔布斯延长了好几年的生命。

（2）能源行业

在德国为鼓励利用太阳能，会在家庭安装太阳发电系统，供电企业除了卖电给你，当你的太阳能有多余电的时候还可以买回来。通过电网每隔五分钟或十分钟收集一次数据，收集来的这些数据可以用来预测客户的用电习惯等，从而推断出在未来 2~3 个月时间里，整个电网大概需要多少电。有了这个预测后，就可以向发电或者供电企业购买一定数量的电。通过这个预测后，可以降低采购成本。

（3）通信行业

法国电信 Orange 集团旗下的波兰电信公司 Telekomunikacja Polska 是波兰最大的语音和宽带固网供应商，希望通过有效的途径来准确预测并解决客户流失问题。他们进行客户细分，方法是构建一张“社交图谱”，分析客户数百万个电话的数据记录，特别关注“谁给谁打了电话”以及“打电话的频率”两个方面。运用这一方法，公司客户流失预测模型的准确率提升了 47%。

（4）零售业

北美零售商百思买在北美的销售活动非常活跃，产品总数达到 3 万多种，产品价格也随地区和市场条件而异。由于产品种类繁多，成本变化比较频繁，一年中变化可达四次之多。结果，每年调价次数高达 12 万次。最让高管头疼的是定价促销策略。公司组成了一个 11 人的团队，希望通过分析消费者的购买记录和相关信息，提高定价的准确度和响应速度。定价团队的分析围绕着三个关键维度：

① 数量：团队需要分析海量信息。他们收集了上千万的消费者的购买记录，从客户不同维度分析，了解客户对每种产品种类的最高接受能力，从而为产品定出最佳价位。

② 多样性：团队除了分析了购买记录这种结构化的数据外，也利用社交媒体发帖这种新型的非结构化数据。由于消费者需要在零售商专页上点赞或留言以获得优惠券，团队利用情感分析公式来分析专页上消费者的情绪，从而判断他们对于公司的促销活动是否满意，并微调促销策略。

③ 速度：为实现价值最大化，团队对数据进行实时或近似实时的处理。他们成功地根据一个消费者既往的麦片购买记录，为身处超市麦片专柜的他/她即时发送优惠券，为客户带来便利性和惊喜。

通过这一系列的活动，团队提高了定价的准确度和响应速度，为零售商新增销售额和利润数千万美元。

（5）网络营销行业

在竞争激烈的 SEM 市场中，企业需要一个高效的数据分析工具来尽可能地帮企业优化 SEM 推广，例如 BDP，来帮企业节省不必要的支出，提升整体的经营绩效。企业可借助数据平台提供的网络营销整合解决方案，打通各搜索引擎营销（SEM）、在线客服系统和 CRM 系统，营销竞价人员无需掌握复杂的编程技术，简单拖拽即可生成报表，观察每一个关键词的投入和产出，分析每一个页面的转化，有效降低投放成本。通过 BDP 实况分析数据，可快速洞悉对手关键词的投放时段、地域及排名，并对其进行可视化分析，实时监控自己和竞争对手投放情况，了解对手投放策略，支持自定义设置数据更新的时间点、监控频次和时段，及时调整策略。做到知己知彼，百战不殆。

（6）娱乐行业

微软大数据成功预测奥斯卡大奖。继 2013 年微软纽约研究院经济学家大卫·罗斯柴尔德（David Rothschild）利用大数据成功预测 24 个奥斯卡奖项中的 19 个后，2014 年又成功预测 21 项大奖，成为人们津津乐道的话题。

资料来源：来自网络。

第一节　大数据的产生与发展

大数据时代，统计学依然是数据分析的灵魂。2019 年 9 月 18 日，国家统计局与浙江省人民政府在京签署《共建统计大数据应用中心合作协议》，共同在浙江省杭州市建立统计大数据应用中心，深度挖掘大数据价值，共享大数据开发应用成果。什么是大数据？

一、大数据的内涵及特征

1. 大数据的定义

无论是 2001 年梅塔集团分析师道格·莱尼提出的大数据技术萌芽，还是 2008 年 IBM 公司的史密斯首次以“BIG DATA”的名词初步定义了大数据的含义，时至今日，科学界对大数据还没有给出一个完整准确的定义，不同领域的科学家们都从不同的视角诠释了大数据的基本含义。但是，纵观大数据发展的前世今生以及今后的发展趋势，大数据的含义可以归结为：大数据又称巨量资料，是在信息技术支撑下，利用全新的数据分析处理方法，在海量、复杂、散乱的数据集合中提取有价值信息的技术处理过程，其核心就是对数据进行智能化的信息挖掘，并发挥其作用。

大数据是一种无污染、可以被重复利用的新资源。数据不会自动产生分析结果，需要挖掘其有用信息，也可以简单理解为大数据是收集、组织、处理大型数据及洞察所需的非传统策略和技术的总称。

2. 大数据的特征

在当今充满数字化数据的时代，数据处理变得更加容易、更加快速，人们能够在瞬间处理成千上万的海量数据，为了在数据中理解信息内容，发现信息与信息之间的关系，人类从没有像今天这样对数据有那么深刻的认识。大数据具有以下特征：

（1）海量的数据规模。大数据的特征首先就体现为“大”，具有当前任何一种单体设备难以直接存储、管理和使用的数据量，大数据中所说的“大”也包括数据的全面性。这样就需要智能的算法、强大的数据处理平台和新的数据处理技术，来统计、分析、预测和实时处理如此大规模的数据。

（2）快速的数据流转和动态的数据变化。大数据的产生非常迅速，主要通过互联网传输。数据无时无刻不在产生，谁的速度更快，谁就有优势。大数据对处理速度有非常严格的要求，有批处理和流处理两种范式，以实现快速的数据处理。

（3）多样的数据类型。广泛的数据来源，决定了大数据形式的多样性。例如淘宝、网易云音乐、今日头条等平台，会利用推荐系统，通过对用户的日志数据进行分析，推荐用户喜欢的东西。多样化的数据来源正是大数据的威力所在。

（4）巨大的数据价值。数据就是资源，许多看似杂乱无章的数据，蕴含着巨大的潜在价值，其价值是由不同的应用目的而体现。大数据的最终挑战是实现价值。

（5）智能化数据挖掘。现实世界所产生的数据中，有价值的数据所占比例很小。因此，无论数据有多少，以何种形式来呈现，要想从数据中发现事物的规律，必须应用全新的方法分析数据，以得到有价值的信息。

二、大数据产生的背景

1. 信息科技进步

现代信息技术产业已经拥有 70 多年的历史，其发展过程先后经历了几次浪潮。首先是 20 世纪 60~70 年代的大型机浪潮，此时计算机体型庞大，计算能力不高。20 世纪 80 年代后，随着微电子技术和集成技术的不断发展，计算机各类芯片不断小型化，兴起了微型机浪潮。20 世纪末，随着互联网的兴起，掀起了网络化浪潮，越来越多的人能够接触到网络和使用网络。

近几年随着手机及其他智能设备的兴起，全球网络在线人数激增，人们生活已被数字信息所包围，而这些所谓的数字信息就是通常所说的“数据”，可以将其称为大数据浪潮。可以看出，智能化设备的不断普及是大数据迅速增长的重要因素。面对数据爆炸式的增长，存储设备的性能也必须要得到相应提高。美国科学家戈登·摩尔发现了晶体管增长规律的“摩尔定律”。在摩尔定律指引下，计算机产业会进行周期性更新换代，表现在计算能力和性能的不断提高上。同时，以前的低速带宽远远不能满足数据传输的要求，各种高速高频带宽不断投入使用，光纤传输带宽的增长速度甚至超越了存储设备性能的提高速度，被称为是超摩尔定律。

智能设备的普及、物联网的广泛应用、存储设备性能的提高、网络带宽的不断增长都是信息科技的进步，为大数据产生提供了储存和流通的物质基础。

2. 云计算技术兴起

云计算技术是互联网行业的一项新兴技术，它的出现使互联网行业产生了巨大变革，人们平常所使用的各种网络云盘就是云计算技术的一种具化表现。云计算技术通俗的说是使用云端共享的软硬件以及各种应用，来得到人们想要的操作结果，而操作过程则由专业云服务团队去完成。通俗地说，就像以前喝水需要自己打井、下泵，再通过水泵将水抽上来，而云计算就相当于现在的自来水厂，只要打开开关就有水流出，其他过程都由厂家完成，而你只要交费就行。通常所说的云端就是“数据中心”，目前国内各大互联网公司、电信运营商、银行乃至政府各部委都建立了各自的数据中心，云计算技术已在各行业得到普及。

云空间是数据存储的一种新模式，云计算技术将原本分散的数据集中在数据中心，为庞大数据的处理和分析提供了可能，可以说云计算为大数据庞大的数据存储和分散的用户访问提供了必需的空间和途径，是大数据诞生的技术基础。

3. 数据资源化趋势

从来源角度出发，大数据可以分为消费大数据和工业大数据。消费大数据是人们日常生活产生的大众数据，各大互联网公司早已开始积累和争夺此类数据。谷歌依靠世界上最大的网页数据库，充分挖掘数据资产的潜在价值，打破了微软的垄断；Facebook 基于人际关系数据库，推出 graph search 搜索引擎；在国内阿里和京东两家最大的电商平台也打起数据战，利用数据评估对手的战略动向、促销策略等。在工业大数据方面，众多传统制造企业利用大数据成功实现数字转型，表明随着“智能制造”的快速普及，工业与互联网深度融合创新，工业大数据技术及应用将成为未来提升制造业生产力、竞争力与创新能力的关键要素。

三、大数据发展历程

1. 萌芽阶段（20 世纪 90 年代~21 世纪初）

“大数据”的概念最初起源于美国，早在 1980 年著名未来学家阿尔文·托夫勒所著的《第三次浪潮》书中将“大数据”称为“第三次浪潮的华彩乐章”。随着 20 世纪 90 年代复杂性科学的兴起，不仅提供了复杂性、整体性的思维方式和科学研究方法，还带来有机的自然观。1997 年，NASA 阿姆斯科研中心的大卫·埃尔斯沃斯和迈克尔·考克斯在研究数据可视化问题时，首次使用了“大数据”概念。他们当时就坚信信息技术的飞速发展，一定会带来数据冗杂的问题，数据处理技术必定会进一步发展。1998 年，名为《大数据科学的可视化》的文章在美国《自然》杂志上发表，大数据正式作为一个专用名词出现在公共刊物之中。

这一阶段可以看做是大数据发展的萌芽时期，处于数据挖掘技术阶段。这时大数据还只是作为一种构想或假设被极少数学者进行研究和讨论，其含义也仅限于数据量的巨大，并没有更进一步探索有关数据的收集、处理和存储等问题。随着数据挖掘理论和数据库技术的成熟，一些商业智能工具和知识管理技术开始被应用。

2. 热门阶段（21 世纪初~2010 年）

这一阶段互联网行业迎来飞速发展时期，IT 技术不断地推陈出新，大数据最先在互联网行业得到重视。2001 年，麦塔集团（META Group，后被 Gartner 收购）分析师道格·莱尼提出数据增长的挑战和机遇有三个方向：量（Volume，数据量大小）、速（Velocity，数据输入输出的速度）、类（Variety，数据多样性），合称“3V”。在此基础上，麦肯锡公司增加了价值密度（Value），构成了“4V”的特征。

2005 年大数据实现了重大突破，Hadoop 技术诞生并成为数据分析的主要技术。2007 年，数据密集型科学的出现，不仅为科学界提供了全新的研究范式，还为大数据发展提供了科学基础。2008 年，美国《自然》杂志推出一系列有关大数据的专刊，详细讨论了有关大数据的一系列问题，大数据开始引起人们的关注。2010 美国信息技术顾问委员会（PITAC）发布了一篇名为《规划数字化未来》的报告，详细叙述了政府工作中对大数据的收集和使用，美国政府已高度关注大数据的发展。

这一阶段被看做是大数据的发展时期，大数据作为一个新兴名词开始被理论界所关注，其概念和特点得到进一步的丰富，社交网络的流行导致大量非结构化数据出现，传统处理方法难以应对，数据处理系统、数据库架构开始重新思考。随着相关数据处理技术的出现，形成并行计算和分布式系统，大数据开始展现其活力。

3. 时代特征阶段（2011~2016 年）

随着智能手机的应用，数据碎片化、分布式、流媒体特征更加明显，移动数据急剧增长。2011 年，IBM 公司研制出沃森超级计算机，以每秒扫描并分析 4TB 的数据量打破了世界纪录，大数据计算迈向了一个新的高度。随后麦肯锡发布了题为《海量数据，创新、竞争和提高生成率的下一个新领域》的研究报告，详细介绍了大数据在各领域中的应用情况及大数据的技术架构，提醒各国政府为应对大数据时代的到来，应尽快制定相应的战略。2011 年 12 月，工信部发布的物联网十二五规划，把信息处理技术作为 4 项关键技术创新工程之一被提出来，其中包括了海量数据存储、数据挖掘、图像视频智能分析，这都是大数据的重要组成部分。2012 年维克托·舍恩伯格进行《大数据时代：生活、工作与思维的大变革》宣传推广，大数据概念开始风靡全球。2012 年世界经济论坛在瑞士达沃斯召开，会上讨论了大数据相关的系列问题，发布了名为《大数据；大影响》的报告，向全球正式宣布大数据时代的到来。2012 年 7 月，为挖掘大数据的价值，阿里巴巴集团在管理层设立“首席数据官”一职，负责全面推进“数据分享平台”战略，并推出大型的数据分享平台。2014 年 5 月，美国白宫发布了 2014 年全球“大数据”白皮书的研究报告《大数据：抓住机遇，守护价值》，报告鼓励使用数据推动社会进步。另外，国内外学术界也针对大数据进行了一系列研究，如《纽约时报》、《自然》、《人民日报》等都推出对大数据的应用、现状和趋势等进行的大篇幅报道，同时哲学与社会科学界也出现了许多有影响力的著作，像舍恩伯格的《大数据时代》、城田真琴的《大数据冲击》等。2014 年，“大数据”首次写入我国《政府工作报告》；2015 年，国务正式印发《促进大数据发展行动纲要》，《纲要》明确指出要全力推动大数据发展和应用；2015 年 5 月首届数博会在贵阳召开，旨在打造国际性的数据产业博览会；2016 年，大数据产业“十三五”发展规划征求了专家意见，并进行了集中讨论和修改；2016 年 2 月，国家发展改革委、工业和信息化部、中央网信办同意贵州省建设国家大数据（贵州）综合试验区。

由于大数据技术的特点和重要性，国内外已经出现了“数据科学”的概念。大数据迎来了发展的小高潮，世界各国家布局大数据战略规划，将大数据作为国家发展的重要资产之一。

4. 爆发阶段（2017 年~至今）

从 2017 年开始，大数据已渗透到人们生活的各个方面，在政策、法规、技术、应用等多重因素推动下，迎来发展的爆发期。全国至少已有 13 个省成立 21 家大数据管理机构，大数据也成为高校的热门专业，申报数据科学与大数据技术本科专业的学校达到 293 所。2017 年 2 月 8 日，贵阳市向首批 16 个具有引领性和标志性的大数据产业集聚区和示范基地进行授牌，作为国家大数据综合试验区核心区；2017 年 4 月 8 日《大数据安全标准化白皮书》正式发布；2017 年 5 月 18 日全国首个《政府数据共享开放（贵阳）总体解决方案》通过评审，全国首部政府数据共享开放地方性法规诞生；2017 年 5 月 27 日在数博会现场《2017 中国地方政府数据开放平台报告》发布；2017 年 11 月《中国大数据人才培养体系标准》正式发布，2017 年 11 月 22 日，贵阳市委市政府出台《关于加快建成“中国数谷”的实施意见》，推出 100 个以上大数据应用领域（场景），聚集 10000 家以上大数据市场主体，成为全国大数据创新策源地。2019 年，我国大数据产业规模超过 8000 亿元，17 个省市建立了大数据局，283 所高校获批数据与大数据技术专业，全国成立了 100 多个大数据相关产业联盟，大数据研发人员超过 8 万人，研发投入超过 550 亿人民币。2021 年，北京、上海、四川、浙江、湖南、福建等多地密集规划 2021 年及“十四五”时期数字经济具体增长目标，加紧谋划布局一批数字经济项目，加快数字产业集群和数字经济创新发展试验区建设，进一步拓展数字经济发展新空间。

同时，2018 年达沃斯世界经济论坛等全球性重要会议把“大数据”作为重要议题，进行讨论和展望，大数据发展浪潮席卷全球。2017 年全球的数据总量为 21.6ZB，目前全球数据增长速度每年在 40%左右。预测至 2022 年，全球大数据市场规模达到 800 亿美元。随着人工智能、云计算、区块链等新科技和大数据的融合，大数据将释放更多的可能，迎来全面爆发式增长。

第二节　大数据技术架构与大数据应用方向

一、大数据技术架构

大数据是一系列技术的总称，它集合了数据采集、传输、存储、处理、分析、挖掘和可视化等技术，是一个庞大而复杂的技术体系。从大数据采集到应用的全过程，可以分为数据采集层、数据存储层、数据处理层、数据治理与建模层、数据应用层。

1. 数据采集层

数据采集层位于应用平台的底部，将平台读取或接受的数据转换为可被安全传输的数据。大数据采集层主要采用了大数据采集技术，实现对数据的抽取、转换和加载操作。

大数据时代的数据来源极其广泛。数据有不同的类型和格式，有结构化、半结构化和非结构化等形式，这对数据收集提出了更高的要求。数据收集需要从不同的数据源实时或及时地获取不同类型的数据并发送给存储系统或数据中间系统进行后续处理。数据收集一般可分为设备数据收集和 Web 数据爬取两类，常用的数据收集软件有 Splunk、Sqoop、Flume、Logstash、Kettle 以及各种网络爬虫。大数据采集的数据类型主要有互联网数据、系统日志数据和数据库数据三类。

目前，政府部门、互联网企业、运营商是当前大数据的主要拥有者。此外，利用网络爬虫或网站公开 API 等途径对网络数据进行采集也是大数据的主要来源。现实世界中数据大多不完整或不一致，需要对采集的数据进行填补、平滑、合并、规格化、检查一致性等数据预处理操作，往往需要大量的人工参与，因此数据采集和清洗成为大数据产业链一个重要环节。

2. 数据存储层

数据存储是数据流在加工过程中产生的临时文件或加工过程中需要查找的信息。数据以某种格式记录在计算机内部或外部存储介质上。数据的存储分为持久化存储和非持久化存储。持久化存储就是将数据保存到硬盘中，在应用程序或机器重启后可以继续访问之前保存的数据，如常见的分布式文件系统 HDFS、对应的分布式非关系型数据库系统 Hbase，以及另一个非关系型数据库 Mongodb。非持久化存储的特征是数据量不大，断电后数据会丢失，但读取速度非常快。非持久化存储一般采用散列（Hash）的 Key-Value 存储方式，适合使用缓存（Cache）的应用场景。

目前主要的数据存储介质类型包括内存、磁盘、磁带等；主要数据组织管理形式包括按行组织、按列组织、按键值组织和按关系组织；主要数据组织管理层次包括按块级组织、文件级组织以及数据库级组织等。不同的存储介质和组织管理形式对应于不同的大数据特征和应用特点。

目前大数据存储主要参与者以传统数据库企业为主，国际上主要有 IBM、Oracle、Intel、Green-plum、infor Matri Cloudera 等；国内主要有中兴、华为、用友、浪潮、托尔思、数据堂、九次方、亿赞普、达梦等。各企业针对大数据应用开展各具特色的数据库架构和数据组织管理研究，形成针对具体领域的产品。

3. 数据处理层

处理层负责所有原始数据的分类过滤、格式重组、数据加工、索引建立，是实现数据实时分析最主要的环节。通过处理层处理的数据，将输出给索引存储集群。

为了提高数据处理的质量，即保证处理结果有较高的准确性、完整性、一致性、时效性、可信性与可解释性等，需要对数据进行预处理。数据预处理包括数据清理、数据集成、数据归约与数据转换等内容。数据清理包括数据不一致性检测、脏数据识别、数据过滤、数据修正、数据噪声的识别与平滑等。数据集成把来自多个数据源的数据进行集成，缩短数据之间的物理距离。数据归约是在不损害挖掘结果准确性的前提下，降低数据集的规模，得到简化的数据集。数据转换不仅简化处理与分析过程、提升时效性，也使得分析挖掘的模式更容易被理解。

4. 数据治理与建模层

数据治理是指从使用零散数据变为使用统一数据、从具有很少或没有组织和流程治理到企业范围内的综合数据治理、从数据混乱状况到数据井井有条的一个过程。建模层是指根据业务需要，建立适用于业务的数据统计分析模型，建立大数据运行处理平台，运用数据分析、数据挖掘、深度学习等算法从生产数据集中挖掘出数据内在的价值，为业务系统提供数据和决策支持，实现对数据的深加工。数据治理方法包括聚类分析、因子分析、相关分析、回归分析、水桶测试、数据挖掘、布隆过滤器、散列法、索引、字典树等。

在大数据处理过程中，处理目标和方式呈现三个“I”的特性：近似性（Inexact），即大数据处理中精确性不再是绝对追求目标，而是从中快速预测出宏观趋势；增量性（Incremental），即大数据处理不仅要分析处理离线大数据，也要分析处理实时动态变化的数据；相关性（Inductive），即不是完全遵循依据结果找原因的处理模型，而是更加重视事物之间的关联性。

5. 数据应用层

数据应用层是大数据技术和应用的目标。它通常包括信息检索、关联分析等功能。数据可视化是数据应用层的重要技术，清晰而有效地在大数据与用户之间传递和沟通信息是数据可视化的重要目标。数据可视化技术将数据库中每一个数据项作为单个图元素表示，大量的数据集构成数据图像，同时将数据的各个属性值以多维数据的形式表示，可以从不同的维度观测数据，从而对数据进行更深入的观察和分析。数据可视化的关键技术包括数据信息的符号表达技术、数据渲染技术、数据交互技术、数据表达模型技术等四种。

大数据技术架构为大数据的业务应用提供了一种通用的架构，在实际应用中需要根据行业领域、公司技术积累以及业务场景，对业务需求、产品设计、技术选型和实现方案流程等进行深入具体研究，以形成符合具体业务需要的应用产品，包括基于大数据交易与共享、基于开发平台的大数据应用、基于大数据的工具应用等。

二、大数据应用方向

大数据价值创造的关键在于大数据的应用，随着大数据技术的飞速发展，大数据应用已经融入各行各业。国内以阿里巴巴、百度、腾讯、人大金仓、浪潮、曙光、南大通用为代表的互联网企业、云计算和数据库厂商纷纷加大应用推广力度，在国际先进的开源大数据技术基础上，形成各自的大数据平台和应用服务解决方案，以支撑不同行业不同领域的专业化应用。随着大数据应用的普及和深入，数据中心建设得到前所未有的重视，大数据应用分化为许多领域，形成了若干主要方向。

1. 大数据平台

目前，业界对大数据平台没有统一的定义，但一般情况下，使用了Hadoop、Spark、Storm、Flink等这些分布式的实时或者离线计算框架，建立计算集群，并在上面运行各种计算任务，这就是通常理解上的大数据平台。大数据平台应根据业务需求选择计算框架或者工具来搭建，从而满足业务需求。

2. 数据采集

数据采集又称为数据获取，是利用一种装置，从系统外部采集数据并输入到系统内部。数据采集技术广泛应用在各个领域。比如，摄像头、麦克风、Python 爬虫框架 Scrapy 等都是数据采集工具。

3. 数据仓库

数据仓库是一个面向主题的、集成的、相对稳定的、反映历史变化的数据集合，用于支持管理决策。数据仓库用于支持决策，面向分析型数据处理。它是对多个异构的数据源有效集成，集成后按照主题进行重组，并包含历史数据，而且存放在数据仓库中的数据一般不再修改，具有面向主题、集成和相对稳定等特点。

4. 数据处理

数据处理是对数据的采集、存储、检索、加工、变换和传输。数据处理的基本目的是从大量的、杂乱无章的、难以理解的数据中抽取并推导出对于某些特定的人们来说有价值、有意义的数据。其所需技术有 Hive、Hadoop、Spark 等。

5. 数据分析

数据分析是对数据加以详细研究和概括总结的过程，它采用适当的统计分析方法对收集来的大量数据进行分析，以提取有用信息并形成结论。基于统计分析方法做数据分析有回归分析、方差分析等。大数据分析如 Ad-Hoc 交互式分析、SQL On Hadoop。SQL On Hadoop 的技术有 Hive、Impala、Presto、Spark SQL，支持 OLAP 的技术有 Kylin。在实际应用中，数据分析可帮助人们作出判断，以便采取适当的行动。

6. 数据挖掘

数据挖掘是通过分析每个数据，从大量数据中寻找其规律的技术，主要有数据准备、规律寻找和规律表示三个步骤。数据挖掘的任务有关联分析、聚类分析、分类分析、异常分析、特异群组分析和演变分析等。

7. 机器学习

机器学习是一门多领域的交叉学科，涉及概率论、统计学、逼近论、凸分析、算法复杂度理论等多门学科。它专门研究计算机怎样模拟或实现人类的学习行为，以获取新的知识或技能，重新组织已有的知识结构使之不断改善自身的性能。它是人工智能的核心，是使计算机具有智能的根本途径，其应用遍及人工智能的各个领域，它主要使用归纳、综合而不是演绎。

8. 深度学习

深度学习是机器学习研究中的一个新领域，其动机在于建立、模拟人脑进行分析学习的神经网络，它模仿人脑的机制来解释数据，如图像、声音和文本。同机器学习方法一样，深度学习方法也分为监督学习与无监督学习。不同学习框架下建立的学习模型各不相同。例如，卷积神经网络是一种深度的监督学习下的机器学习模型，而深度置信网则是一种无监督学习下的机器学习模型。

9. 数据可视化

数据可视化作为一种统计学工具，用于创建一条快速认识数据的捷径，传达存在于数据中的基本信息，已经成为一种令人信服的沟通手段。数据可视化可以从狭义和广义两个方面进行理解，狭义上的数据可视化指的是将数据用统计图表方式呈现，广义上的数据可视化是信息可视化中的一类，因为信息是包含了数字和非数字的。整体而言，可视化就是数据、信息以及科学等多个领域图示化技术的统称。数据可视化起源于20世纪60年代计算机图形学，人们使用计算机创建图形图表。可视化提取出来的数据，将数据的各种属性和变量呈现出来。我们熟悉的饼图、直方图、散点图、柱状图等，是最原始的统计图表，它们是数据可视化最基础和常见的应用。

10. 数据应用

大数据技术能够将隐藏于海量数据中的信息和知识挖掘出来，为人类的社会经济活动提供依据，从而提高各领域的运行效率，大大提高整个社会经济的集约化程度。例如，通过采集驾驶员手机的GPS数据，可以分析出当前哪些道路正在堵车，并可及时发布道路交通提醒；通过采集汽车的GPS位置数据，可以分析城市哪些区域停车较多，也代表该区域有着较为活跃的人群。其应用领域主要在于：

一是理解客户、满足客户服务需求。应用大数据可以更好地了解客户以及他们的喜好和行为。例如，通过大数据的应用，电信公司可以更好预测出流失的客户，沃尔玛可以更加精准预测哪个产品会大卖，汽车保险行业会了解客户的需求和驾驶水平等。

二是业务流程优化。例如，通过大数据的剖析，优化供应链以及配送路线、人力资源业务中优化人才招聘等。

三是提高医疗和研发水平。大数据的分析计算能力可以在几分钟内解码整个DNA。同时，它可以帮助我们更好地去理解和预测疾病。大数据技术在医院应用监视早产婴儿和患病婴儿情况，医生针对婴儿身体可能会出现不适症状做出预测，以帮助医生更好的救助婴儿。

四是提高体育成绩。例如，使用视频分析所有可量化的数据，追踪足球或棒球比赛中每个球员的表现。

五是优化机器和设备性能。例如，谷歌公司利用大数据工具研发谷歌自驾汽车；丰田的普瑞维亚配有相机、GPS以及传感器，人们能够安全地驾驶车辆。

六是改善安全和执法。美国安全局利用大数据进行恐怖主义打击。警察应用大数据工具抓捕罪犯。企业则应用大数据技术进行网络攻击防御。

七是改善城市。例如，帮助城市预防犯罪，基于城市实时交通信息，利用社交网络和天气数据来优化最新的城市交通情况，实现智慧交通。

八是金融交易。大数据算法可以应用于买卖决议，如量化投资及智能投顾等。

第三节　大数据时代统计学面临的机遇与挑战

大数据时代，人们越来越重视数据，对于数据的分析越来越普遍，统计的作用也越来越大。数据统计是最基本、最传统的数据分析，是指通过统计学方法对数据进行排序、筛选、运算、统计等处理，从而得出有意义的结论。在当今各个领域，人们利用统计学方法收集数据、处理数据、分析数据，挖掘数据背后的规律，预测未来的发展趋势。大数据时代，统计学处理的数据类型、质量和数量等发生了根本的变化。

一、大数据时代统计学面临的挑战

统计学是一门传统的学科，无论是学科理论领域内还是生产实践过程中，统计学发展已十分成熟，存在着许多成熟的研究成果。统计学的不断发展为人类社会生产带来极大的影响。随着大数据时代数据呈现海量、分散式的分布状态，其对统计学的影响也是较为明显的。一方面，大数据时代数据之“大”已超出人们的想象，数据之“全”让人们对于事情的认知更加全面，大数据的多样性、大体量改变了数据样本与总体之间的关系；另一方面，大数据的数据多样性特点，改变了传统统计对数据统计分析的主观诉求，过去人们通过统计分析更偏向于追求“为什么”，而现在的统计分析更趋同于追求“是什么”。这一系列的影响对于统计学的进一步发展提出了新的挑战。

1. 样本选取以及标准确定的难度加大

样本统计属于统计学的核心内容，统计学通过样本统计对客观事物数量特点、数量关系等展开研究。在大数据背景下，样本与总体之间的局部与整体之间的关联性将会进一步地降低，造成样本即是总体的变化趋势，因而会造成大样本的标准化的变更。数据来源的多样化进一步提升了样本数量，继而提升了统计的精确度，促进了统计学学科高精尖的发展。样本数量越来越多，且从网络环境中采集到的数据多半属于非结构化的数据，而传统统计学要求结构化数据，利用传统的关系数据库难以对非结构数据进行有效的转换，难以挖掘大数据大样本数据中的潜在信息。大数据时代统计样本的选取工作难度不断提升，传统统计学缺乏非结构数据的建设，难以发挥出大数据时代大数据库有效转换非结构与结构数据的优势，也为统计学的进一步发展提出了新的挑战。

2. 统计软件以及统计方法的欠缺

随着计算机技术的快速发展，基于计算机运算环境的统计学软件应运而生。统计学软件的使用有效提升了统计学对数据分析和处理的效率和精准率，统计模型更有利于一般性统计工作的实践操作。大数据背景下，现阶段发展较为成熟的统计学软件如 SPSS、DPS 等，尚不能够实现大数据高速传输与存储功能，软件功能还需要进行一定的开发和升级。与此同时，数据在大数据时代下属于一项资本，其被开发的水平还略显不足，绝大多数被互联网、搜索引擎以及电子商务等相关 IT 公司、统计机构所掌握。在实际工作中，由于大数据时代统计工作发展速度较快，往往导致统计工作中使用的方法与大数据时代的节奏不符，使得数据统计不及时、数据统计效率较低、缺乏有效的数据管理工作对策等，影响了统计工作的效率。

3. 统计执法过程难度加大

大数据时代，如何在海量且不断变化的信息中去除大量干扰数据并筛选出真正有价值的信息，这对统计执法人员来说是无法回避的巨大挑战。目前存在低水平重复建设数据平台，数据资源不能有效共享，导致大数据应有的优势无法得到充分的发挥。

二、大数据时代统计学面临的机遇

随着计算机互联网、搜索引擎、电子商务、多种传感器和多媒体技术的发展和广泛使用，各种形式的数据如江河流水般地涌来，统计学发展也面临着一些新的机遇。

1. 统计效率的提升

在大数据时代，统计学的统计效率得到了更好的体现。一方面，大数据的多样化、及时性特征能够有效弥补传统统计中数据的滞后性问题，有效提升了统计的时效性；另一方面，大数据的高速传输为统计动态数据收集提供了保障。同时，大数据可被频繁反复应用，采集的统计数据不再单单局限于一种相关用途，其能够服务于各种不同的需求。对采集数据应用的次数逐步增多，数据所具备的潜在价值被更全面的挖掘，而采集数据所产生的成本并不会受数据应用的次数所影响，其成本出现下降趋势。

2. 统计学科体系的新延伸

大数据引入到统计学科中，庞大的数据使得样本的选取、标准划分都产生了新的变化，传统统计中的样本统计会进一步朝向总体统计的方向发展，能够有效消除统计总体数据收集难度，弥补样本统计的数据采集不足，有效延伸统计学科体系。

3. 统计学科的应用范围扩大

传统的统计学实践是为了了解一个结果或者一个原因，但基于大数据的统计学科向人们展示的是一个具体的过程。大数据到处可得，人们将会用“数据”驱动“研究问题”，而这种功能性改变促进了统计学应用范围的进一步扩大。在大数据背景下，数据本身所含有的信息更加丰富化和多元化，基于海量用户下的网络数据所包含的信息极为广阔，而这些信息涉及到人们生活中的各个方面，这些信息一旦被深入挖掘出来，将会促进许多产业的快速发展。传统统计学的结构化数据局限会逐步被去除，在非结构或半结构的数据统计下，统计学将会应用到许多传统意义上无法数据化的行业领域中。

大数据时代下统计学是科技和社会经济的主要价值体现，机遇与挑战并存。在日新月异的科技发展中，统计学要与时俱进，深入研究大数据的时代特征，有效与传统统计学结合起来，完善创新机制，不断接受新挑战，以适应大数据时代发展的要求，促进统计学科的进一步发展。

三、大数据时代下统计学的价值

1. 统计学是收集数据的艺术

统计学是一门收集数据的艺术，其艺术性体现在哪里呢？下面利用一个实验来进行分析。

早在 17 世纪初，英国海军由于长时间在海上作业，经常会患坏血病，皮肤上出现灰色的斑点及牙龈大量出血。他们试图找出患病的原因，发现可能是由于缺乏柑橘类水果所引发的。为验证这一想法，英国海军做了一个实验。当时有四艘海军军舰要离开英国在海上做长期航行，海军部的实验人员安排其中一艘军舰上的海军每天喝柑橘汁，而其他三艘军舰则未供应柑橘汁。还未等到航行结束，三艘没有喝柑橘汁船上的海军就成批出现坏血病，而每天喝柑橘汁的海军们则几乎没有患病。

在这项实验中不难发现，实验人员利用了统计学收集数据的方法设置了实验组和对照组，每天喝柑橘汁的海军与未喝柑橘汁的海军被分别定义为实验组和对照组，进而形成对比。如果在实验中未安排对照组，则无法断定柑橘汁这一因素对坏血病发病的影响。

仔细分析上述实验设计，仍存在一些不足之处，主要体现在以下两点：(1) 由于四艘军舰航行路线不相同，导致实验组和对照组所处的外部环境有差异，应在同一艘军舰上都安排每天喝柑橘汁和不喝柑橘汁的海员，这样就排除了军舰受外部环境的影响。(2) 各个海员身体条件不一定相同，所以实验者应随机安排在各艘军舰上，这样同一艘军舰上健康与不健康的海员数量相差不大，可以排除海员身体情况的差异，使得实验结果更加令人信服。

想要设计一个好的实验并不是件容易的事情，特别在搜集数据方面。实验组和对照组的产生要完全随机，并在相同的条件背景下进行实验。例如，在收集一种新药或者新疗法是否有效的数据过程中，可以先将实验对象按照年龄、性别、身体条件等因素进行相应的分组，并将分组结果分别对患者与医生保密，构成一种双盲法实验，这样才会使得收集数据的结果更加准确与可信。由此不难看出统计学是一门收集数据的艺术。

2. 统计学是分析数据的艺术

通过设计严谨科学的数据收集方案并实施后，获得了为研究某一问题所需的数据。但仅仅拥有这些数据是远远不够的，人们很难从纷繁复杂的数据中直接找到有价值的信息，所以还需要对收集到的数据进行分析以获得有用的信息。

在数据分析中，首先需要明确两个概念：相关与因果，因为人们常常会混淆这两个概念。尤其在当今的大数据时代，可以收集到海量的数据，相关关系似乎已代替了因果关系，但对于绝大多数科学研究与政策的制定，往往人们更加依靠因果关系。但当两个事物呈现相关关系时，人们可能误将这种关系理解为因果关系。下面通过一个例子来理解这一点。

利用统计数据，发现每年短裤、短裙销量增加的同时，各地区溺水身亡的人数也在不断增加，那么可以说这是一种因果关系吗？仔细分析就能发现其中的缘由。每年短裤、短裙销量增加的季节都为夏天，夏天由于天气炎热，有更多的人会选择去户外游泳，不幸溺水身亡的人数自然就会增加。这两个事件其实都是受到季节的影响，呈现出一种相关关系。若两件事物存在着因果关系，那么它们之间也一定存在着相关关系，而反之则不一定成立。

下面再看一个案例。康奈尔大学曾经做过一个有关上大学对保持独身有什么影响的调查，调查了 1500 名中年毕业生，发现其中男性 93%已结婚，而社会上同年龄段的已婚比例为 83%。但是女性只有 65%已结婚，未婚女性是社会上同年龄段女性的 3 倍之多。看到这段文字时，特别对于女性来说，她们会认为上大学会减少未来获得丈夫的概率，而文章的确是这么说的。更何况这项统计数据是来自于世界知名学府，其真实性是毋庸置疑的。但需要注意的是，上述结论并不是康奈尔大学得出的，一些不了解统计学的粗心读者往往会这么认为。这同样是利用一个真实的相关关系得到未经证实的因果关系，而这种因果关系有可能是恰恰相反的，被调查的女性如果不上大学可能依旧保持单身，说不定单身数目还会更多。所以上述所得出的“结论”未必是真实的。

可以发现，即使拥有多方面的数据，如果缺少统计知识的话，依旧有可能掉入统计陷阱。目前许多科学研究以及政策制定几乎都依赖于因果关系，而不是相关关系，而真正的因果关系又大多是建立在统计学基础上的，这也是统计学分析艺术性的体现。

3. 大数据时代下统计学的实际应用价值

人们常说，一种新生事物的诞生必将导致旧事物的灭亡或革命。而大数据时代到来对传统统计学会带来何种影响呢？若大数据时代真的可以将各种数据全部收集到，还需要基于抽样的统计学吗？

大数据不可能将所有数据全部进行采集。或许随着科技的提升，人们真的有能力收集到全部的数据，但其实这些数据也是一种被选择的数据，并不一定揭露事物的本质。在这些数据中存在着各种随机的与非随机的误差，很难进行衡量；采集这些数据也需要大量的人力、物力、财力。而数据也不是越多越好，数据的量越大其所含的信息量就越大，反而会增加在数据中寻找规律的难度。与之相比，统计学是基于合理概率抽样的科学，有着较深的理论基础与科学性，可以通过抽样设计搜集到为某一特定研究目所需要的优质数据，从而实现数据的化繁为简。

正如前面案例讨论的罗斯福与兰登竞选美国总统的预测，当时影响力与声誉都很高的《文学文摘》杂志，通过杂志上的调查问卷回收到 240 万份，通过分析宣布兰登将会赢得大选。年轻的盖洛普预测罗斯福会在大选中继续连任，最后的结果是罗斯福再次赢得了大选，为什么盖洛普 5 万人的数据会比 240 万条数据得到的结论更加准确呢？其实文学文摘在调查方式上已为自己的失败埋下了伏笔，它调查的对象都是订阅期刊的读者，而订阅这份期刊的读者都是当时家境较为富裕的群体，那么调查结果想必会有偏颇。虽然搜集到的数据量足够海量，但缺少了严谨的实验设计，最终还是会造成调查的失败。有时数据数量并不是越多越好，数据搜集的质量其实更为重要，利用有代表性的数据进行分析才能得到准确的结论。

杭州警方利用大数据统计破获了失踪案。2020 年 7 月 25 日，杭州江干来女士失踪遇害案得到侦破，来某某丈夫许某某初步交代，其因家庭生活矛盾对来某某产生不满，于 7 月 5 日凌晨在家中趁来某某熟睡之际，将其杀害并分尸并分散抛弃。中国警察网公布了《杭州江干侦破纪实》，还原杭州女子失踪案侦破过程。警方此次的工作量统计如下：

百余名专业视频侦查员，24 小时连轴，查看 6000 小时的监控；

小区 6 幢单元楼、379 户人家、1075 名住户，一一走访询问，全部详细记录重点时段活动情况。

1 万多平方米地下车库，以及所有电梯井、水箱、窨井、储物柜、烟道、通风管道等隐秘部位，先后 4 次地毯式排查，逐一排除藏匿可能。

从 22 日 15 时到 23 日 16 时，民警在接近 40℃的高温天气下，身着全封闭的隔离服，在恶劣的环境下连续奋战 25 小时，抽取了 38 车污秽物进行冲洗、筛查，最终发现失踪来女士的人体组织。7 月 23 日 10 时，经连夜审讯攻坚，突破了嫌疑人许某某的口供。

大数据时代可获得的数据量确实是巨大的，一些传统的小样本统计学方法可能不再适用。因此需要适应这种潮流，改变传统的统计学思维，使其找到可以有效获取、处理、分析大数据的方法，获得更为准确可靠的结论。

大数据时代给统计学带来了发展机遇，统计学的地位仍然是不可撼动的，其依旧是处理分析数据的有效方法。与此同时，大数据也给统计学带来了一定的挑战，如何转换传统的统计学思维，使之可以更好地适应与解决大数据问题并不是件易事，需要统计学家与社会各界人士的不断努力。但无论如何，统计学都在当今这个大数据时代仍具有极强的价值与意义。

第四节　大数据时代统计学的发展趋势

大数据时代的到来，是统计学发展史上的里程碑，给统计学的发展带来了前所未有的机遇，但同时也对统计学提出了更多的挑战，传统统计学将在以下方面发生变革：

一、样本概念的深化

传统统计学利用研究中实际观测或调查的一部分个体（样本），通过统计方法进行统计推断，从而了解总体的情况。大数据时代，数据大部分为网络数据，可将其分为两种类型：静态数据和动态数据。

静态数据是当客户在查看数据的时候已经被生成好了，没有和服务器数据库进行交互的数据。此类数据的最大特点是：样本等同于总体，这样无需去提取样本并检测样本的可用性，减少了成本，并且对总体的反映更为准确，减少了误差。

动态数据是随着时间的推移而变化的，比如网络访问量、在线人数等。此时，总体表现为历史长河中所有数据的总和，而人们分析的对象为“样本”。这里的“样本”与传统样本的概念不同，因其并非局限于随机抽取的数据，更可以是选定的与分析目的相关的数据。

二、数据类型的扩大

传统统计学的数据为结构化数据，即可以用常规统计指标或图表表现出来的定量数据或专门设计的定性数据，有固定的结构和标准。

大数据是指不仅包括结构化数据，还包含非结构化数据、半结构化数据或异构数据，即一切可以记录和存储的信号。

结构化数据，即行数据，存储在数据库里，可以用二维表来逻辑表达的数据，如：学生姓名、学号等。

非结构化数据是不方便用数据库二维逻辑表来表现的数据，如：图像、音频、视频等。

半结构化数据或异构数据，它是结构化的数据，但是结构变化很大。既不能将数据简单的组织成一个文件按照非结构化数据处理，也不能够简单的建立一个表与之对应，如员工的简历等。

三、收集概念的扩展

传统统计中，数据的收集需要根据统计分析的目的进行，过程包括设计调查方案、严格控制调查流程，因此具有低效率、高成本的缺点。大数据时代，对数据的收集分为三步：

(1) 数据预处理，包括识别与整理；

(2) 数据分析，提炼有价值的信息；

(3) 数据存储。

大数据时代下，对于超大量可选择的数据，需要有针对性的收集，同时，在存储能力、分析能力、甄别数据的真伪、选择关联物、提炼和利用数据、确定分析节点等方面都需要斟酌。

四、数据来源不同

传统统计中是根据研究目的去收集数据，来源通常是已知的，很容易对数据提供者的身份进行识别或进行事后核对。

大数据的来源一般为信息网络系统，收集的数据是一切被人为记录的信号，不具有很强的目的性，数据的来源也很难追溯。在大数据时代，努力打造统计数据来源第二轨就显得尤为重要。

五、量化方式的变化

传统数据为结构化数据，对数据的量化方式已经相当成熟，并且比较容易得到可以直接进行分析的数据结果。

大数据时代主要面对的是非结构化数据，Franks 说过："几乎没有哪种分析过程能够直接对非结构化数据进行分析，也无法直接从非结构化的数据中得出结论"。目前，计算机学界已着手研发处理非结构化数据的技术，从统计角度直接处理非结构化数据或将其量化成结构化数据，这是一个重要的研究领域。

六、分析思维的改变

分析思维的改变体现在统计分析、实证分析、推断分析三个方面。

1. 统计分析

传统的统计分析过程分三步：定性—定量—再定性。首先通过经验判断找到统计方向，即目的；其次对数据进行量化、分析、处理等；最后根据结果得出结论。

大数据时代，统计分析过程则分为两步：定量—定性。基础性工作就是找到"定量的回应"，直接从各种"定量的回应"中找出有价值的、为人们所需要的数据，并通过分析找到数据的特征和数量关系，进而据此做出判断与决策。

2. 实证分析

传统的统计实证分析思路是：假设—验证。首先提出假设，接着按照统计方法进行数据的收集、分析、展示，最后通过所得到的结论对假设进行验证，事实证明，这种实证分析存在很大误差。

大数据时代实证分析思路是：发现—总结。对数据进行整合，从中寻找关系、发现规律，然后再加以总结、形成结论，这将有助于发现更多意外的"发现"。

3. 推断分析

传统的统计推断分析过程是：以分布理论为基础，在概率保证的前提下，对总体进行推断，通常是根据样本的特征去推断总体的特征，推断是否正确取决于样本的好坏。

大数据时代统计推断分析过程是：以实际分布为基础，根据总体的特征，进行概率判断，在静态或者动态的某个时点，大数据所需处理的对象为总体数据，不需要根据分布理论推断总体的特征，而要根据计算方法进行。

七、统计软件的增多

传统统计学以统计模型和软件为基础进行数据分析处理，统计模型的作用在于对数据间的数量关系进行构建，统计软件是分析和处理数据的工具，需要研究者自主输入经过处理的数据以及统计模型的公式等。常见的统计软件有 SAS、R、STATA、SPSS、MATLAB 等。

大数据所依赖的数据分析技术为非关系型的，以数据中心为基础。若将统计软件与大数据结合起来，则统计分析的过程可以得到很大程度上的简化。

◇ 本章要点 ◇

（1）大数据的产生与发展。大数据是人类认知世界的技术理念，是在信息技术支撑下，利用全新的数据分析处理方法，在海量、复杂、散乱的数据集合中提取有价值信息的技术处理过程，其核心就是对数据进行智能化的信息挖掘，并发挥其作用。大数据的发展可以分为三个阶段。

（2）大数据技术架构与大数据应用方向。从大数据采集到应用的全过程，可以分为数据采集层、数据存储层、数据处理层、数据治理与建模层、数据应用层等。大数据应用集中在大数据平台、数据采集、数据仓库、数据处理、数据分析、数据挖掘、机器学习、深度学习、数据可视化、数据应用等方面。

（3）大数据时代统计学面临的挑战与机遇。主要面临两方面挑战及三方面的机遇。

（4）大数据时代统计学的发展趋势。大数据时代下，传统统计学将主要在七方面发生变化。

◇ 知识点梳理 ◇

知识点	具体内容
大数据	大数据是人类认知世界的技术理念，是在信息技术支撑下，利用全新的数据分析处理方法，在海量、复杂、散乱的数据集合中提取有价值信息的技术处理过程，其核心就是对数据进行智能化的信息挖掘，并发挥其作用。
大数据技术	是一个庞大而复杂的技术体系，它集合了数据采集、传输、存储、处理、分析、挖掘和可视化等技术。

◇ 练习题 ◇

一、单项选择题

1. 大数据的起源是（　　）。

A. 金融　　B. 电信　　C. 互联网　　D. 公共管理

2. 智能健康手环的开发应用，体现了(　　)数据采集技术的应用。

A. 统计报表　　B. 网络爬虫　　C. API 接口　　D. 传感器

二、多项选择题

1. 大数据的特征包括(　　)。

A. 海量的数据规模　　B. 快速的数据流转和动态的数据变化

C. 多样的数据类型　　D. 巨大的数据价值

E. 智能化数据挖掘

2. 从大数据采集到应用，大数据技术分为(　　)等层次。

A. 数据采集层　　B. 数据存储层

C. 数据处理层　　D. 数据治理与建模层

E. 数据应用层

三、判断题

1. 大数据时代抽样调查方法将失去其原有的价值。　　(　　)

2. 大数据和统计学两者在本质上是相互联系、相互促进、缺一不可。　　(　　)

3. 大数据采集的数据类型主要有两类。　　(　　)

4. 动态数据不随时间的推移而变化。　　(　　)

5. 如果拥有多方面的数据，若缺少统计知识依旧有可能掉入统计陷阱。　　(　　)

四、简答题

1. 什么是大数据？它具有哪些特征？

2. 大数据技术架构分为哪几个层次？

3. 大数据应用主要有哪些领域？

4. 大数据时代统计学面临哪些挑战和机遇？

5. 大数据时代下统计学的价值体现在哪些方面？

6. 大数据时代统计学的变革与发展表现在哪些方面？

◇ 案例讨论题 ◇

大数据，大偏差——谷歌的流感预测模型真的靠谱吗？

谷歌利用检索特定词条出现的频率成功预测禽流感的故事是一个经典案例，频频出现在各种推销大数据的书籍和演讲中。维克托·迈尔·舍恩伯格的被奉为教科书的《大数据时代》一书中就引用了这个例子。

2009 年，在甲型 H1N1 流感爆发之前，谷歌用“谷歌流感趋势（GFT）”模型成功预测了流感在美国境内的传播。这个预测结果在时间上非常迅速、在空间上非常准确，令整个美国震惊。谷歌也因此一鸣惊人，奠定了它在数据界“泰山北斗”的江湖地位。那么，谷歌是怎么做到的呢？

他们发现疫情的发展可以和某些关键词被搜索的频率很好地联系起来，比如“发烧”“头痛”、“咳嗽”等。这些词出现的频率越高，爆发流感疫情的可能性就越大。谷歌对这些关键词的搜索记录进行检测和记录，同时利用地图定位到相关的区域，在号称“不需要理论模型”和“不需要医学知识支持”的情况下，通过海量数据分析，快速、准确地预测了流感爆发的趋势和具体的传播范围。

然而，谷歌的流感预测模型非常遗憾地没有经得住实践和时间的考验。在 2011-2013 年的三年期间，模型的预测出现严重偏差：一直处在高估流感的状态。其中最严重的偏差出现在 2013 年 1 月，谷歌产品显示的数据是美国疾病控制中心汇总数据后得到的实际结果的两倍，这样的偏差显然超出了人们可以接受的范围。

讨论：

(1) 二手数据问题

目前，大数据中的数据多为二手数据，其一般是在没有任何目的的情况下收集的。过程中缺乏监督，导致数据本身质量不高，充满“噪声”。

请就大数据中的二手数据问题提出你的看法。

(2) 相关关系和因果关系问题

A 和 B 是相关关系，是指 A 发生的同时往往伴随着 B 的发生。相关关系至少包括 5 种可能性：A 导致 B；B 导致 A；C 导致 A 和 B；A 和 B 互为因果；小样本引起的巧合。而因果关系是指 A 导致 B 发生，或者 B 导致 A 发生。

大数据专家维克托・迈尔・舍恩伯格觉得大数据的核心思想就是要承认数据的不完美。而从统计学的层面上去理解，这个问题恰恰为今后的数据分析埋下隐患。

请就大数据中相关关系分析提出你的看法。

附录一　自测题

一、判断题（10 分）

1. 在进行工业设备调查时，调查单位与报告单位是一致的。（　　）

2. 对于两个算术平均数不等的数列，可通过标准差来比较其标志变动程度大小。（　　）

3. 若决策者感到客观形势不利，其本身比较保守，可以采用等可能性法进行决策。（　　）

4. 负相关指的是两个变量变化趋势相反。（　　）

5. 统计整理既是统计调查的继续，又是统计分析的开始，在统计工作中起承上启下的作用。（　　）

6. 利用相关系数与散点图可以判定时间序列是否具有直线趋势。（　　）

7. 可以用累计增长量除以时间数列的项数来计算平均增长量。（　　）

8. 抽样极限误差可以小于、大于或等于抽样误差。（　　）

9. 编制质量指标指数时应以基期的数量指标为同度量因素。（　　）

10. 指标与标志在研究对象发生变化后，它们也会发生变化。（　　）

二、单项选择题（10 分）

1. 如果相关系数取值为 0，表明现象之间存在着(　　)。

A. 高度相关　　B. 完全相关　　C. 无直线相关关系　　D. 显著相关

2. 等距抽样的误差与整群抽样的误差相比较，(　　)。

A. 前者小　　B. 前者大　　C. 两者相等　　D. 大小不定

3. 要了解某班 30 名同学的学习情况，总体单位是(　　)。

A. 30 名同学　　B. 每 1 名同学

C. 30 名同学学习成绩　　D. 每名同学的学习成绩

4. 某厂 2020 年产品单位成本比 2019 年提高了 5.8%，产品产量结构影响指数为 96%，则该厂总平均单位成本(　　)。

A. 提高 1.57%　　B. 提高 1.8%　　C. 下降 4%　　D. 下降 9.26%

5. 某地的地区增加值 2020 年比 2017 年增长 87.5%，2019 年比 2017 年增长 50%，则 2020 年地区增加值比 2019 年增长(　　)。

A. 37.5%　　B. 125%　　C. 115%　　D. 25%

6. 众数是由变量数列中(　　)。

A. 标志值大小决定的　　B. 极端数值决定的

C. 标志值平均水平决定的　　D. 标志值出现次数多少决定的

7. 编制变量数列时，若有特大或特小的标志值，应采用(　　)。

A. 闭口组　B. 开口组　C. 单项分组　D. 等距分组

8. 抽样成数是一个(　　)。

A. 结构相对数　B. 比较相对数　C. 比例相对数　D. 强度相对数

9. 同度量因素的作用有(　　)。

A. 比较作用　B. 稳定作用　C. 权数作用　D. 估算作用

10. 某连续变量数列，其末组为开口组，下限为 600，又知其相邻组的组中值为 580，则末组的组中值为(　　)。

A. 620　B. 510　C. 500　D. 490

三、多项选择题（10 分）

1. 我国第七次人口普查属于(　　)。

A. 全面调查　B. 专门调查　C. 一次性调查　D. 经常性调查

2. 几种主要农产品收购价格综合指数属于(　　)。

A. 总指数　B. 个体指数　C. 数量指标指数　D. 质量指标指数

3. 确定相关关系的主要方法是(　　)。

A. 绘制相关图　B. 编制相关表　C. 计算相关系数　D. 配合直线回归方程

4. 不重复抽样的平均误差(　　)。

A. 总是大于重复抽样的平均误差

B. 总是小于重复抽样的平均误差

C. 有时大于或小于重复抽样的平均误差

D. 在 n/N 很小时，几乎等于重复抽样的平均误差

5. 对于组距数列，组距的大小与(　　)。

A. 组数多少成反比　B. 组数多少成正比　C. 全距大小成正比　D. 全距大小成反比

四、简答题（20 分）

1. 什么是统计综合评价？它具有什么作用？
2. 正确选择分组标志应遵循哪些原则？
3. 统计工作的全过程包括哪些环节？各环节之间存在什么关系？
4. 什么是统计决策？它包含哪些要素？

五、计算题（50 分，计算结果有小数保留到 0.01，0.01%）

1. 从 10000 件产品中，随机抽取 2%进行耐用性检查，结果见附表 1：

附表 1

耐用时间/小时	产品数/件
1000 以下	6
1000-1100	14
1100-1200	53
1200-1300	102
1300 以上	25
合计	200

试以 95.45%的概率保证程度估计这批产品平均耐用时间可能范围。

2. 某企业 210 名工人，生产某产品的日产量资料如附表 2 所示：

附表 2

日产量/件	30 以下	30~40	40~50	50~60	60~70	70~80	80~90	90 以上
人数/人	9	18	34	62	42	26	15	4

计算：日产量的平均数、中位数、众数、标准差，并判断该产品日产量的偏态方向。

3. 某企业生产三种产品的价格与产量资料如附表 3 所示，要求利用指数体系，从绝对数和相对数两方面分析该企业产品总产值变动的原因。

附表 3

名称	单位	价格/元		产量	
		基期 p_0	报告期 p_1	基期 q_0	报告期 q_1
甲	件	80	95	760	840
乙	台	160	190	120	145
丙	吨	410	455	190	225

4. 已知某种产品的产量与单位成本资料如附表 4 所示：

附表 4

产量 q/件	单位成本 z/（元/件）
410	94
520	93
640	92
750	90
830	88

要求：计算相关系数，判断其相关方向与程度；建立线性回归方程，预测产量达到 950 件时，单位成本是多少？

5. 已知某企业销售额资料如附表 5 所示，试计算填空。

附表 5

年份	销售额/万元	增长量/万元		发展速度/%	
		逐期	累计	环比	定基
1		—	—	—	100.00
2	1510		320		
3		250			
4	2200				
5			1530		

附录二　统计分析报告

伊春市2020年规模以上工业经济效益分析

伊春市统计局　2021-02-07 http：//tjj. hlj. gov. cn/sy/

2020年，伊春市坚决贯彻落实省委省政府决策部署，努力克服新型冠状病毒感染肺炎疫情带来的经济下行压力，全力推进复工复产，扎实推动工业经济稳步回升，但运行质量还有待于提高。

一、全市规模以上工业经济运行特点

（1）企业收入降幅收窄。2020年，前期规模以上工业受疫情与重点企业鹿鸣矿业停产影响收入波动下降，7月份后收入降幅逐月收窄，随着疫情防控不断取得新进展，工业企业发力生产，工业经济回暖，至年底实现收入1993938.9万元，同比下降10.1%，较5月份的最高降幅（-26.3%）收窄了16.2个百分点。从大类行业看，15个行业中收入同比增长的行业有2个，黑色金属冶炼及压延加工业实现营业收入1486519万元，同比增长1.3%，拉动规上工业营业收入增长0.9个百分点，其他制造业收入为6397.4万元，同比增长1.8倍，拉动规上工业收入增长0.2个百分点（附图1）。

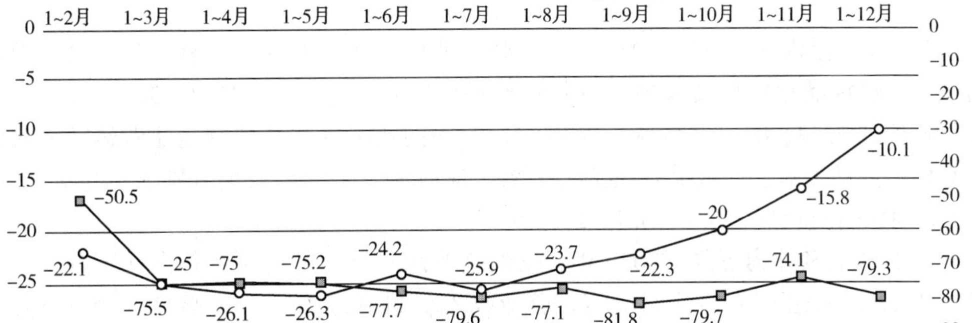

附图1　2020年规上工业营业收入、利润总额增速情况

（2）利润同比下降。2020年规上工业实现利润44769.3万元，同比下降79.3%，15个大类行业中盈利行业数量为6个，其中食品制造业实现利润总额557.2万元，同比增长1.7倍，其余5个行业利润总额同比均下降。9个行业亏损。对规上工业利润总额影响较大的行业为有色金属矿采选业与黑色金属冶炼及压延加工业，本年虽盈利但利润同比大幅下降，有色金属矿采选业盈利4712万元，同比下降95.3%，负向拉动规上工业利润总额43.9个百分点；黑色金属冶炼及压延加工业盈利42800.1万元，同比下降57.9%，负向拉

动 27.2 个百分点。本年亏损企业 24 户，较同期增加 8 户，亏损企业亏损总额为 29302.7 万元，同比增长 78.2%。亏损总额前三的行业分别为电力、热力生产和供应业、非金属矿物制品业、化学原料和化学制品制造业，亏损总额分别为 15604.2、6149.6、3714.6 万元，占规上工业亏损总额的比重分别为 53.3%、21%、12.7%，分别拉动规上工业亏损总额 19.7、22.8、22.6 个百分点，亏损前三的行业合计占规上工业亏损总额的比重为 86.9%，拉动增长 65 个百分点。

（3）用工人数下降。2020 年，平均用工人数为 11611 人，较同期减少 371 人。采矿业平均用工人数 492 人，同比减少 17 人；制造业平均用工 10093 人，同比减少 328 人；电力、热力生产和供应业平均用工 1026 人，同比减少 26 人。关于招工难的原因四季度景气调查中 19.2%的企业认为本季度用工需求比上季度上升，比重较上季度提高 15.3 个百分点；69.2%的企业认为用工需求持平，较上季度下降 15.3 个百分点；11.5%的企业认为用工需求下降，与上季度持平。关于用工困难的原因，五成企业选择了招工难，30.8%的企业认为员工工资上涨压力较大，15.4%的企业认为“五险一金”缴存比例高。3.9%的企业认为员工返岗率低、缺工明显。从人均营业收入看，采矿业人均营业收入 222 万元，同比减少 314.5 万元；制造业人均营业收入 166.8 万元，同比增加 1 万元；电力、热力生产和供应业人均收入 196.6 万元，同比减少 9.4 万元。

（4）企业复工复产情况。四季度从三大门类看，采矿业与电力、热力、燃气及水生产和供应业全部复工复产，制造业中 89.5%的企业复工复产，10.5%的企业处于半停产状态。与三季度复工复产情况相比，采矿业与制造业复工率持平，电力、热力、燃气及水生产和供应业复功率较三季度提高 60 个百分点。

二、工业经济运行中的问题

（1）企业营运效率下降。2020 年，反映企业营运能力的 3 项指标同比下降，总资产周转天数、产成品存货周转天数、应收账款平均回收期分别为 236.7、5.1、21.4 天，分别比同期增加 23.3、0.1、1.5 天，企业营运效率同比下降。其他制造业营运效率表现突出，总资产周转天数、产成品存货周转天数、应收账款平均回收期分别为 140.9、121.3、0 天，分别比同期减少 235.4、6.7、20.3 天。

（2）企业盈利能力下降。2020 年，反映企业盈利能力的各项指标同比下降，资产利润率为 3.4%，同比下降 13 个百分点；营业收入利润率为 2.3%，下降 7.5 个百分点；每百元资产实现营业收入 152.1 元，同比减少 16.6 元；资产负债率为 66.9%，同比提高 0.5 个百分点。

（3）两项资金占比过高。2020 年，全市规上工业企业应收账款为 236657.5 万元，同比下降 3.5%；存货为 216656.6 万元，同比增长 16.3%。两项资金合计 453314.1 万元，同比增长 5%，两项资金占流动资金的比重为 41.4%，较同期提高 4.2 个百分点。两项资金占比的提高意味着企业流动资金使用效率下降，对企业运营可能造成资金风险。

（4）生产成本不断攀升。全年规模以上每百元营业收入中的成本为 88.6 元，同比提高 5.6 元，成本的上升挤压企业利润空间。4 季度，生产经营景气状况调查数据显示，48%的企业认为本季度综合生产成本比上季度上升，40%的企业认为成本与上季度基本持平，认为成本比上季度下降的企业占比 12%.

（5）工业结构单一。规上工业企业重点企业建龙西钢营业收入占规上营业收入的比重为 74.6%，较同期提高 8.3 个百分点。利润总额占规上工业比重为 95.6%，较同期提高 48.6 个百分点，拉动规上工业利润总额下降 27.2 个百分点。重点企业运营状况波动直接影响全市规上工业发展趋势，而其他企业因体量较小难以平衡重点企业波动带来的消极影响。

（6）企业营业外支出增长。2020 年，规上工业营业外支出 31698.3 万元，同比增长 3.9 倍，其中有色金属矿采选业营业外支出 14974.2 万元，同比增加 14965.2 万元。拉动规上工业营业外支出增长 2.3 倍。主要原因是年末鹿鸣矿业支付“3.28”尾矿库泄漏事件的清淤工程费用与补偿费用。建龙西钢营业外支出 15285 万元，同比增长 3.2 倍，拉动规上工业营业外支出增长 1.8 倍，主要是由于 12 月有破产重组后新入账债权，两户重点企业合计拉动规上工业营业外支出增长 4.1 倍。

三、建议

一要加强重点行业监测。一方面加强对重点行业的动态跟踪，根据实时企业经营情况进行评估预判，尤其是重点企业经营情况的变化，发现问题解决问题，确保工业经济平稳运行。通过政策倾斜、技术支持等方式扶持有潜力的高新技术企业，为规上工业未来发展添动力。

二要推动高质量发展。立足新发展阶段，贯彻新发展理念，自觉全面融入新发展格局，以推动高质量发展为主题，以深化供给侧结构性改革为主线，以改革创新为根本动力，更好统筹发展与安全。增强改革的系统性、整体性、协同性，深化要素市场化配置改革，深化人才发展体制机制改革，推动改革和振兴发展深度融合。毫不放松抓好“外防输入、内防反弹”工作，狠抓安全生产责任制落实，坚决防范重特大事故发生，维护社会和谐稳定。

三要释放工业经济发展潜力。采取有效措施，补齐工业总量偏小、企业数量偏少、企业竞争力偏弱的发展短板。加快推进转方式调结构，推动工业经济扩量升级、提质增效、增强工业经济发展后劲。鼓励林产工业企业进行产品升级，推动传统优势产业向优质、特色和高端化发展，着力提升林产特色产品精深加工能力。深化院企、校企合作，促进产学研用深度融合，推进更多科技成果落地转化。

附录三　练习题及自测题的部分答案

第 1 章练习题

一、单项选择题

1. B　2. C　3. D　4. D　5. C　6. D　7. C　8. A　9. B　10. D

二、多项选择题

1. ABD　2. BC　3. AB　4. AD　5. ACE

6. BCDE　7. BCD　8. AD　9. BCE　10. ABCD

三、判断题

1. ×　2. ×　3. ×　4. √　5. √　6. ×　7. ×　8. ×　9. √　10. ×

四、填空题

1. 社会经济现象总体的数量特征和数量关系

2. 连续变量　离散变量

3. 品质标志　数量标志

4. 数量指标　质量指标

5. 总体单位

第 2 章练习题

一、单项选择题

1. A　2. D　3. B　4. D　5. D　6. C　7. D　8. D　9. D　10. B

二、多项选择题

1. AD　2. AD　3. BCDE　4. AD　5. ABC

6. BD　7. ABCE　8. ABCDE　9. ABC　10. BCDE

三、判断题

1. √　2. ×　3. ×　4. ×　5. ×　6. √　7. ×　8. ×　9. ×　10. √

四、填空题

1. 表头　表体　表脚

2. 初级资料　次级资料

3. 单一表　一览表

4. 统计报表　专门调查

5. 均衡分散原则　整齐可比原则

6. 专门组织　一次性全面

7. 全面调查　非全面调查
8. 专门
9. 经常性调查　一次性调查
10. 观测性误差　代表性误差

第3章练习题

一、单项选择题

1. B　2. D　3. C　4. C　5. A　6. A　7. D　8. B　9. A　10. A

二、多项选择题

1. ACDE　2. BCD　3. AB　4. AB　5. ABE

三、判断题

1. ×　2. √　3. √　4. ×　5. ×　6. ×　7. √　8. ×　9. ×　10. ×

四、填空题

1. 等距数列
2. 异距数列
3. 穷尽原则　互斥原则
4. 平行分组体系　复合分组体系
5. （上限+下限）/2

第4章练习题

一、单项选择题

1. A　2. B　3. B　4. C　5. A　6. C　7. B　8. C　9. D　10. D

二、多项选择题

1. ABCD　2. AC　3. ABD　4. BC　5. AD
6. ABC　7. BCD　8. ACD　9. CD　10. AC

三、判断题

1. ×　2. ×　3. ×　4. ×　5. √　6. √　7. ×　8. ×　9. ×　10. ×

四、填空题

1. 频率形式
2. 出现次数最多
3. $\sqrt{p(1-p)}$
4. 1　100%
5. 7
6. 101.9%
7. 强度相对指标　结构相对指标
8. 时点　时期
9. 简单　加权
10. 有名数　无名数

第 5 章练习题

一、单项选择题

1. B　2. D　3. A　4. C　5. D　6. C　7. C　8. A　9. C　10. C

二、多项选择题

1. ABD　2. AD　3. AD　4. ABCD　5. ACD

6. BC　7. AC　8. BC　9. AD　10. BCD

三、判断题

1. √　2. ×　3. ×　4. ×　5. ×　6.　7. √　8. ×　9. ×　10. ×

四、填空题

1. 逐期增长量　累计增长量

2. 各逐期增长量　累计增长量

3. 环比发展速度

4. 定基发展速度　环比发展速度

5. 上升趋势　下降趋势

第 6 章练习题

一、单项选择题

1. D　2. D　3. A　4. B　5. A　6. A　7. A　8. A　9. D　10. A

二、多项选择题

1. ABCD　2. AB　3. CD　4. CD　5. ACD

6. AC　7. AC　8. ABC　9. AB　10. ABCD

三、判断题

1. ×　2. √　3. ×　4. ×　5. ×　6. √　7. ×　8. ×　9. √　10. ×

四、填空题

1. 对比　综合

2. 综合指数　平均指数

3. 数量指标　质量指标

4. 结构影响指数　固定构成指数

5. CPI　PPI

第 7 章练习题

一、单项选择题

1. A　2. C　3. A　4. B　5. B　6. B　7. B　8. B　9. C　10. D

二、多项选择题

1. BCD　2. BC　3. CD　4. BD　5. ACD

6. AD　7. AB　8. BC　9. AC　10. BC

三、判断题

1. × 2. √ 3. × 4. × 5. × 6. × 7. √ 8. × 9. × 10. √

四、填空题

1. 线性相关 非线性相关

2. 简单相关表 分组相关表

3. 散布图 散点图

4. −1 +1

5. 线性回归 非线性回归

6. 正相关 负相关

第 8 章练习题

一、单项选择题

1. B 2. D 3. D 4. C 5. A 6. C 7. B 8. A 9. A 10. D

二、多项选择题

1. BD 2. ABCD 3. ACD 4. ABC 5. BCD

6. AD 7. AD 8. ABD 9. ABCD 10. ACD

三、判断题

1. × 2. × 3. × 4. × 5. √ 6. × 7. √ 8. √ 9. √ 10. √

四、填空题

1. 唯一 多个

2. 小样本

3. 成数

4. 抽样误差

5. 小于

6. 点估计 区间估计

7. 简单随机抽样

8. 等比例 不等比例

9. 随机起点 半距起点 对称

10. 群内 群间

第 9 章练习题

一、单项选择题

1. B 2. B 3. D 4. A 5. D

二、多项选择题

1. AB 2. ABD 3. ABCD 4. AB 5. AD

三、判断题

1. × 2. √ 3. × 4. × 5. × 6. × 7. × 8. × 9. × 10. √

四、填空题

1. 定性预测 定量预测

2. 简单移动平均法　加权移动平均法
3. 指数平滑移动平均法
4. 直线型　指数型
5. 策略集　自然状态机 损失函数
6. 主观概率 客观概率
7. 单阶段　多阶段
8. 乐观系数法

第 10 章练习题

一、单项选择题

1. A　2. B　3. C　4. D　5. A

二、多项选择题

1. ABC　2. ABCD　3. AB　4. AB　5. BC

三、判断题

1. √　2. ×　3. ×　4. √　5. ×

第 11 章练习题

一、单项选择题

1. C　2. D

二、多项选择题

1. ABCDE　2. ABCDE

三、判断题

1. ×　2. √　3. ×　4. ×　5. √

附录一　自测题

一、判断题

1. ×　2. ×　3. ×　4. √　5. √　6. √　7. ×　8. √　9. ×　10. √

二、单选选择题

1. C　2. A　3. B　4. A　5. D　6. D　7. B　8. A　9. C　10. A

三、多项选择题

1. ABC　2. AD　3. ABC　4. BCD　5. AC

五、计算题

1. 答案要点

平均数 = 242600/200 = 1213（小时）

方差 = 1606200/200 = 8031

抽样平均误差 = $\sqrt{\frac{8031}{200}}$（1−2%）= 6.27（小时）

极限误差 = 2×6.27 = 12.54（小时）

可能范围在 1200. 46-1225. 54 之间

2. 答案要点：

平均数= 12130/210= 57. 76（件）

依据累计次数 判断中位数组在 50~60 这组，代入中位数计算公式得到 76. 77（件）

62 最大，众数组为 50~60 这组，代入众数计算公式得到 55. 83（件）

代入加权标准差计算公式，计算得 15. 67（件）

3. 答案要点：

先列表计算出 $p_0q_0=157900$　$p_1q_1=209725$　$p_0q_1=182650$

总产值指数=132. 82%　　总产值增加：51825（元）

产量总指数=115. 67%　　使总产值增加：24750（元）

价格总指数=114. 82%　　使总产值增加：27075（元）

三因素的共同作用（略）

4. 答案要点：

列表计算出：$\sum q=3150$　$\sum z=457$　$\sum qz=286320$　$\sum q^2=2099500$ $\sum z^2=41793$

代入相关系数计算公式　计算结果为　-7950/8167. 01= -0. 97

代入 b 的计算公式　计算结果为　-0. 01

代入 a 的计算公式　计算结果为　97. 7

用回归方程进行预测，结果为　88. 2

5. 答案要点：

年份	销售额/万元	增长量/万元		发展速度/%	
		逐期	累计	环比	定基
1	1190	—	—	—	
2		320		126. 89	126. 89
3	1760		570	116. 56	147. 90
4		440	1010	125. 00	184. 87
5	2720	520		123. 64	228. 57

参 考 文 献

[1] 贾俊平 . 统计学（第 7 版）. 北京：中国人民大学出版社，2018
[2] 庞皓 . 统计学（第 6 版）. 成都：西南财经大学出版社，2020
[3] 袁卫等 . 统计学（第 5 版）. 北京：高等教育出版社，2018
[4] 金勇进 . 抽样：理论与应用（第 2 版）. 北京：高等教育出版社，2016
[5] 刘小平等 . 统计学 理论、案例、实训 . 北京：电子工业出版社，2017
[6] 刘思峰等 . 管理预测与决策方法（第 4 版）. 北京：科学出版社，2020
[7] 向蓉美等 . 统计学（第 2 版）. 北京：机械工业出版社，2018
[8] 李金昌等 . 统计学（第 5 版）. 北京：机械工业出版社，2019
[9] 曾五一等 . 统计学导论（第 2 版）. 北京：科学出版社，2018
[10] 方国松等 . 统计学 . 广州：华南理工大学出版社，2017
[11] 卢冶飞等 . 应用统计学（第 3 版）. 北京：清华大学出版社，2017
[12] 刘树等 . 统计学（第 2 版）. 北京：清华大学出版社，2017
[13] 栾文英等 . 统计学学习指导 . 北京：科学出版社，2016
[14] 詹姆斯 · 麦克拉夫等 . 商务与经济统计学（第 12 版）. 北京：中国人民大学出版社，2015
[15] 李金林等 . 管理统计学（第 3 版）. 北京：清华大学出版社，2016
[16] 孙文生 . 统计学原理（第 4 版）. 北京：中国农业出版社，2018
[17] 刘强 . 大数据时代的统计学思维：让你从众多数据中找到真相 . 北京：中国水利水电出版社，2018
[18] 朱建平 . 谈谈大数据的那点事 . 北京：北京大学出版社，2019
[19] 徐苑琳等 . 统计学原来如此有趣 . 北京：化学工业出版社，2019
[20] 戴维 · S · 穆尔 . 统计学的世界 . 北京：中信出版社，2017
[21] 弗里曼 . 统计模型：理论和实践 . 北京；机械工业出版社，2019
[22] 闫树熙 . 统计思想发展及统计制度变迁研究 . 北京：北京理工大学出版社，2017
[23] 中国统计学会 . 无处不在的统计（四）. 北京：中国统计出版社，2014
[24] 杨鑫慧 . 统计学原理与技能训练 . 上海：上海财经大学出版社，2016
[25] 易丹辉等 . 应用时间序列分析（第 5 版）. 北京：中国人民大学出版社，2019
[26] 陈桢 . 统计学原理——以及在 EXCEL 中的应用 . 北京：中国经济出版社，2018
[27] 戴维 · 萨尔斯伯格 . 女士品茶（统计学如何变革了科学与生活）. 南昌：江西人民出版社，2016
[28] 谢富生等 . 统计大数据及应用 . 上海：立信会计出版社，2020
[29] 查尔斯 · 惠伦 . 赤裸裸的统计学 . 北京：中信出版社，2013
[30] 李倩星 . 著生活中的统计学 . 北京：清华大学出版社，2017
[31] 基特 · 耶茨 . 救命的数字 . 北京：中信出版集团，2020
[32] 国家统计局 http：//www. stats. gov. cn/
[33] 王子鉴 . 大数据时代下统计学有何意义 [J]. 经济研究导刊 . 2020（08）：155-157.
[34] 郑雅倩 . 大数据时代统计学面临的机遇与挑战 [J]. 新经济，2016（12）：29.
[35] 林立志 . 大数据对当代技术体系的影响及意义探析 [D]. 哈尔滨工业大学硕士论文 . 2018
[36] 朱建平，张悦涵 . 大数据时代对传统统计学变革的思考 [J]. 统计研究，2016. 33（02）：3-9.